JOCHEN SCHLEESE

THE SILENT KILLER

Sattelanpassung
nur für den Moment?

MIT KOSMOS MEHR ENTDECKEN
Passt Ihr Sattel?
SEIT 1822

KOSMOS

WIDMUNG

Dieses Buch widme ich meinem Pferd Pirat. Es hat mich seinerzeit zu einigen Erfolgen im Vielseitigkeitsreiten getragen. Als es dann viel zu früh zu lahmen begann und seine Augen ihren Glanz verloren, war es bereits zu spät. Diagnose: ein irreparabler Schaden am Knorpel des Schulterblatts. Seinerzeit befand ich mich in der Ausbildung zum Sattler, doch noch ahnte ich nicht, dass es der Sattel war, mit dem ich meinem Pferd diesen Schaden zugefügt hatte. Der Gedanke daran wird mich stets begleiten. Er ist es, der in mir den Wunsch geweckt hat, möglichst vielen Pferden ein ähnliches Schicksal zu ersparen. Darum gibt es heute Saddlefit 4 Life®. Darum habe ich dieses Buch geschrieben.

DANKSAGUNG

In diesem Buch habe ich zusammengefasst, was ich in fast 40 Jahren meines Berufslebens gelernt habe, angetrieben von meiner Neugier und dem Wunsch, Sättel zu entwickeln, die vor allem der Anatomie der Pferde gerecht werden. Eingeflossen sind aber auch Erkenntnisse, die ich aus Gesprächen mit Persönlichkeiten der verschiedensten Fachgebiete gezogen habe. Ohne diese Menschen wäre dieses Buch nie entstanden. Sie wissen, dass sie gemeint sind – DANKE!

Ich danke vor allem aber auch jenen, die mir kritisch begegnet sind, die meine Arbeit und mich in Frage gestellt und freimütig mit mir diskutiert haben. Auch sie wissen, dass sie gemeint sind – DANKE!

Ich danke meinen Eltern, dass sie mir schon als Kind ermöglicht haben, zu reiten. Insbesondere danke ich ihnen für die vielen Stunden, die sie mit mir und meinem jüngsten Bruder auf Reitturnieren verbracht haben. Sie haben mir aber klar gemacht, dass zum Reiten auch gehört, Verantwortung für ein Lebewesen zu übernehmen. Sie haben mich ermutigt, nicht immer den bequemsten Weg zu gehen, sondern sich eine eigene Meinung zu bilden und diese entschlossen zu vertreten. Das ist die Grundlage dafür, dass ich Saddlefit 4 Life® entwickeln konnte.

Ich danke allen, die an die Idee dieses Buches von Anfang an geglaubt haben und mich ermutigt haben, dieses Projekt anzugehen. Ich danke Nicole Künzel, die viele Stunden mit mir zusammengesessen und vor dem Computer verbracht hat, um meine Gedanken geordnet zu Papier zu bringen. Ich danke meiner Grafikerin Christine Orterer und Christa-Maria Ossapofski für Ihre wundervolle Mitwirkung an diesem Buch. Ich danke Kathrin Wörmer für die Mitarbeit an vielen der Fotos. Ich danke Michelle J. Powell für die kreative und geduldige Mitarbeit an Bildern und Grafiken; meiner Tochter Danielle für die Zeichnungen, die zur Veranschaulichung des Textes beitragen. Ich danke meiner Tochter Samantha, die mir durch ihr Interesse am Fortschritt dieses Buches und ihrem Respekt für meine Arbeit so oft das Gefühl gegeben hat, das Richtige zu tun. Ich danke Dr. Joanna Robson, Dr. Carol Vischer, Barbara Welter-Böller und Dr. Gerd Heuschmann für alles, was ich von ihnen über die funktionelle Anatomie des Pferdes und alle veterinärmedizinischen Aspekte beim Thema Sattel lernen durfte. Ich danke Dr. James Warson, Andrea Koslik und Eckart Meyners, dass sie mir so viel über die Anatomie des Menschen und die wichtigen Unterschiede in der Anatomie zwischen Frau und Mann gezeigt haben, Jane Savoie und Walter Zettl, mit ihrem umfangreichen Wissen über Reitlehre, Training und Pferdeausbildung. Ich danke Valerie Ponocny, Laura Whitteron und

Christoph Rieser für ihre Beiträge in diesem Buch. Ich danke Barney Cummings für seine wichtigen Beiträge über Hufe und Beschlag. Ich danke Frank Reitemeier für seine umfangreiche Hilfe bei Übersetzungen, Formulierungen, seine kritischen Fragen und die vielen (nächtlichen) Stunden, die wir gemeinsam über dem Manuskript verbracht haben. Ich danke Jaimey und Tina Irwin, sowie Sue Dunlop für die vielen Fotos, die wir mit ihren Pferden auf ihren Anlagen machen durften. Ich danke Cathy und Earl Rothery, die als meine Freunde und Geschäftspartner mit ihrem Engagement für unsere gemeinsame Firma überhaupt erst ermöglicht haben, dass ich so viel Zeit für Saddlefit 4 Life® und für dieses Buch aufwenden kann.

Vor allem danke ich dir, meine liebe Frau Sabine! Ich danke dir für Deine unermüdliche Hilfe, für die viele gemeinsame Zeit, die wir mit diesem Buch verbracht haben, aber auch für die Zeit, die du mir gegeben hast, um den Traum eines eigenen Buches zu verwirklichen, für deine Geduld und für deine Unterstützung dabei, mein Lebensziel zu verfolgen, möglichst viele Pferde und Reiter vor Langzeitschäden durch falsche Sättel zu bewahren, dafür, dass du an meine Idee der weltweiten Verbreitung der Philosophie von Saddlefit 4 Life® glaubst und für deine Liebe.

INHALT

DANKSAGUNG 4

1 ES KOMMT NUR AUF DIE PERSPEKTIVE AN 11
Einige Worte zuvor von Andrea Koslik, Gerd Heuschmann und Walter A. Zettl
Vorwort von Andrea Koslik 12
Vorwort von Dr. Gerd Heuschmann 14
Vorwort von Walter A. Zettl 16

2 EINLEITUNG
Zum Schutz der Pferde 18

3 AUFGESATTELT
Es war schon immer so! Oder doch nicht?
Vergangenheit versus Gegenwart 26
Die Geschichte der Sattelherstellung:
Vom Einzelstück zur Massenware 29
Die Industrielle Revolution: Ein Fadenriss in der
Geschichte des Sattlerhandwerks 31
Das Sattlerhandwerk heute: In die Schablone gesteckt 36
Der Wunsch des Kunden 39
Kommerz kontra Gewissen 41
Die Aufgabe des Sattels in einer symbiotischen Beziehung 43

4 IN BALANCE – DER REITERSITZ 48
Alles im Lot:
Wo soll der Reiter sitzen und wie? 50

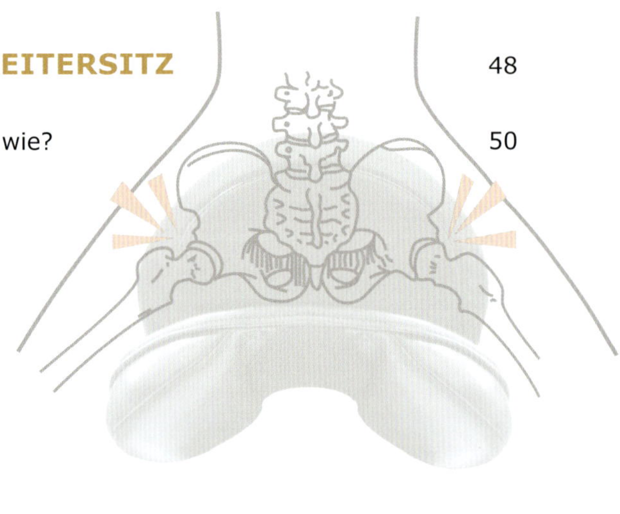

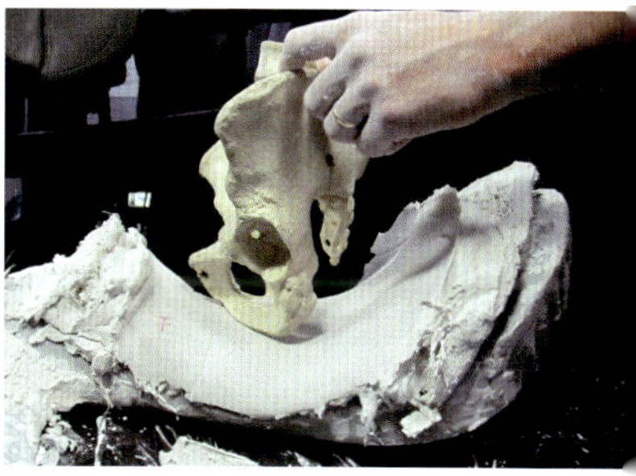

5 DIE FRAU IM SATTEL VON MÄNNERN FÜR MÄNNER 56

Mann ist nicht gleich Frau 61

Die Unterschiede im Detail 64

Gesundheitliche Auswirkungen auf den Reiter durch einen unpassenden Sattel 71

Die Lösung: Eine jeweils eigene Sattelkonstruktion für Frauen und Männer 74

Und die Kleinen? 76

6 WORAUF LIEGT DER SATTEL EIGENTLICH? 78

Der Pferderücken – auf dieser Brücke wirst du reiten 79

Die Gurtlage und die Rippenbögen 88

„Trainwreck" – Vom Schultergelenk bis zum Iliosakralgelenk 90

Die Schultern 93

Die natürliche Schiefe … 97

… und ihre Auswirkungen auf den Sattel 103

7 DIE AUSBILDUNG ZUM REITPFERD 108

Wo darf der Reiter sitzen? 109

3 – 5 – 8 110

Ein Maßsattel für eine Remonte? 111

Eine individuelle Nutzung erfordert einen individuellen Sattel 115

8 EXKURS IN DIE GESCHICHTE DER PFERDE 120

Unsere Reitpferde heute – eine Herausforderung für den Sattler 121

9 WENN DER SCHUH DRÜCKT 126

Die Reflexpunkte 132

Hauptreflexpunkte im Bereich der Sattellage 134

Fatale Folgen und irreparable Langzeitschäden 138

10 WER KANN SÄTTEL ANPASSEN? 142

Wie erkenne ich einen guten Sattelberater? 145

11 SATTELANPASSEN IST NICHT SCHWER ODER: WIE FUNKTIONIERT EINE SATTELANPASSUNG? 150

Gecheckt! Warum liegt mein Sattel schief? 152

Aufzeichnen der Sattelauflagefläche 155

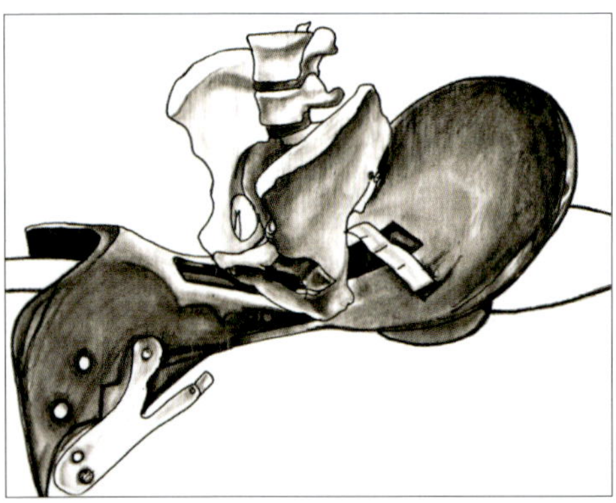

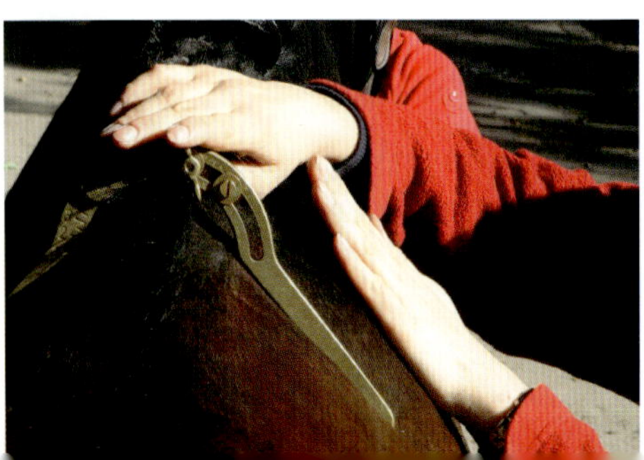

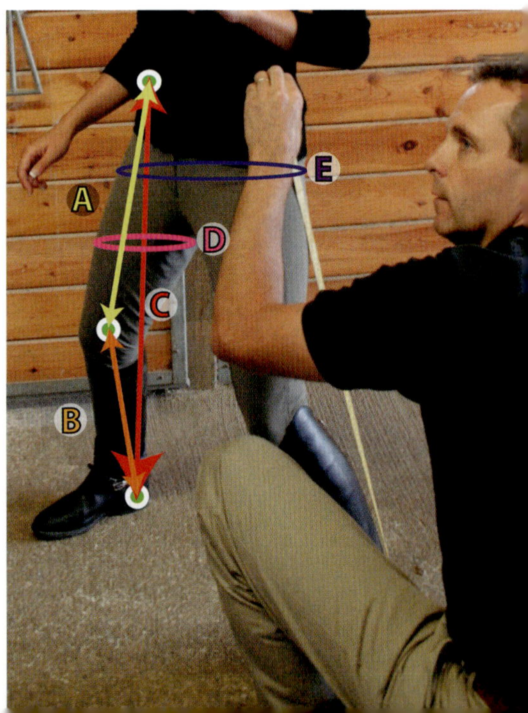

12 SATTELANPASSUNG „EN DETAIL"? 160

Die Sattellänge 161

Die Auflagefläche 162

Schweißstellen 164

Kissenspitze oder vertikales Kissen 165

Widerristfreiheit 167

Das Kopfeisen 168

Die Kissenkanalbreite 171

Der Sattelgurt 173

Die Gurtstrippen 175

Die Sattelunterlage 177

13 PASST DER SATTEL DEM REITER? 180

Der Sattelsitz 181

Die Steigbügelaufhängung 185

Das Sattelblatt 186

Die Pauschen 187

Mit oder ohne Sattelbaum 190

Sattel oder Sitzprothese 193

14 GEGENSÄTZLICHE THEORIEN ZUR SATTELANPASSUNG 196

Die erste Theorie zur Sattelanpassung 197

Die zweite Theorie zur Sattelanpassung 198

Verhaltensprobleme durch einen unpassenden Sattel 200

Zum Wohle der Pferde 205

Die 15 Punkte-Checkliste 207

15 SCHLUSSWORT 208

16 SERVICE 214

Adressen 215

Zum Weiterlesen 217

Register 220

Literaturverzeichnis 222

1

ES KOMMT NUR AUF DIE PERSPEKTIVE AN

Einige Worte zuvor von Andrea Koslik, Gerd Heuschmann und Walter A. Zettl

VORWORT *von Andrea Koslik*

Einzigartig sind die vielen Erfahrungen und Erkenntnisse, die Jochen Schleese in seiner Arbeit als Sattler gemacht hat. Daher ist es eine große Freude, dass er sein Wissen rund um den Sattel hier in diesem Buch zur Verfügung stellt. Die außergewöhnlichen Wege, die er dabei gegangen ist, verdeutlicht das Beispiel, dass er von verschiedenen Frauen und Männern einen Gipsabdruck machen ließ, um die Unterschiede erkennbar zu machen und um dann den Sattel danach zu bauen. Reiten ist ein so anspruchsvoller Sport. Der einzige Sport, in dem man sich bewegen lassen muss. Als Physiotherapeutin und Reiterin kann ich es nur begrüßen, dass endlich die Anatomie der Reiterin und des Reiters Beachtung sowie die unterschiedlichen und notwendigen Bewegungsfreiheiten Berücksichtigung finden.

Wenn ich das Fach Bewegungslehre des Menschen an der Deutschen Reitschule in Warendorf unterrichte, so stellt der Sattel stets ein wichtiges Thema dar. Der Reiter formt das Pferd und der Sattel formt den Reiter. Beide Sätze sind stimmig. Ich vergleiche den Sattel gern mit einem Schuh, der angenehm zu tragen sein sollte. Nur muss dieser Schuh gleich zwei Geschöpfen passen, dem Pferd und dem Menschen. Der Sattler hat hier eine große Verantwortung und muss auch über gute anatomische Kenntnis von Beiden verfügen. Vielen meiner jungen Zuhörer sind beispielsweise die Unterschiede des Beckens von Frau und Mann bezüglich des Reitens gar nicht bekannt. Sie sind dann jedoch überzeugt, dass die Basis, also der Sattel, den Unterschieden in der Anatomie Rechnung tragen sollte. Ein ganz besonderes Thema für mich sind die Pauschen. Durch Beobachtungen in meiner Praxis und durch Studien wird deutlich, dass die Beweglichkeit der Menschen immer mehr abnimmt. Die Kinder werden zum Beispiel oft schon durch den Fernseher, die Computerspiele und Handys mehr und mehr von Bewegungen abgehalten. Die Folge sind dann Kompensationen, die den Mangel aufheben sollen. Beim Reiten zeigt sich dies unter anderem durch große Pauschen am Sattel. Keile pressen den Reiter in eine feste Form. Die Bewegung wird dadurch blockiert. Ein losgelassener Sitz und das Mitschwingen in der Mittelpositur sind so gar nicht mehr möglich. Auf den ersten Blick mag der Reiter aufrecht sitzend aussehen, bei genauer Betrachtung erkennt man jedoch die Steifigkeit und das dabei entstehende falsche Reitergefühl. Die weiterlaufenden Muskelketten sind nicht mehr im Gleichgewicht von An- und Abspannen. Folglich kann keine bestmögliche Hilfengebung erarbeitet werden. Wie kann diese Figur von dem Pferd optimalen Takt, Losgelassenheit und Anlehnung verlangen, um nur die ersten Punkte der Ausbildungsskala zu nennen? Die Folgen reichen dann häufig von Verspannungen, massiven Schmerzen bis hin zu Muskelabrissen oder gar Bandscheibenvorfällen bei den Reitern. Dies gilt natürlich für alle Disziplinen im Reitsport. Der Sattel sollte daher dem Körper des Reiters, aber auch seinen Bedürfnissen angepasst sein.

So kann ich es nur begrüßen, wenn sich Reiter, Ausbilder, Ärzte, Sattler und Therapeuten mit den eigenen Fertigkeiten und Kenntnissen gemeinsam für Pferd und Mensch und somit für gutes Reiten einsetzen. Nur so kann der Sattel seine Rolle als Sprachrohr zwischen Mensch und Pferd optimal erfüllen und zum gewünschten Dialog führen. Hinter dieser Philosophie steht Jochen Schleese voll und ganz.

Beim Lesen wünsche ich Ihnen viele bleibende Eindrücke und Erkenntnisse. Ich hoffe, dass Ihr Blickwinkel sich so verändert, wie der meinige.

VORWORT *von Dr. Gerd Heuschmann*

Es ist eine große Ehre für mich, ein Vorwort für dieses Buch schreiben zu dürfen.

Der Werdegang von Jochen Schleese zeigt, dass hier jemand mit großem Fachwissen, das sowohl aus der Praxis als Reiter als auch aus dem gelernten Handwerk auf Meisterniveau stammt, das Bestmögliche in diesem so vielschichtigen Metier erreichen will.

Harmonie zwischen Reiter und Pferd setzt ein gesundes, reifes Pferd sowie einen geübten, gefühlvollen, sensiblen und gebildeten Reiter voraus. Der Sattel nun ist das Verbindungsglied zwischen diesen beiden völlig verschiedenen Lebewesen: Er bringt sie biomechanisch zusammen – oder auseinander. Damit kommt ihm eine Schlüsselfunktion für die gemeinsamen Bewegungsabläufe zu, weshalb er ein entscheidender Baustein für den gemeinsamen Erfolg in der Pferdeausbildung ist. Dabei kann der Sattel einem gut sitzenden Reiter helfen, zur Harmonie zu finden, er kann diesen Reiter bei falscher Konstruktion oder Anpassung aber auch einengen und blockieren.

Beim jungen Pferd mit einem gut sitzenden Reiter führt ein passender Sattel schnell zu völliger Losgelassenheit. Aber auch für den besten Reiter ist es unmöglich, in eine gemeinsame Schwingung mit dem Pferderücken zu finden, sitzt er auf einem unpassenden Sattel. Nur eines kann der beste Sattel nicht leisten: Er kann niemals einen schlechten, verspannten, unbalancierten oder groben Sitz neutralisieren.

Wie in zahlreichen Publikationen dargestellt, hat sich besonders der Reitsport sehr weit von seinen Idealen entfernt. Einige wenige grob agierende, handwerklich arbeitende Trainer, haben den gesamten Reitsport, insbesondere den Dressursport, in eine spektakuläre und spannungsgeladene Ecke gedrängt. Die negativen Auswirkungen auf Reiter und Pferd werden und wurden vielfach erläutert, diskutiert und bewertet. Aber auch im Sattelbau wurde auf die beschriebene Fehlentwicklung reagiert, indem es zu tief greifenden baulichen Veränderungen an den Sätteln kam. Die Problematik stellt sich aus meiner Sicht derart dar, dass ein Reiter, der sein Pferd zwischen einen dauerverspannten Schiebesitz und eine rückwärts wirkende Hand einspannt, nicht mehr die geschmeidige und unabhängige Balance im Sattel finden kann. Der Sattel muss völlig neuen Anforderungen genügen, indem er einem Reiter Halt bieten muss, der mit ständiger und starker Zügelspannung arbeitet.

Viele moderne Dressursättel treten deshalb mit extrem tiefer Sitzkurve und gigantischen Pauschen in Erscheinung. Sie ermöglichen es den Reitern, sich hinter riesigen Kniewülsten in einer tiefen Schale festzuklemmen und so ihre Pferde mit den Händen aus einem verspannten Sitz heraus festzuhalten. Vielen Sattlern ist dieser Missstand bekannt. Sie können ihn aber aus wirtschaftlichen Gründen nicht abstellen.

Mit Jochen Schleese hat ein erfahrener Reiter und Sattlermeister im Sattelbau einen Weg eingeschlagen, der sich wieder an einem unabhängig sitzenden Reiter auf einem unverspannten Pferd orientiert. Nur ein völlig ausbalancierter Reiter, der weder in seinem Gesäß noch in seiner Beinlage zwangspositioniert sitzt, kann den Zielen der klassischen Reitlehre folgen. Die Philosophie beim Sattelbau von Jochen Schleese geht aber noch weiter: Er macht es sich zur Aufgabe, bei der Konstruktion des Sattelbaumes auf die besonderen individuellen Bedürfnisse reitender Frauen und die der Männer einzugehen. Denn nur mit einem individuell passenden Sattel kann die Reiterin/der Reiter frei und zwanglos sitzen und sein Pferd an den Hilfen, nicht aber auf den Händen oder mit klemmenden Schenkeln und steifem Sitz „bearbeiten".

Wir möchten ein Pferd, das sich frei und ungezwungen bewegt. Es soll, wenn möglich, durch den Sattel keine Einschränkungen in seinen Bewegungen oder gar Schmerzen erleiden. Dafür muss die Rückenmuskulatur frei arbeiten können, was eine genaue Anpassung, gegebenenfalls auch an eine individuelle Asymmetrie des Pferderückens, notwendig macht. Auch das berücksichtigt Jochen Schleese in seiner Arbeit.

Möge das Wissen in diesem Werk einen Beitrag zur Wiedererlangung der Reitkunst auf höchstem Niveau leisten.

Ich wünsche diesem wichtigen Buch den größtmöglichen Erfolg.

Gerd Heuschmann

VORWORT *von Walter A. Zettl*

Als mich Jochen, den ich seit 1986 als großen Pferdemann und Meister seines Faches kenne, bat, ein Vorwort für sein Lehrbuch zu schreiben, tat ich dies von Herzen gern.

Man erkennt, wie sehr ihm das Wohlergehen der Pferde am Herzen liegt. In Text und Bild zeigt er nicht nur, wie ein Sattel aussehen und dass er angepasst werden muss, sondern vor allem, nach welchen Kriterien, also wie er an das jeweilige Pferd angepasst werden kann. Nur so ist gewährleistet, dass das Tier ohne Schmerzen das ungewohnte Gewicht von Sattel und Reiter zu tragen vermag.

Das Pferd an und für sich ist nicht dafür geschaffen, mit seinem empfindlichsten Teil neben dem Maul – nämlich dem Rücken –, jegliches Gewicht zu tragen. Dies ist nur dann möglich, wenn es durch gezielte gymnastische Ausbildung gelingt, den Rücken so zu stärken, dass es die Aufgabe meistern kann, das unnatürliche Gewicht allmählich zu tragen.

All dies konnte Jochen in seinen vielen Lehrjahren bei seinem Meister in Deutschland und später selbst als Sattlermeister in Kanada, seiner Wahlheimat, studieren und sein Wissen vertiefen.

Vor allem durch seine Erfahrungen als erfolgreicher Turnierreiter lernte er zu sehen und zu erfühlen, ob sich das Pferd im Halten, in den drei Gangarten und in den Übergängen trotz des ungewohnten Gewichts von Sattel und Reiter nicht eingeengt fühlt.

Durch seine Reitausbildung wusste er, dass man nur aus einem korrekten Sitz heraus richtige Hilfen geben kann. Was aber geschieht, wenn man von dem idealen Sitz nur leicht abweicht? Hier kommt der Sattel mit ins Spiel: Häufig sieht man, dass der Reiter seinen Kopf nach links oder rechts hängen lässt: Dies ist der erste Sitzfehler, daraus resultierend wird er leicht dazu neigen, auch in der jeweiligen Hüfte einzuknicken, wobei das Gewicht auf die andere Seite verschoben wird. Damit wird eine Seite des Pferdes mehr belastet. In der Konsequenz zieht der Reiter vermehrt am äußeren Zügel, die ganze äußere Seite kommt höher und, und, und. Die Folge aus so kleinen Sitzfehlern, die jahrelang unbemerkt oder unverändert bleiben, ist ein schiefgezogener Sattel, der erstens dem Pferd nicht mehr passt und zweitens auch den Reiter immer wieder in eine falsche Position bringt. Man sollte nicht unterschätzen, wie schnell so eine einseitige Schiefe und Abnutzung entstehen kann. Viele Fehler des Reiters sind auf einen unpassenden Sattel – sei es für ihn oder für das Pferd – zurückzuführen.

Auf diese Entwicklung wird heute immer noch zu wenig Augenmerk gelegt und deshalb ist es Jochen nicht genug zu danken, dass er dieses Buch nun schreibt und aufmerksam macht.

Jeder Reiter, der sein Pferd liebt, sollte dieses Buch besitzen. Es gibt ausführlich Auskunft über den richtigen Sattel und die Bedeutung desselben, um dem Pferd Leiden und Schmerzen zu ersparen. Letztlich ist es unnatürlich für unsere Pferde, einen Sattel zu tragen und deshalb ist es für Jochen so wichtig, das Leben unserer vierbeinigen Partner unter einem passenden Sattel nicht nur erträglich, sondern sogar angenehm zu machen. Der Dank der Pferde ist ihm gewiss!

Ihm, aber auch seiner Frau Sabine, die ebenso großen Anteil an dem gelungenen Buch hat, im Namen aller Reiter, unendlichen Dank.

Dem klassischen Buch wünsche ich den Erfolg, den es verdient – was heißt wünschen: Ich bin davon überzeugt, dass es erfolgreich sein wird!

2

EINLEITUNG

Zum Schutz der Pferde

Liebe Leserinnen und Leser,

von Kindesbeinen an begleitet mich der Traum, ein Pferd mit Leichtigkeit und feinen, ja nahezu unsichtbaren Hilfen zu reiten. Aufgewachsen bin ich in Buenos Aires in Argentinien. Ein Erlebnis dort, das ich als Kind hatte, werde ich nie vergessen: Meine Eltern und ich fuhren auf einer Landstraße im schleppenden Verkehr, als wie aus dem Nichts ein Emu an uns vorbeisauste, gefolgt von einem Gaucho auf seinem Pferd. Er ritt ohne Zügel und jagte den Vogel freihändig, bis er ihn gefangen hatte. Ich war unglaublich fasziniert und beeindruckt, wie gekonnt Pferd und Reiter in dieser Situation zu einer Einheit verschmolzen waren und wie selbstverständlich sie zusammen gearbeitet hatten. So wollte ich auch einmal reiten können – das war das Höchste, was ich je gesehen hatte.

Als wir nach Deutschland zurückkehrten, wurde mein Verlangen, diese wunderschönen Tiere zu reiten, immer größer und schließlich gaben meine Eltern nach und kauften mir erst eines, dann mehrere Ponys, mit denen ich in den Turniersport einstieg. Aus dem Ponyalter herausgewachsen, begann ich Großpferde zu reiten. Leider geschah hier etwas mit mir, was ich auch heute noch bei vielen anderen, gerade sportlich orientierten Reitern feststelle – die unbekümmerte Freude, mit der ich mit meinen Ponys aufgewachsen war, wich dem Streben nach sportlichem Erfolg. Ich sah mein Pferd nicht mehr in erster Linie als Freund, sondern es hatte Priorität, dass die Pferde jederzeit die Leistung, die ich abforderte, erbrachten. Der Ehrgeiz, der Stolz, der Druck – die Partnerschaft zwischen den Pferden und mir ging immer mehr verloren. Nach der Deutschen Meisterschaft 1982 in der Vielseitigkeit fingen die Probleme mit meinem besten Pferd an. Seine Schmerzen und die Lustlosigkeit stellten mich vor immer neue Rätsel – wir untersuchten und untersuchten, konnten aber nichts finden. In der darauffolgenden Zeit ging der Wallach immer mal wieder taktrein, dann war er wieder lahm. Erneut wurde er tierärztlich untersucht, ich probierte viele unterschiedliche Sättel und Trainingsmethoden, ich strafte ihn, aber eine Ursache ließ sich einfach nicht finden. Nach der Qualifizierung zur EM Lastrup 1984 war es dann vorbei. Leider konnte ich meinem Pferd offenbar nicht mehr helfen und so wurde dieses bis S erfolgreiche und hoch talentierte Tier zum Freizeitpferd, welches für den Leistungssport nicht mehr tauglich war und nur noch gelegentliche Ausritte machen durfte.

Die Wissenschaft war zu dieser Zeit bedauerlicherweise noch nicht so weit wie heute. Lasse ich die Krankheitssymptome meines Pferdes jetzt noch einmal Revue passieren, bin ich mir zu 99 Prozent sicher, dass mein Sattel eine der Hauptursachen für die Lahmheit des Pferdes gewesen sein muss. Wenn ich

Jochen Schleese auf Pirat zur Deutschen Meisterschaft in Achselschwang 1982

darüber nachdenke, schäme ich mich immer noch vor mir selbst, was ich dem Tier, meinem Freund und Partner, aus Unkenntnis und Unwissen alles angetan habe!

Diese für mich so schmerzhafte Erkenntnis war einer der Gründe dafür, warum ich mich im Laufe meines weiteren Lebens immer intensiver mit dem Thema Sattel beschäftigt habe. Ich möchte Ihren Pferden und Ihnen, liebe Leserinnen und Leser, dieses Leid ersparen.

„Frag nicht so viel, so wird es schon immer gemacht!"

Eher zufällig wählte ich den Beruf des Sattlers und begann 1978 eine Lehre bei Passier. Mit dem Gelernten wollte ich, da ich ja selbst aktiv im Sport ritt, Lösungen für Probleme, die mir meine Pferde zeigten, finden. Ich begann, das gängige Sattlerhandwerk, wie es mir gelehrt wurde, zu hinterfragen. Von meinem Vater – einem Mathematik- und Physiklehrer – war ich es gewohnt, nach beweisbaren Antworten zu suchen und wuchs mit der Frage „Warum ist das so?" auf. Doch wirklich befriedigende Antworten darauf, warum ein Sattel und Zaumzeug gerade so und nicht anders gebaut wurden, erhielt ich zu diesem Zeitpunkt noch nicht.

Die Antworten auf meine Fragen als Reiter und als Sattler bekam ich erst viele Jahre später, als die wissenschaftlichen Erkenntnisse durch immer fortschrittlichere Untersuchungsmethoden weiter voranschritten.

Ein Sattel nur für Frauen?

Nachdem ich meine Fortbildung zum Meister absolviert hatte, arbeitete ich in vielen großen Firmen in Deutschland und England. 1986 durfte ich als offizieller Sattler die Dressurweltmeisterschaft in Kanada betreuen. Aus einem ursprünglich geplanten dreimonatigen Aufenthalt wurde viel mehr – Kanada ist seitdem meine neue Heimat.

Viele Reiter aus dem Spitzensport waren so zufrieden mit meiner Arbeit, dass sie mich ermutigten, einen eigenen Sattel zu produzieren. Eine Profireiterin gab mir den entscheidenden Anstoß dafür, dieses Ziel in Angriff zu nehmen. Sie litt beim Reiten immer wieder unter starken Schmerzen im Genitalbereich, wollte aber ihren Traumberuf unter keinen Umständen aufgeben. So brachte sie mich auf die Idee, einmal mit dem Frauenarzt meiner Frau (die selbst Reiterin ist) zu sprechen. Dabei stellte sich heraus, dass sehr viele Reiterinnen unter chronischen, immer wiederkehrenden Blasen- und Nierenentzündungen oder sogar unter einer Vermehrung von krebsartigen Zellen im Genitalbereich litten. Oftmals wurde ihnen sogar aus ärztlicher Sicht das Reiten vollkommen untersagt. Deshalb kam mir die Idee, eine Studie mit Gipsabdrücken zu machen, welche belegen sollte, dass das Skelett von Frauen und Männern anatomisch ganz anders aufgebaut ist und sie daher auch eine andere Sitzfläche bei einem Sattel benötigen. Gesagt, getan – nach einigem Ausprobieren gelang es mir, diese Gipsabdrücke anzufertigen und unsere Vermutung wurde mittels dieses drei-dimensionalen Bildes bestätigt: Es gibt große Unterschiede im Knochenaufbau zwischen Mann und Frau. Mir wurde bewusst, dass Frauen bis heute in Sätteln sitzen müssen, die seit Jahrhunderten von Männern für Männer gebaut wurden und dass die Anatomie der Frau bis heute kaum Berücksichtigung gefunden hat, ja die bis jetzt konstruierten Sättel ihr sogar körperliche Schäden zufügen konnten. Dies wollte ich ändern!

Eine symbiotische Beziehung

Nach diesen Studien begann ich mit der Konstruktion und Herstellung eigener Sättel. Nachdem ich in der folgenden Zeit Sättel anhand der neuesten wissenschaftlich fundierten Erkenntnisse für das Pferd und die Reiterin oder den Reiter angepasst hatte, wurde mir klar, dass allein ein qualitätsvolles Pferd und ein angepasster Sattel noch lange nicht alles sind, dass ich vielmehr in einer symbiotischen Beziehung mit vielen unterschiedlichen Fachpersonen, sei es dem Trainer, Tierarzt, Schmied oder Osteopathen zusammenarbeiten müsste, damit der Reiter oder die Reiterin ein optimales Trainingsergebnis erreichen können. Jeden Teil in dieser Verbindung stelle ich mir hierbei wie die Speiche eines Rades vor: Jede Speiche ist wichtig und dazu nötig, dass das Rad rund läuft, das heißt, das Pferd seine volle Leistungsfähigkeit entfalten kann. Nur wenn alle Teile passen und aufeinander abgestimmt sind, ist eine erfolgreiche Sattelanpassung möglich. So gründete ich zusammen mit anderen Fachleuten aus den unterschiedlichsten Teilen meines Rades wie Tierärzten, Akupunkteuren oder Reitausbildern, die nach klassischen Grundsätzen unterrichten, zum Schutz des Pferdes das Netzwerk Saddlefit 4 Life®, dessen Philosophie in Reitschulen, Hochschulen, Universitäten und Vereinen weltweit unterrichtet wird. Zusätzlich habe ich mit einer Tierärztin und einer Trainerin eine Stiftung in Kalifornien gegründet: H.I.P.P.O.H. Foundation Inc. – Horse Industry Professionals Protecting Our Horses, zu deutsch: Eine Vereinigung professioneller Pferdefachleute, die durch ihre Arbeit unsere Pferde schützen. Wir verfolgen den Grundsatz „Horse first, ribbons second", was so viel bedeutet wie: Erst das Pferd, dann die Schleife.

Der Schutz des Pferdes steht bei H.I.P.P.O.H. an erster Stelle und wir bemühen uns, durch viele Fortbildungen und Vorträge von fachkompetenten Tierärzten (aus westlicher und östlicher Medizin), Sattlern, Osteopathen, Physiotherapeuten für Pferd und Reiter, Akupunkteuren oder Ausbildern gemeinsam nach Lösungsansätzen zu suchen und eine Problemanalyse zu betreiben. Dieser Austausch ist uns enorm wichtig und wir haben das Gefühl, dass die Reiter und Trainer zunehmend bereit sind, wirklich zuzuhören. Die Menschen rund um das Pferd möchten ihr Wissen erweitern und geben sich nicht mehr mit unqualifizierten Aussagen zufrieden. Das sollten wir, auch wenn es dem ein oder anderen manchmal anstrengend wird, als ein wunderbar positives Zeichen nehmen: Das Nachfragen ist gut, es ist wichtig, zum Wohle des Pferdes.

Ich vergleiche das Anpassen eines Sattels in dieser Hinsicht gern mit einem Puzzle. Das Vermessen ist nur ein Teil davon, ein Teil einer Symbiose aus vielen unterschiedlichen Einflüssen, die an dem Prozess hin zu einem zufriedenen Pferd und glücklichen Reiter beteiligt sind.

Meine schönsten Momente sind, wenn ich erlebe, wie das Rad durch eine konstruktive Zusammenarbeit rund zu laufen beginnt und ich nach einiger Zeit das Feedback bekomme, dass das Pferd (wieder) freudig mitarbeiten kann und sich sogenannte Untugenden verflüchtigt haben, da alle Störfaktoren ganz offenbar beseitigt wurden. Das erste Erfolgserlebnis ist meistens schon vor Ort allein nach der Sattelanpassung sicht- und für Reiter und Pferd sofort fühlbar.

Wir brauchen Menschen, die Sättel richtig vermessen können!

Ich möchte Ihnen, liebe Leserinnen und liebe Leser und natürlich allen Pferden ersparen, was vielen Pferden und auch meinem eigenen durch Unwissenheit in puncto Sattelanpassung angetan wird und wurde. Mein Bestreben ist es, Ihnen als Pferdebesitzer, Reiter, Trainer, Tierarzt, Schmied oder Osteopath eine Hilfestellung zu bieten, wie Sie einen nicht passenden von einem passenden Sattel zu unterscheiden lernen und sich dann durch den Dschungel der Sattelmarken und dem riesigen Angebot der Sattelverkäufer nach relativ einfachen Kriterien sozusagen durchschlagen und sich zum Wohle Ihres Pferdes entscheiden können. Das Hauptaugenmerk liegt dabei auf den Fragen: Passt der Sattel und ist der Sattelverkäufer durch seine Ausbildung kompetent genug, Ihrem Pferd und Ihnen einen korrekt passenden Sattel zu verkaufen?

Mein Traum ist es, dass alle Reiter und Ausbilder anfangen, ein wenig selbstkritischer mit sich und ihrem eigenen Fachwissen umzugehen und sich Rat und Hilfe bei den Kollegen oder Fachleuten, sei es im Sattlerbereich, bei Tierärzten, Osteopathen, Schmieden oder Akupunkteuren zu holen – das Erkennen und

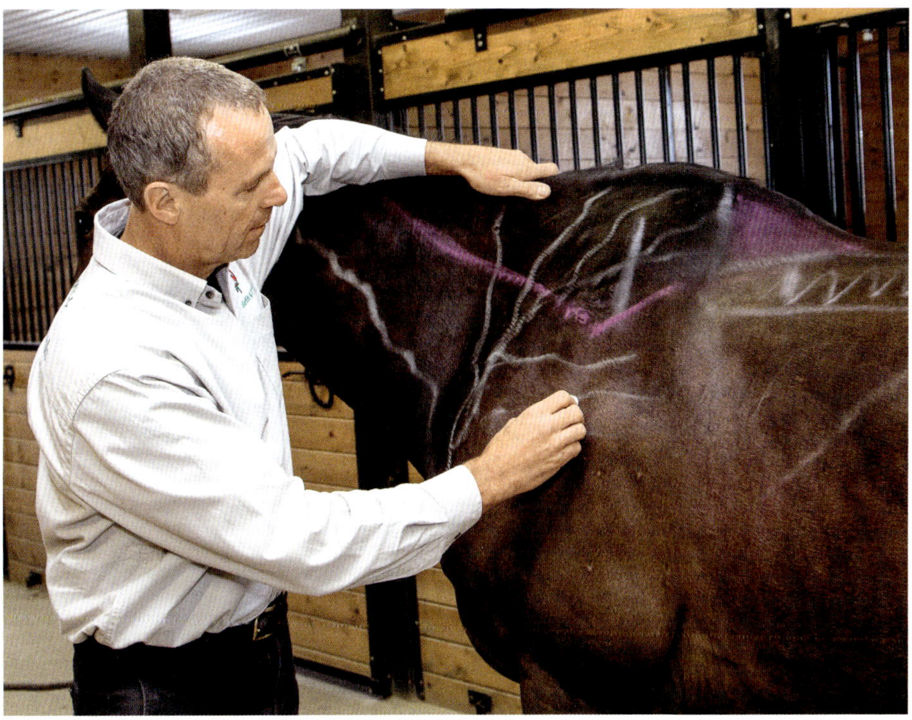

„Wieso, weshalb, warum?" Die Aufklärung rund um das Satteln und die Sättel gewinnt immer mehr an Bedeutung. Jochen Schleese beim Aufzeichnen der Sattelauflagefläche.

Lösen von Problemen ist hier das Ziel und dies, bevor Langzeitschäden bei Pferd und/oder Reiter entstanden sind!

Wir sind heute in der glücklichen Lage, den Pferderücken durch neuste wissenschaftliche Erkenntnisse und hochmoderne Technik wie Magnetfeldresonanz, Glasfaser- oder Wärmekameras, Szintigraphie und Computersatteldecken immer besser zu untersuchen. So sollte es eigentlich fast ein Leichtes sein, das Pferd vor physischen und psychischen Schäden durch einen unpassenden Sattel zu schützen.

In unserer Zeit dürfte, mit all den wissenschaftlichen Erkenntnissen, kein Sattel mehr falsch angepasst werden. Aus Unwissenheit können Dinge passieren, das weiß ich als Sattler aus eigener Erfahrung, aber, wenn ich weiß, wie schädigend ein unpassender Sattel für ein Pferd ist, und ich verkaufe diesen trotzdem aus kommerziellen Gründen, dann ist dies für mich eine Verletzung des Tierschutzes, für die es keine Entschuldigung gibt!

Es ist für mich eine große Freude, dass inzwischen durch Saddlefit 4 Life® ausgebildete Sattelergonomen in der ganzen Welt dabei sind, einige Ansatzpunkte meiner Philosophie zu verbreiten. Selbst in Deutschland hat sie beim BVFR (Berufsverband Fahrzeugausstattung und Reitsportausrüstung e.V.) sowie bei der Deutschen Reiterlichen Vereinigung (FN) Anklang gefunden und auch durch verschiedene Studien der Universität Leipzig wurden unsere Thesen belegt. In vielen Artikeln, die seit 2006 in verschiedenen Medien immer wieder erschienen sind, wird die Notwendigkeit und Wichtigkeit der richtigen Sattelanpassung an erster Stelle berücksichtigt – zumindest fürs Pferd.

Sie sind gefragt!

Viele Reiter und Trainer haben intuitiv schon ein Gefühl dafür: „Na, da könnte etwas nicht passen!". Sie wenden sich an einen Fachmann und vertrauen ihm. Leider gibt es hier oft böse Überraschungen, denn ein Großteil der Sattler reitet nicht einmal selbst und kann also oftmals gar nicht beurteilen oder verstehen, was wirklich nötig ist, um einen Sattel korrekt und individuell auf ein Pferd anzupassen, sodass keine körperlichen Schäden und Probleme in bestimmten Lektionen auftreten. Es ist für mich unabdingbar, dass jeder Sattler, Sattelanpasser oder Reitsportfachhändler anatomische Kenntnisse über Pferd und Reiter besitzen und selbst reiten sollte, um Probleme, die entstanden sind, nachfühlen zu können. Reiter und Ausbilder/Pferdefachleute müssen dazu befähigt werden, zu erkennen: Passt der Sattel oder passt er nicht? Je mehr diese Leute über die Materie wissen, desto mehr steigt der Druck auf Sattler, Sattelverkäufer und Sattelhersteller, sodass sie gezwungen sind, ihre Produkte zu überarbeiten, sich mit den aktuellen Erkenntnissen auseinanderzusetzen und sich mit den Lebewesen Pferd und Reiter in allen Facetten zu befassen.

Es geht mir mit diesem Buch nicht darum, meine Kollegen bloßzustellen, nein – ich möchte Fragen beantworten, dies fachlich fundieren und belegen – mein höchstes Ziel ist es, den Sattel wieder als ein positives Verbindungsglied zwischen Pferd und Reiter zu bringen und durch Aufklärung immer mehr Störfaktoren zu beseitigen.

Was ich mir wünsche

Mein Reiter-, Pferdebesitzer- und Sattlerstolz, ja meine Passion ist es, zu sehen, wie viel losgelassener sich ein Pferd bewegen und freudiger mitarbeiten und wie auch der/die Reiter(in) plötzlich ganz anders sitzen kann, wenn der Sattel endlich passt. Stellt der Sattel eine Verbindung zwischen diesen beiden Individuen her, ist das für mich ein großes Glück, das kein Geld der Welt aufwiegen kann! Jedes Mal, wenn mir das gelingt und ich Pferd und Reiter in der Bewegung vor mir sehe, bekomme ich eine Gänsehaut. Ich möchte etwas bewegen, im wahrsten Sinne des Wortes, das ist meine Freude und das beste Resultat, das ich mir wünschen kann. Ich hoffe, mit diesem Buch vielen Menschen die Augen öffnen zu können und Ihnen ganz praktischen Rat zu geben – zum Wohle des Pferdes und des Reiters!

Denken Sie daran: Ihr Pferd hat keine Wahl – entweder passt der „Schuh" oder er passt nicht!

In diesem Sinne wünsche ich Ihnen viele neue Einsichten und den Mut, auf Ihre Intuition und auf Ihr Pferd zu hören!

Ihr Jochen Schleese

3

AUFGESATTELT

Es war schon immer so! Oder doch nicht?
Vergangenheit versus Gegenwart

Als Pferde noch zur Arbeit gebraucht und nicht vornehmlich in Sport und Freizeit genutzt wurden, lebten die Menschen auch mit ihnen. Sie teilten die tägliche, oft harte Arbeit mit den Tieren – und sie wussten durch diese enge Beziehung genau, was gut und richtig ist. Ein Pferd war wichtig, um den Lebensunterhalt zu verdienen. In der Landwirtschaft, im Bergbau und nicht zuletzt auch beim Militär konnten von der Gesundheit und der Leistungsfähigkeit des Pferdes Leib und Leben abhängen. Ein krankes oder in seiner Leistungsfähigkeit eingeschränktes Pferd bedeutete häufig nicht nur ein geringeres, sondern sogar gar kein Einkommen. Das war nicht selten der Ruin einer Familie, denn aufgrund der hohen Anschaffungskosten war kaum jemand in der Lage, einfach ein neues Pferd zu kaufen. Und wehe – wenn herauskam, dass das Pferd krank war, weil Sattel, Geschirr oder Zaumzeug nicht passten: Ein Sattler, der Fehler machte, hatte bald einen schlechten Ruf und keine Arbeit mehr.

Das konnte sich niemand leisten. Deshalb wurde sorgfältig auf die Pferde geachtet und Sattlerwissen von Generation zu Generation weitergegeben.

Heute hat sich der Einsatz des Pferdes dahin gehend verändert, dass es dem Menschen zum größten Teil als Sport- und Freizeitpartner dient. Die tägliche Nähe zum Pferd – über viele Stunden hinweg – wie sie zu Zeiten, als das Pferd noch als Arbeitspartner oder beim Militär eingesetzt wurde, vorhanden war, ist zum größten Teil verloren gegangen und damit auch ein großer Teil des fachlichen Wissens.

Es stellt sich mir immer wieder die Frage, warum wir trotz unserer vielen wissenschaftlichen Erkenntnisse, trotz der Fülle an überlieferter Literatur der alten Reitmeister und angesichts einer Vielzahl sehr guter Ausbilder und anderer Fachleute, nach wie vor die Bedeutung des richtig angepassten Sattels und einer korrekten klassischen Ausbildung des Reitpferdes vernachlässigen. Obwohl wir so viel Zeit, Mühe und Geld in sehr viele Versorgungsbereiche für unsere Pferde, sei es im Bereich des Hufbeschlages, der Pferdephysiotherapie, in der Veterinärmedizin und so fort investieren, bleiben viele Probleme ungelöst. Manchmal wäre es so leicht, durch eine neue Balancierung des Sattels und korrektes Reiten das ein oder andere Problem zu lösen – so, wie es seit hunderten von Jahren praktiziert wurde und wird. Dem Sattel als Ursache vieler Probleme wird aus Unwissenheit oder Ignoranz noch immer zu wenig Aufmerksamkeit geschenkt. Unter den Folgen leidet immer das Pferd.

Auch die berechtigterweise viel kritisierten und diskutierten Auswüchse moderner Reiterei, vor allem der Dressurreiterei, führen zu Problemen mit dem Sattel. Fesselträgerschäden gelten als eine der häufigsten Folgeschäden, die dem Pferd durch schlechtes Reiten zugefügt werden. Die grundlegende Anatomie und Fortbewegungsmechanik des Pferdes hat sich in tausenden von Jahren nicht geändert, viele bekannte Reitmeister

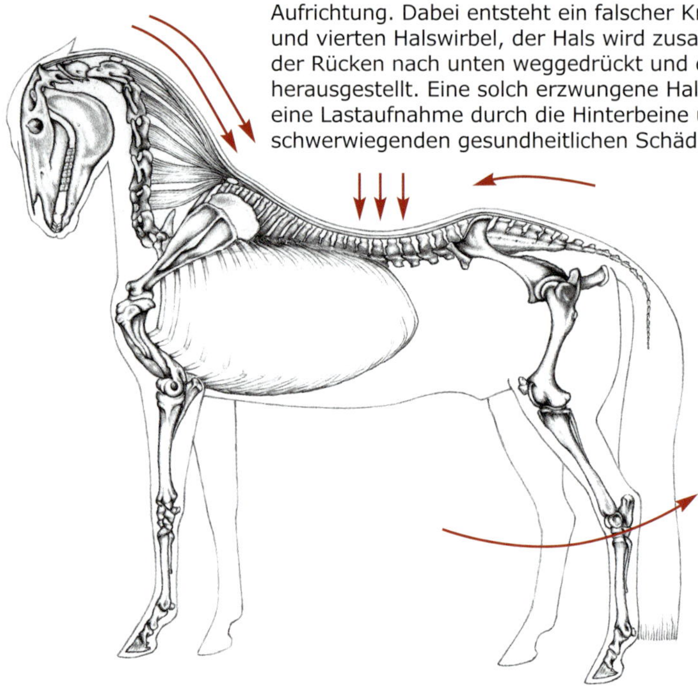

Schmerz lass nach! Ein Pferd in absoluter Aufrichtung, das heißt, einer vom Reiter künstlich mit der Hand erzeugten Aufrichtung. Dabei entsteht ein falscher Knick im dritten und vierten Halswirbel, der Hals wird zusammengezogen, der Rücken nach unten weggedrückt und die Hinterbeine herausgestellt. Eine solch erzwungene Haltung verhindert eine Lastaufnahme durch die Hinterbeine und führt zu schwerwiegenden gesundheitlichen Schäden.

Bei nicht korrekter Ausbildung entsprechend den klassischen Prinzipien sind Fesselträgerschäden mit die häufigsten Folgeerscheinungen.

haben in den letzten Jahrhunderten für ein gesundheitserhaltendes Reiten plädiert, und dennoch kommt es durch zahlreiche unwissende und gefühllose Menschen bis jetzt immer wieder zu teilweise schrecklichen Bildern im Reitsport. Dieser ist, in nahezu allen seinen Disziplinen, sei es die Dressur, der Springsport, vom Rennsport ganz zu schweigen, mehrheitlich so ausgerichtet und durch ökonomische Zwänge gebunden, dass die Pferde in jungen Jahren verschlissen werden. Es wird eine Reiterei belohnt, die schadet, anstatt ein bis ins hohe Alter gesundes und motiviertes Reitpferd zu erhalten. Die Regeln der verschiedenen Dressurverbände (bis zu und einschließlich der FEI), die sich nach den klassischen Prinzipien der Dressur und Physiologie/Anatomie des Pferdes richten sollten, werden ignoriert und durch Begriffe wie Hyperflexion oder Schautrab ersetzt, die dann beim oftmals unwissenden Publikum Standing Ovations auslösen.

Dem größten Teil dieses Publikums ist leider nicht bewusst, wie groß der Schaden in physischer und psychischer Hinsicht für die Pferde, die wir doch so sehr lieben, ist. Erschreckend, dass die Top-Reiter, die mit Bestnoten von Richtern, die es besser wissen sollten, und Applaus von einem unwissenden Publikum belohnt werden, sich offensichtlich nicht darüber im Klaren sind, dass die Schäden an diesen Pferden zu einem großen Teil irreparabel sind. Denn was passiert, bezogen auf den Sattel, wenn ein Pferd im spektakulären Schautrab oder in der Rollkurhaltung geritten wird? Der Rücken hängt durch, der Sattel fällt zu weit nach hinten und setzt den Reiter hinter den Gleichgewichtspunkt. Dies führt zu vermehrtem Druck auf die letzten Wirbel der Brustwirbelsäule. Die Kettenreaktion, die dabei in Gang gesetzt wird, ist folgende: Die Wolle im Sattel wird im hinteren Teil in der Füllung zusammengedrückt. Das ganze Reitergewicht befindet sich im hinteren Teil des Sattels. Der Druck verstärkt sich im Lendenbereich, was eine Spannung auf das Rückenband nach sich zieht, welches mit dem Kreuzbein verbunden ist. Dies macht es dem Pferd nahezu unmöglich, von hinten nach vorn locker unterzutreten – schwere Gesundheitsschäden, Rittigkeits- und Verhaltensprobleme können dadurch ausgelöst werden.

Ein Umdenken in unserer heutigen Reiterwelt ist gefragt.

Wer ein wahrer „Pferdemensch" werden möchte, der muss sich nicht nur fachliches Wissen, sondern auch den sogenannten Pferdeverstand aneignen – dafür wird er mit einer harmonischen Partnerschaft und einem glücklichen Pferd belohnt werden.

Bildung auf allen Ebenen rund ums Pferd, das Bewahren alter, klassischer, Werte in der Pferdeausbildung und Offenheit gegenüber neuesten wissenschaftlichen Erkenntnissen sind das einzige Rezept auf dem Weg zum Wohle des Pferdes. Also, machen wir uns nun auf!

DIE GESCHICHTE DER SATTELHERSTELLUNG:

Vom Einzelstück zur Massenware

Viele der heutigen „neuen" Erkenntnisse rund um den Sattelbau erweisen sich geschichtlich betrachtet als schon lange bekannt. Leider ging viel Fachwissen im Laufe der Zeit verloren. Das Sattlerhandwerk ist keine neue Wissenschaft, denn Sättel gibt es schon seit vielen Jahrhunderten und das korrekte Anpassen von Sätteln war gerade im Militär von großer Notwendigkeit, denn ein rittiges, gesundes Pferd (über lange Strecken hinweg) war für den Soldaten lebensnotwendig. Damals lehrte der Kavallerieoffizier seine Soldaten, die notwendigen Änderungen an ihrem Sattel vorzunehmen, um diesen wieder in die richtige Balance zu bringen, wenn sich die Muskulatur oder der Futterzustand des Pferdes veränderten.

Auch Arbeitspferde, welche im Bergbau, auf dem Feld oder als Transportmittel eingesetzt wurden, brauchten eine optimale Ausstattung, um lange leistungsfähig zu bleiben.

In diesen Zeiten wuchsen die meisten Sattler mit Pferden auf. Sie arbeiteten täglich mit ihnen und entwickelten so ein feines Gespür für das Tier und seine individuellen Bedürfnisse, da sie Teil ihres Lebens waren. Das Fachwissen eines Sattlers wurde von Generation zu Generation – meist vom Vater zum Sohn – weitergegeben. Die Sättel wurden in Maßarbeit gefertigt. Dafür arbeitete der Sattler zunächst am Pferd: Er begutachtete den Körperbau, nahm Maß und fertigte anhand dessen den Baum, schnitt die Lederstücke zu und polsterte individuell, wie es die Rückenlage des Pferdes benötigte.

Die Sattlerei Joseph Sullivan in Nevada City, Montana, um circa 1900

DIE INDUSTRIELLE REVOLUTION:

Ein Fadenriss in der Geschichte des Sattlerhandwerks

Durch die industrielle Revolution und während der zwei Weltkriege ging vieles an altem Fachwissen im Sattlerhandwerk verloren. Worin lag dies begründet? In der zweiten Hälfte des 18. Jahrhunderts nahm die industrielle Revolution in Großbritannien ihren Anfang, setzte sich dann im 19. Jahrhundert auf dem europäischen Kontinent, in den USA und Japan weiter fort. Durch zahlreiche technische Erfindungen und Neuerungen veränderten sich die Städtestruktur, die Arbeitswelt und die Landwirtschaft. Viele Menschen suchten ihr Glück in den wachsenden Großstädten, menschliche und tierische Arbeitskraft wurde zunehmend durch Maschinen ersetzt. Ob als Fortbewegungsmittel, in der Feldarbeit oder im Kriegsdienst – Arbeitspferde wurden nun in geringerem Umfang eingesetzt. Dies schlug sich auch im Beruf des Sattlers nieder, der nun weniger Arbeit hatte und sich berufliche Alternativen suchen musste.

Zu Beginn des 20. Jahrhunderts veränderte sich die Sattelproduktion maßgeblich. Der Reitsport öffnete sich erstmals einer etwas breiteren Bevölkerungsschicht – das frühere Arbeitspferd entwickelte sich zum Freizeitpartner. Immer mehr Frauen stiegen vom Damen- in den Herrensattel um. Um der erhöhten Sattelnachfrage zu einem günstigen Preis für die breite Masse nachzukommen, begannen schon damals einige Firmen Sättel industriell zu produzieren und versprachen sich davon höhere Gewinne. Die Nachfrage veränderte also das Herstellungsverfahren. Es wurden nun weit weniger Sättel in Maßarbeit angefertigt und kaufmännische Interessen begannen, das sattlerische Know-How zu verdrängen.

Im zweiten Weltkrieg wurde das Pferd zwar noch im Kriegsdienst eingesetzt, aber Autos und moderne Waffen verdrängten den Kameraden auf vier Hufen gegen Ende des Krieges fast vollständig. Auch diese Entwicklung hatte natürlich direkten Einfluss auf das Sattlerhandwerk.

CHRISTOPH RIESER:

„Von Mensch, Pferd und Sattel – über 7.000 Jahre kontinuierlicher Entwicklung und Optimierung"

„In der Steinzeit kannten unsere Vorfahren das Pferd nicht etwa als Partner in der Freizeit oder beim Sport. Das Pferd wurde nicht geritten, es wurde gejagt – als ein Beutetier, das dem Menschen ausschließlich als Nahrungsmittel diente. Die älteste bekannte figürliche Pferdedarstellung der Menschheit stammt vom Vogelherd im Lonetal (Deutschland Kreis Heidenheim) und wird auf ein Alter von über dreißigtausend Jahren geschätzt.

Die Domestizierung und Nutzbarmachung des Pferdes begann weit später, rund fünftausend Jahre vor Christi. Bereits aus dem dritten und zweiten Jahrtausend vor Christi finden sich erste Belege, die beweisen, dass Pferde als Zugtiere verwendet wurden. Vermutlich noch früher dürfte das Pferd als Packtier zum Tragen von Lasten eingesetzt worden sein. Die Frage, wie es dem Menschen gelang, das Pferd zu domestizieren, ist bis heute weitgehend unbeantwortet, ebenso die Frage danach, wann es wohl erstmals gelungen ist, auf den Rücken eines Pferdes zu steigen.

Mit Sicherheit dürfen wir annehmen, dass dies zunächst ohne Sattel geschah. Um aber den Komfort zu erhöhen, folgte irgendwann der Einsatz einer Sitzunterlage in Form eines Felles oder einer Decke. Damit diese Unterlage nicht vom Pferd rutschte, war es sinnvoll, sie mit einem Gurt oder Strick zu fixieren. Um die Sitzhilfe schließlich noch bequemer zu machen, begann der Mensch, die Unterlage zu polstern und eine Art Kissen auf dem Pferd zu befestigen.

Der Fundort dieser Skulptur ist das Lonetal in Niederstotzingen im Landkreis Heidenheim, Deutschland. Die Wildpferdeplastik ist die zur Zeit älteste, bekannte, von Menschenhand geschaffene Skulptur. Ihr Alter wird auf circa 35.000 Jahre geschätzt. Das Original ist circa fünf Zentimeter lang und aus Mammutelfenbein geschnitzt.

Die Skythen: vom Kissen zum Sattel

Die entscheidende Weiterentwicklung vom Kissen zum Sattel geht von dem großen reitnomadischen Volk der Skythen aus, die 800 bis 300 vor Christi ihre Blütezeit erlebten und deren Reich sich vom Schwarzen Meer über den Kaukasus, Kasachstan und die Mongolei bis nach Nordchina erstreckte. Die Skythen teilten das Kissen in eine rechte und linke Kissentragfläche. Die so entstandene Wirbelsäulenfreiheit bot dem Pferd deutlich mehr Tragekomfort. Die ältesten noch erhaltenen Sättel oder Sattelfragmente mit Holzversteifungen gehen auf diese Zeit zurück.

Eine Schlüsselrolle für die Sattlung der Pferde spielt geographisch gesehen der eurasische Steppengürtel. Zwischen dem 40. und 50. Breitengrad von der Donau bis nach Nordchina befindet sich ein Grasgürtel, welcher die Grundlage für die Entwicklung der nomadisierenden Reitervölker im ersten Jahrtausend vor Christi bildete. Dieser Korridor verband die großen Reiche der Antike. Die Reitnomaden Zentralasiens hatten Kontakt mit China und Persien sowie mit Griechen nördlich der Schwarzmeerküste. Die Hunnen drangen unter der Führung Attilas bis Mitteleuropa vor.

Gemeinsamkeit der Kulturen: der Sattelbaum

Sämtliche Kulturkreise rund um die Welt verbindet die historisch belegte Gemeinsamkeit, dass tragfähige Gerüste als Grundlage für den Sattelbaum dienten. Die versteifende Konstruktion – der Sattelbaum – war geboren. Dieser bestimmt bis heute die Funktionalität eines jeden Sattels.

Der Sattel, beziehungsweise der Sattelbaum, steht für den Schutz des Pferderückens. Er muss funktionell sein, sowohl für die jeweilige Anatomie des Pferdes als auch für den Reiter und den jeweiligen Einsatzbereich. Hieraus ergibt sich, heute wie damals, eine Unzahl verschiedener Sattelbäume.

Die Mehrzahl der Sattelentwicklungen hat einen militärischen Hintergrund und war für Pferd und Reiter in jenen Zeiten von überlebenswichtiger Bedeutung.

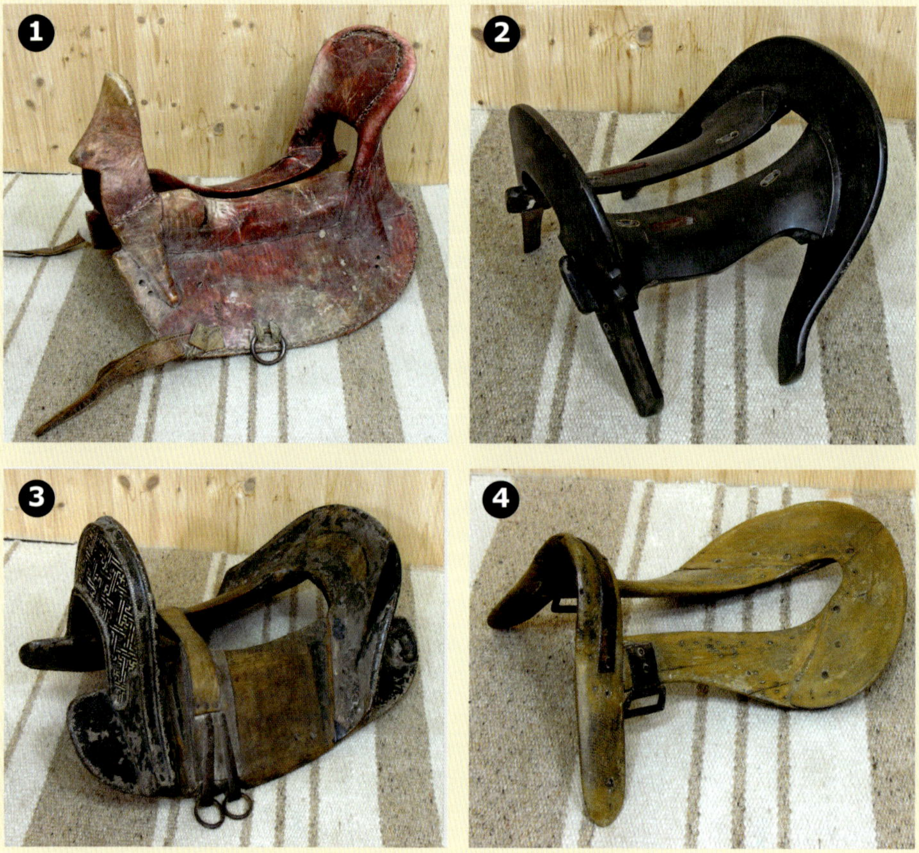

Sattelbäume verschiedener Länder: 1. Maurischer Sattelbaum 2. Samurai Sattelbaum 3. Chinesischer Sattelbaum 4. Englischer Sattelbaum

Die Evolution des Sattelbaums entwickelte sich in den verschiedenen Kulturen und Epochen stets nach dem gleichen Bauprinzip: rechts und links der Wirbelsäule befinden sich zwei mehr oder weniger große Tragflächen, die vorn und hinten auf verschiedenste Weise miteinander verbunden wurden. Wie unterschiedlich und vielfältig diese Konstruktionen auch heute noch ausfallen, zeigen einige Beispiele von Sattelbäumen aus verschiedenen Ländern.

Der McClellan Sattel: ein Meilenstein

Wie viel Energie und Zeit gerade vom Militär aufgewendet wurde, um optimal passende Sättel herzustellen und die Pferde möglichst lange gesund zu erhalten, zeigt das Beispiel des McClellan Sattels.

Als Mitglied einer Militärkommission bereiste der amerikanische General George B. M. McClellan von April 1855 bis 1856 Europa. Ziel der einjährigen Reise war die gründliche Analyse der damals aktuellen Entwicklungen bei der Kavallerie und der Ausrüstung von Reiter und Pferd, vor allem die Charakteristika der verwendeten Sättel.

Auf seinen Reisen studierte und dokumentierte McClellan die Bauart und Besonderheiten der diversen in Ungarn, England, Frankreich, Preußen, Spanien oder Russland hergestellten Sättel. Er wurde Zeitzeuge vieler militärischer Auseinandersetzungen, unter anderem auch bei den Schlachten des Krimkrieges.

Die Rückreise trat McClellan mit überaus umfangreichem Gepäck an. Rund 100 Bücher und ungezählte Handaufzeichnungen über Sättel und Ausrüstungen der europäischen Kavallerieeinheiten sollten den General auf seiner Überfahrt zurück nach Amerika begleiten.

Auf Grundlage der Beobachtungen in Europa, seiner Analyse und Erfahrung schlug McClellan der US-Armee ein spezifisches Satteldesign vor, mit dem ganz sicherlich ein Höhepunkt zeitgenössischer Sattelbaukunst erreicht wurde.

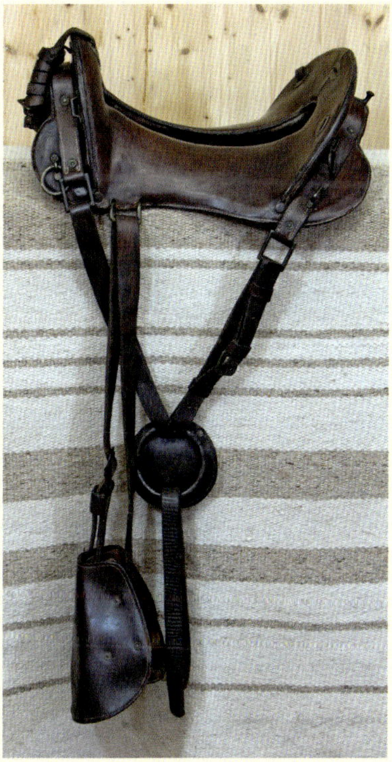

Der McClellan Sattel ist heute noch Vorbild für viele im Distanzsport eingesetzte Sättel.

Der Sattel vom Typ M1859: vier Jahre Entwicklung bis zur Serienreife

Der Prototyp des McClellan Sattels wurde von dem US War Department im Jahre 1859 bestätigt und in Produktion gegeben. Von der Studienreise 1855 bis zur Serienreife des McClellan Sattels hatte es also fast vier Jahre gedauert.

Dies zeigt in beeindruckender Weise, welches Maß an Ressourcen in die Erforschung und Entwicklung eines einzigen Satteltyps geflossen ist. Die ursprüngliche Version des M1859 war während des Bürgerkrieges im Einsatz. Der Sattel wurde im Laufe der Jahrzehnte noch oft in Details und Design geändert. Er blieb aber stets als McClellan Sattel erkennbar und wurde 1928 ein letztes Mal aktualisiert. Bis in den zweiten Weltkrieg hinein war der McClellan Sattel im Einsatz und steht noch heute – wie auch in kommenden hoffentlich friedlichen Zeiten – für viele Sattelentwicklungen im Distanzsportbereich Pate.

So wurde ein ursprünglich aus militärischem Anlass konzipierter Sattel einer neuen Bestimmung zugeführt und bereitet heute statt Furcht und Schrecken Spaß und Freude.

Ja, die Zeiten haben sich geändert, die Gesunderhaltung von Pferd und Reiter stehen bei der Sattelkonstruktion allerdings nach wie vor im Fokus."

DAS SATTLERHANDWERK HEUTE:

In die Schablone gesteckt

Was zu Beginn des 20. Jahrhunderts seinen Anfang nahm, ist heute an der Tagesordnung. Das Sattlerhandwerk hat sich zunehmend zu einem Industriezweig entwickelt, in dem Fließbandarbeit Normalität ist. Bis ein Sattel fertig verarbeitet ist, wandert er durch die Hände vieler angelernter Arbeiter, die weder einen Überblick über das Sattlerhandwerk, ja noch nie einen Sattel im Ganzen zusammengebaut, noch vom Reiten eine Ahnung haben. Die Herstellung eines Sattels ist bis heute kein Bestandteil des Ausbildungsrahmenplans für einen Sattlergesellen. In den großen Ausbildungsbetrieben der Branche (Sattelhersteller) fertigen Lehrlinge oft nur Teile des Sattels, nicht aber einen vollständigen Sattel an. In Deutschland bedarf es für die Ausbildung zum Sattler einer dreijährigen Handwerkslehre, die neben der praktischen Ausbildung im Betrieb mindestens einen Tag Berufsschule pro Woche vorsieht oder entsprechenden Blockunterricht. Direkt im Anschluss an die bestandene Gesellenprüfung ist der Besuch der Meisterschule möglich. Vor

Der Blick in eine moderne Sattlerei

Auch heute noch gibt es Sattlereien, die besonderen Wert auf Maß- und Handarbeit legen.

25 Jahren musste der Geselle fünf Jahre Berufserfahrung in verschiedenen Sattlereien sammeln, bevor er die Meisterschule besuchen durfte, um sich im Anschluss selbstständig machen zu dürfen. Auch ist der Begriff des Sattler(meisters) an sich irreführend, da es die Ausbildung zum Sattler in drei Bereichen gibt: Sattler in der Feintäschnerei, Sattler in der Fahrzeugsattlerei und Sattler in der Reitsportsattlerei. Ein Reitsport-Sattlermeister kann sich durchaus auf das Anfertigen von Fahrgeschirren spezialisiert haben und im Sattelbau nur über marginale Fähigkeiten verfügen. Hier heißt es also, genau hinzuschauen, wenn man einen Sattler für das eigene Pferd sucht.

Zudem hat die Globalisierung auch in der Sattelbranche längst Einzug gehalten. Ebenso wie in der Autoindustrie gibt es in der industriellen Sattelherstellung aus ökonomischen Gründen eine Ausgliederung der Produktion von Teilen eines Sattels. Es wäre einfach viel zu kostspielig, würde eine einzige Person tatsächlich alles (inklusive ausschneiden, kleben oder nähen) beim Bau eines Sattels selbst fertigen. Die industrielle arbeitsteilige Fabrikation ist Voraussetzung dafür, dass Sättel heute sehr kostengünstig angeboten werden können. So wird beispielsweise der Baum in China und die Sattelpausche in Indien oder Italien produziert und der Sattel dann in Tschechien zusammengebaut. Es wäre aber vermessen, diese Entwicklung als negativ zu verurteilen. Die wirtschaftliche Produktion von einzelnen Komponenten oder auch ganzen Sätteln im Rahmen von Serienproduktionen ist so lange in Ordnung, wie das Wissen um die Bedürfnisse von Reiter und Pferd beim Sattelbau Berücksichtigung finden.

Das große Dilemma dieser Produktionsweise im Vergleich zu der Maßarbeit der Sattler vorheriger Jahrhunderte zeigt sich jedoch in einem Individualitätsverlust, bei dem weder die Anatomie und Physiologie des Menschen, noch die des Pferdes berücksichtigt werden können. Pferd und Reiter werden in eine Schablone gesteckt, bei der sich die Sattelform nach dem Durchschnittspferd und dem

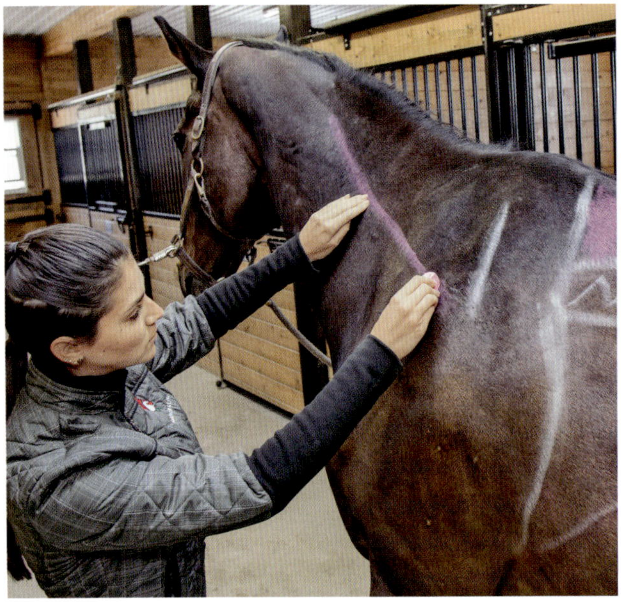

Eine fachkompetente Beratung des Kunden vor Ort sowie die Auswertung der gesammelten Fakten gehört zu einem guten Sattelverkauf unbedingt dazu.

Durchschnittsmenschen richtet. Laut dieser Philosophie ist der Durchschnittsreiter eben männlich und das Durchschnittspferd ein Warmblut im Rechteckformat, mit einer gut geformten, unproblematischen Sattellage.

Dieser standardisierte Durchschnittssattel wird über die Sattelfirmen an den Großhändler und/oder an die Reitsportgeschäfte sowie den Sattler veräußert und gelangt dann zum Kunden. Die Erfahrung zeigt, dass nur sehr wenige Sattelverkäufer über die notwendigen Kenntnisse verfügen, die für eine fachgerechte Beratung notwendig sind. Ein Sattelverkäufer oder Sattler wird vom Kunden aber als kompetenter Sattelberater oder „Sattelergonom" wahrgenommen. Leider ist ein Sattler/Sattelanpasser heute meist nicht mehr das, was er vor 100 Jahren war, nämlich ein wahrer Pferdemensch, der mit Pferden aufgewachsen ist und sowohl über ein großes hippologisches Wissen als auch über praktische Reiterfahrung verfügt. In unserer Zeit reitet der Großteil der Sattler nicht. Wie soll jedoch ein Mensch, der nicht reitet, die Probleme und Wünsche seines Kunden lösen und nachvollziehen können?

Bei der Anpassung eines gebrauchten, Stangen- oder Maßsattels werden bei der Sattelanpassung im Stall 36 Punkte berücksichtigt.

Ungefähr **80 grundlegende Entscheidungen** hat der Sattler bei der Maßanfertigung eines Sattels zu treffen, bevor er mit der Anfertigung eines individuellen Sattels beginnen kann. Neben den genauen Maßen von Pferd und Reiter sind dies Entscheidungen bezüglich des Materials (Leder- oder Baumart), der Grundkonstruktion sowie der Verarbeitung.

Diese fachlich wirklich wichtigen Punkte finden in der Praxis oftmals zu geringe Berücksichtigung, vor allem, weil verschiedenste Kundenwünsche oft im Vordergrund stehen, die nicht unmittelbar mit einer guten Passform zusammenhängen: Da möchte der eine den Sattel haben, den sein reiterliches Vorbild nutzt (oder für den derjenige Werbung macht), oder den, den die Stallnachbarin bevorzugt; ein anderer nimmt, was der Trainer empfiehlt; aber auch Wünsche in Bezug auf Qualität und Design, an die der Kunde ebenfalls hohe Ansprüche stellt, werden oft an den Sattler als wichtige Kriterien herangetragen. Gerade letztere richten sich nicht unbedingt nach den Erfordernissen des Pferdes und seines Reiters, sondern eher nach Modefarben, speziellen Gurtaufhängungen oder Marken, die gerade der „letzte Schrei" sind. Fachliche Kriterien wie die Passform des Sattels auf dem Pferd spielen dabei leider häufig eine untergeordnete Rolle. Findet der Reiter im gewählten Sattel mit dem das Idol Olympiasieger wurde oder in dem der gut aussehende junge Bereiter immer so eine tolle Figur macht, eine mehr oder weniger bequeme Position, wird der Sattel gekauft und muss auf Gedeih und Verderb irgendwie auf das Pferd passen. Es ist dabei immer wieder erstaunlich, was Reiter (innen) an Unbequemlichkeit und Schmerzen aushalten können, weil sie davon überzeugt sind, beziehungsweise überzeugt wurden, dass sie nun den richtigen Sattel haben.

Die Hersteller möchten wiederum viele Kunden durch eine riesige Auswahl an unterschiedlichsten Sätteln ansprechen. Sie sind bestrebt, für jede potentielle Kundengruppe etwas herzustellen, etwas, das für die breite Masse an Kunden erschwinglich ist, aber auch etwas, das absolut exklusiv und damit hochpreisig ist. So sind die vielen Preisunterschiede zu erklären. Die Herstellung von Sätteln in großen Mengen für einen Massenmarkt bringt die Hersteller schnell unter wirtschaftlichen Druck, denn diese Sättel müssen ja verkauft werden. Das wiederum führt häufig dazu, dass Sättel auf „Teufel komm raus" auf den Markt gebracht und verkauft werden. Auch für die Wiederverkäufer, von denen der Endverbraucher eine Auswahl an Sätteln erwartet, gilt, dass sie irgendwann um jeden Preis das verkaufen müssen, was am Lager ist.

Nur, wo bleibt bei alledem die Hauptfigur: das Pferd?

Der Wunsch des Kunden

Kein Reiter möchte seinem Pferd absichtlich durch einen schlecht sitzenden Sattel Schmerzen bereiten. Viele der fatalen Folgen, die durch einen unpassenden Sattel entstehen, resultieren aus Unwissenheit und einer mangelhaften Beratung beim Sattelkauf. Die Schwierigkeit ist hier: Der Sattel soll auf der einen Seite günstig sein, soll andererseits

ACHTUNG SPARFALLE!

So paradox es erscheinen mag, investieren Sie von Anfang an in einen komplett verstellbaren Sattel. Nur dann können Sie in den nächsten Jahren tatsächlich Geld sparen.

An einem Sattel, der in den Anschaffungskosten zunächst günstiger, jedoch nicht verstellbar ist, werden Sie auf die Dauer keine Freude haben. Diese Systeme arbeiten nur für den Moment, sie sind nicht auf die Möglichkeit der individuellen Anpassung ausgelegt, welche zwangsläufig in den nächsten Entwicklungsjahren des Pferdes nötig sein wird.

Wichtig ist es, einen Sattel auch als Investition in die eigene Gesundheit und die Ihres Pferdes zu sehen. Sie leiden sonst später nicht nur an den Folgeschäden, die von Ihrem anatomisch nicht korrekt liegenden Sattel stammen, sondern müssen auch unter Umständen in Rehabilitationsmaßnahmen investieren. Das klingt auf den ersten Blick überspitzt – aber viele gesundheitliche Probleme, die tatsächlich von einem unpassenden Sattel stammen, werden auf alles Mögliche zurückgeführt, jedoch nicht darauf. Hier besteht noch viel Nachholbedarf. Die Gesundheit von Ihrem Pferd und Ihnen sollte immer an erster Stelle stehen! Hier sollte man im eigenen und im Interesse des Pferdes keine Kompromisse machen!

auch Pferd und Reiter bestens passen. Die Bedürfnisse des Pferdes und die individuellen Anforderungen, die es an einen Sattel stellt, bleiben leider häufig auf der Strecke, weil der Sattelkäufer sich ein finanzielles Limit gesetzt hat, dass er nicht überschreiten kann oder will oder aber weil die wirtschaftlichen Interessen des Verkäufers für diesen Priorität haben und er dem vielleicht ahnungslosen Kunden einen Sattel eher nach einem oberen Platz in der Preisliste verkauft, als dass er auf die Bedürfnisse von Pferd und Reiter eingeht. Jeder Mensch, der sich erstmalig ein Pferd zulegt, sollte bedenken, dass mit der Pferdeanschaffung einige Kosten auf ihn zukommen – auch beim Zubehör. Ein guter, qualitätsvoller, immer wieder anpassbarer Sattel ist eine sinnvolle Investition, weil er ein Pferd über viele Jahres seines Lebens, bei guter Pflege sogar ein ganzes Pferdeleben lang, begleiten kann. Dieser wird in regelmäßigen Abständen neu angepasst, um den natürlichen und trainingsbedingten Veränderungen des Pferdes gerecht zu werden. Das ist viel sinnvoller, als sich ständig einen neuen Sattel zu kaufen, da der alte (welcher beispielsweise in der Kammerweite nicht individuell veränderbar ist) nicht mehr passt oder das Pferd zum wiederholten Mal im Stall bleiben muss, weil der Sattel drückt.

KOMMERZ KONTRA GEWISSEN

Nun muss man sich fragen, warum wir heute ein Sattelangebot haben, dass diese Anforderungen so wenig erfüllt. Dafür gibt es eine Reihe von Gründen. Der eine sehr wesentliche Punkt ist, dass alte und neueste Erkenntnisse über die Zusammenhänge zwischen Sattel, Anatomie und Reitlehre nie Eingang in die moderne Literatur gefunden haben. Dieses Thema ist außerdem kein Bestandteil der unterschiedlichen Ausbildungen im Pferdesport, weder in der Berufsausbildung, noch in der der Sport- und Freizeitreiter. Es ist über viele Jahre einfach in Vergessenheit geraten beziehungsweise wird aktuell noch zu wenig veröffentlicht.

Um den physiologischen und anatomischen Gegebenheiten von Mensch und Tier Rechnung zu tragen, müsste die Sattelindustrie ein Produkt herstellen, das eben diese besser berücksichtigt, beispielsweise durch die Verwendung einstellbarer Kopfeisen. Es gibt natürlich schon einige Firmen, die ihre Produkte in puncto Kissenkanäle, verstellbare Kammerweite, größere Auflagefläche optimiert haben, jedoch befinden sich immer noch zu viele Sättel auf dem Markt, die nicht oder unzureichend an die individuellen Bedürfnisse eines Pferdes anpassbar sind.

Nicht nur mangelndes Know-how und eine gewisse Resistenz gegen Neuerun-

Jochen Schleese demonstriert bei einem Kongress die Einstellung des Kopfeisens mit der Baummaschine.

gen verhindern die schnelle Neuentwicklung und das Angebot von neuen pferdegerechten Sattelmodellen. Der Prozess, ein einziges neues Produkt auf den Markt zu bringen, ist oft schon teuer und aufwändig. Der Prozess aber, eine gesamte Produktgruppe in ihrer bisherigen Existenz und in ihrer bisherigen technischen Konstruktion durch den Einsatz neuer Technologien in Frage zu stellen, ist extrem schwierig.

Es stellt sich für die Sattelfirmen und -verkäufer die Problematik, dass sie in der Regel noch viele nach bisherigem Vorbild gefertigte Sättel auf Lager haben, die erst verkauft werden müssen. Was geschieht mit diesen am Lager liegenden Sätteln oder mit den Kunden, denen gerade ein Sattel verkauft wurde, der nicht den neuesten Kriterien gerecht wird? Diese Situation scheuen viele Industrieunternehmen, auch wenn sie wissen, dass eine neue Technologie verbraucherfreundlicher wäre. Hier stehen dann oft kommerzielle Gesichtspunkte vielleicht sogar wirtschaftlicher Zwang, dem besseren Wissen oder Gewissen gegenüber.

Darüber hinaus bedeutet die Umstellung eines Sortiments auf eine veränderte technische Basis erhebliche Investitionen. Seitens der Hersteller lässt sich ein Sattelaufbau nicht sofort umstellen. Die Entwicklung eines neuen Sattels braucht Planung und eine Testphase. Gussformen und andere Werkzeuge müssen neu gefertigt, vielleicht sogar neue Maschinen angeschafft werden. Dem gegenüber wird die Markteinführung jedoch nicht sofort mit großen Verkaufszahlen gelingen. Selbst bei Einsatz eines umfangreichen Werbeetats kauft der Handel natürlich nicht sofort große Mengen. Es hängen ja noch die alten Modelle im Laden, die erst verkauft werden müssen, bevor ein neues Modell in das Sortiment aufgenommen werden kann. Hinzu kommt, dass die Marktakzeptanz durch den Verbraucher erst nachgewiesen werden muss, genauso wie die Tauglichkeit des Produktes im täglichen Einsatz. Die Refinanzierung der Investitionen wird also einige Zeit in Anspruch nehmen.

Immer mehr Reiter sind vollkommen verunsichert und verständlicherweise verärgert, weil ihre Sättel zum wiederholten Male nicht passen und Anlass zur Klage geben. Der Käufer ist durch ein vielfältiges Medienangebot (Literatur, Seminare, Internet) und den dort vermittelten neuen Erkenntnissen immer mehr in der Lage, fachkompetente Gespräche zu führen und Argumente gegen die althergebrachten Sättel hervorzubringen. Der Druck hin zu einem physiologisch und anatomisch korrekten Sattel für die Frau, den Mann und das Pferd muss vom Verbraucher kommen. Vernachlässigen wir dies, wird unser Pferd immer unter mehr oder weniger unpassenden und drückenden Sätteln mit oftmals fatalen Folgen leiden.

Der Kunde ist also gefragt: Je kritischer er ist, desto mehr werden sich Sattlereien, Großhändler und Sattelverkäufer den Wünschen des Kunden anpassen.

DIE AUFGABE DES SATTELS

in einer symbiotischen Beziehung

Die Aufgabe eines Sattels ist es, das Gewicht des Reiters korrekt auf dem Pferderücken zu verteilen, sodass der Reiter mit dem Gleichgewichtspunkt des Pferdes in Einklang kommen kann.

Ein Pferd verändert sich je nach Alter und Einsatz mehr oder weniger intensiv. Dies ist ein andauernder Prozess, den neben Ihnen mehrere Faktoren mit beeinflussen. Stellen Sie sich hierzu einen Kreis vor, der in (mindestens!) acht Teile unterteilt ist.

Eines dieser Teile sind Sie als Reiter, weitere sind Ihr Ausbilder, der Tierarzt, die Pferdetherapeuten (Physiotherapeuten, Chiropraktiker, Akupunkteure), die Ernährung Ihres Pferdes (Nahrungsergänzungsmittel inbegriffen), Ihr Schmied

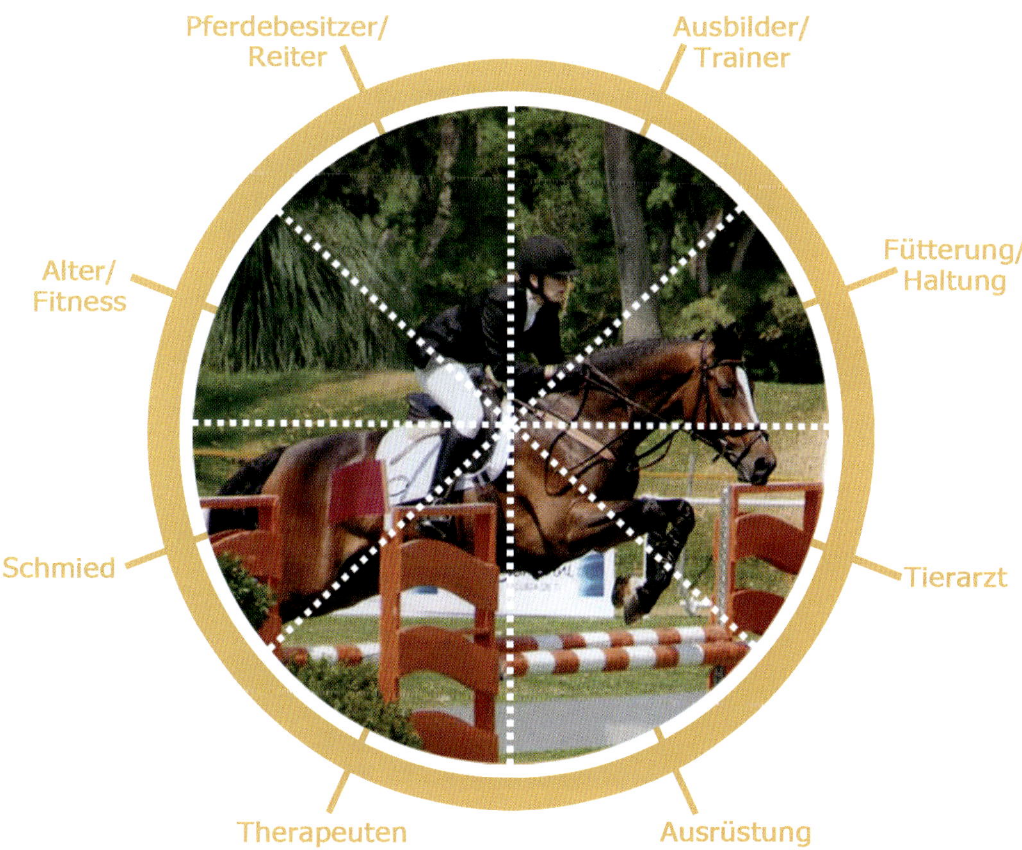

und last but not least Ihre restliche Ausrüstung (Zaumzeug, Gebiss, Satteldecke). Ich nenne das den Kreis der Einflussgrößen auf das Pferd, bei dem der Sattel und die Arbeit des Sattlers nie isoliert zu betrachten sind. Alle Einflussgrößen hängen vielmehr voneinander ab. Wird beispielsweise eine Futter- oder Trainingsumstellung beim Pferd vorgenommen, verändert sich seine Körperform. Der Sattel liegt nicht mehr korrekt, doch liegt die Ursache nicht an einer fehlerhaften Sattelanpassung.

Sattelanpassung ist nichts anderes, als das Bemühen, Pferd und Reiter durch die Vermeidung von schmerzhaftem Druck auf die Reflexpunkte und eine gleichmäßige Verteilung des Reitergewichts vor oft langfristigen Schäden zu schützen. Jeder, der in dem erwähnten Kreis tätig wird, sollte mit den anderen zusammenarbeiten, mit dem großen Ziel, Pferd und Reiter gesund zu erhalten. Jede Veränderung in einem Teil des Kreises – ob positiv oder negativ – hat Auswirkungen auf einen anderen, welcher wiederum in jedem Fall wieder eine Auswirkung auf die Balance des Sattels haben kann. Erinnern wir uns hier an Newtons drittes Gesetz der Physik, dass jede Aktion eine Reaktion nach sich zieht.

In aller Regel ist es nicht der Sattel, der sich verändert, sondern das Pferd, welches sich in seiner dreidimensionalen Sattellage verändern wird. Aber es ist ohne Übertreibung der Sattel (das Verbindungsglied zwischen Pferd und Reiter), der unmittelbar den größten Schaden vor allem am Pferd anrichtet, wenn er (unter anatomischen und physiologischen Gesichtspunkten) nicht mehr passt.

Für die Ursachenforschung beim und am Pferd wird viel Fachwissen und Fingerspitzengefühl benötigt.

DER EINFLUSS DES GESUNDHEITSZUSTANDES AUF DIE SATTELANPASSUNG IM RAHMEN EINER GANZHEITLICHEN BETRACHTUNG DES PFERDES

Von Dr. Joanna Robson, Tierärztin aus Kalifornien

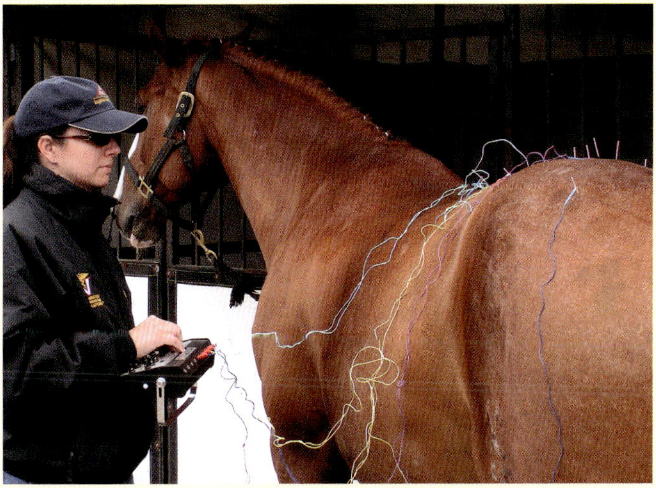

Dr. Robson bei der elektronischen Akupunktur

„Wenn ein Pferd unter Krankheiten wie Arthritis, verletzten Muskeln oder Sehnenscheidenentzündung leidet, kann sich der gesamte physische Körperbau des Pferdes verändern, gerade in seinem Rücken, aufgrund von primären oder kompensatorischen Veränderungen. Die traditionelle Medizin verwendet Pharmazeutika, wie Steroide (Depo-Medrol) oder Nicht-Steroide (Bute, Banamine), entzündungshemmende Mittel, Muskelrelaxantien (Robaxin), Injektionen mit HA (Legend) oder PSGAG (Adequan) oder intraartikuläre Injektionen, um die Schmerzen bei Arthritis oder Muskelverletzungen zu bekämpfen und somit Heilung und eine korrekte Haltung zu fördern. Es werden auch chirurgische Eingriffe wie Arthroskopie, Neurektomie (Nervenschnitt) und Sehnenscheidenmodifikationen ausgeführt, um Schmerzen zu lindern und die Einsatzfähigkeit des Pferdes zu verlängern. Einige dieser Behandlungen können die Leistungsfähigkeit des Tieres sichern, während andere lediglich eine Not- oder Übergangslösung darstellen. Ganzheitliche Veterinärmedizin mag auch Behandlungsansätze wie Akupunktur, veterinär-spinale manipulative Therapie, Lasertherapie, Mesotherapie, pflanzliche Substanzen und Homöopathie anwenden, um die Gesamtbalance des

Patienten wiederherzustellen sowie eine einwandfreie Funktion des Nervensystems zu fördern. Es werden endogene Endorphine als Schmerzmittel eingesetzt und damit nicht-invasive oder weniger invasive Mittel für eine fortdauernde Erhaltung der Leistungsfähigkeit verwendet. Jedoch ist der Erfolg der Veterinärmedizin – traditionell oder ganzheitlich – bei der Erhaltung eines schmerzfreien Leistungsvermögens begrenzt. Viel hängt von der verwendeten Reitausrüstung und der Art und Weise, wie das Pferd geritten und ausgebildet wird, ab.

Das Profil der Oberlinie und die allgemeine Form des Pferdekörpers werden sicherlich durch den körperlichen Zustand beeinflusst, das betrifft ebenso die Sattelanpassung und die Fähigkeit des Pferdes, dauerhaftes Training ohne Beeinträchtigung zu absolvieren sowie seinen Muskelaufbau. Ein rundes Pferd mit Fettpolstern unter der Haut ist nicht dasselbe wie ein Pferd, das durch eine korrekte Haltung und einen gezielten Muskelaufbau in der Hinterhand rund ist. Eine Überfütterung und Überversorgung von Leistungs- und Freiheitstieren kann zu Verhaltens- und physischen Problemen führen. Dies hat wiederum Auswirkungen auf die Leistungsfähigkeit und das Training (wofür dann vielleicht andere Faktoren verantwortlich gemacht werden, wie die Sattelpassform oder das Bereiten). Auch eine nicht ausreichende Ernährung oder unzureichende Verabreichung von Mineralien wie beispielsweise Selen können sich auf die Kondition, das Haarkleid und die Oberlinie des Pferdes auswirken und so das erwünschte „Aufblühen“ durch korrekte Ausrüstung und Training verhindern. Dabei ist die Ernährung nur ein Thema von vielen (obwohl ein sehr wichtiges!), in dem holistischen (ganzheitlichen) Herangehen an Pferde in Bezug auf ihre Gesundheit, Gesunderhaltung und zur Wiedererlangung der Gesundheit."

Dr. Robson bei einer chiropraktischen Regulierung am Pferd

DER EINFLUSS DES HUFBESCHLAGS AUF DIE SATTELANPASSUNG

Von Barney Cummings

Barney Cummings ist gelernter Hufschmied, Mitglied in der Ontario Farriers Association, der American Farriers Association sowie im Canadian Equestrian Team Farrier.

„Die Vorderbeine sind, anders als die Hinterbeine, nicht durch das Skelett mit dem Körper verbunden. Sie werden durch den Musculus serratus ventralis thoracis (M. serratus), eine Muskelschlinge, gestützt. Unter der Einwirkung des Gewichts von Sattel und Reiter auf den Pferderücken bewegen sich die Knochen der Schulter über die Brustwirbel leicht aufeinander zu, wenn der Muskel dieses Gewicht unterstützt. Auch wenn eine korrekte Sattelpassform die freie Beweglichkeit der Schulter ermöglicht, rotieren die Knochen doch gemäß dem Bau der unteren Extremitäten des jeweiligen Individuums.

Wenn der Körperbau des Pferdes nicht völlig korrekt ist, wird die gegenseitige Muskelbewegung der Vorderbeine eine Abweichung bei der Fußfolge bewirken und die Rückenmuskulatur beeinflussen. Wird eine Seite mehr angestrengt, um diese Abweichungen der gegenüberliegenden Gliedmaße oder des gegenüberliegenden Hufs zu kompensieren/ihr entgegenzuwirken, kommt es zu einer Überentwicklung dieser Seite.

Bei der Valgusstellung (O-beinig) tendiert die Schulterblattspitze dazu, sich vom Rumpf weg zu bewegen, bei der Varusstellung (X-beinig) drückt sich das obere Ende des Schulterblatts an den Rumpf. Hierbei sollten die jeweiligen Auswirkungen auf die dreidimensionale Form des Pferderückens offensichtlich werden.

Wenn Valgus- oder Varus-Fehlstellungen durch Verletzungen oder schlechte Haltung entstehen, kann der Hufschmied den Huf entsprechend bearbeiten und beschlagen, um so eine bessere Fußfolge beziehungsweise einen besseren Tritt zu erreichen. Im Fall, dass ein Pferd unterschiedlich hohe Trachten hat, also ein Huf länger als der andere ist, etwa durch Verletzungen oder ungleichmäßige Belastung, trägt die jeweils kürzere Seite dementsprechend mehr Gewicht. Wenn dieser Unterschied lateral besteht oder an der äußeren Hufseite, muss das Pferd so stehen, dass es sein Gewicht stärker unter die Mitte seiner Körpermasse bringt. Die Schulter wird jetzt nach außen gezogen. Das Beschneiden (Bearbeiten) und Beschlagen des Hufes kann helfen, das Gewicht verstärkt zurück zur Basis einer geraden Knochensäule zu bringen.

Sattelanpassung und Hufbeschläge ergänzen sich als Disziplinen aus Kunst und Wissenschaft."

4

IN BALANCE – DER REITERSITZ

Wir wünschen uns ein Reitpferd mit schwungvollen, raumgreifenden, elastischen Bewegungen, welches der Reiter mit einer feinen Hilfengebung kontrollieren kann. Es soll auf die Reiterhilfen durchlässig reagieren, was bedeutet, dass es unseren Hilfen bezüglich Tempo, Gangart und Richtung willig folgt. Dabei ist das Ziel eine höchstmöglich kontrollierte Körperdynamik bei vollkommen lockerem Pferdekörper, das heißt mit einem gesunden Wechsel zwischen An- und Entspannung der Muskulatur je nach Bewegung. Der Reiter muss in der Lage sein, in die Bewegungen des Pferdes mit einer positiven Körperspannung eingehen zu können. Die positive Körperspannung zeichnet sich durch ein weiches Mitgehen mit der diagonalen Pferdebewegung aus, dabei darf der Reiter nicht mit Gesäß und Beinen klemmen oder seine Hände verspannen. Während wir beim Pferd die (durch den Reiter) unbeeinträchtigte Entfaltung der Bewegung anstreben, sollte der Reiter eher ruhig sitzen und nur weich in der sogenannten Mittelpositur mitschwingen. Er braucht eine positive Körperspannung, die weder mit Verspannung verwechselt werden, noch in einen losen, unruhigen und zu lockeren Sitz ausarten darf.

Alles im Lot!

Gleichgewichtspunkt des Reiters = besser: Gleichgewichtslinie. Das für das Gleichgewicht verantwortliche Organ (Vestibularorgan) liegt im Innenohr des Menschen. Wenn ein Mensch steht oder korrekt im Sattel sitzen will, muss er, um im sicheren Gleichgewicht zu sein, seine Füße in der Gleichgewichtslinie unter sich haben. Aus diesem Grund achten Reitlehrer immer darauf, dass Ohr, Schulter, Hüfte und Absatz des im Sattel sitzenden Reiters auf einer lotrechten Linie liegen. Nur wenn das der Fall ist, fühlt sich der Mensch im Gleichgewicht. Ist der Mensch nicht in diesem Gleichgewicht, wird das Gleichgewichtsorgan immer eine Gegenreaktion auslösen, um den Körper im Gleichgewicht zu halten. Beim Reiten wird das immer zu Sitzfehlern führen.

Die Basis jedes guten Reitens, egal in welcher Reitweise oder -disziplin man unterwegs ist, ist also der Reitersitz. Um ein gut ausgebildeter Reiter mit dem angestrebten ausbalancierten Sitz zu werden, vergehen viele Jahre. Reiten lernt man auch immer nur durch reiten und ein echter Reiter weiß: Man lernt ein Reiterleben lang!

Jedoch stellt der Sattel ein wichtiges Verbindungsglied zwischen Reiter und Pferd dar. Er kann keine Wunder bewirken, aber wenn er plötzlich passt, kann das einem kleinen Wunder gleichkommen! Ein für den Reiter unpassender Sattel kann die Entwicklung eines ausbalancierten Sitzes in Jahren und trotz steter Fortbildung verhindern – ein dem Reiter passender Sattel wird diesen Sitz mit Leichtigkeit und ohne Verspannungen erreichen lassen.

Durch einen Sattel, der Pferd oder Reiter nicht passt, kann es nicht nur zu vielen Kommunikationsstörungen zwischen Mensch und Tier, sondern auch zu ernsthaften Verletzungen bei beiden, im schlimmsten Fall zu dauerhaften Schäden kommen.

ALLES IM LOT:

Wo soll der Reiter sitzen und wie?

Um das Pferd nicht in seinem Gleichgewicht zu stören, ist eine größtmögliche Balancierfähigkeit vom Reiter gefragt. Die richtige Balance ist ein elementares Thema – nicht nur im Leben, sondern auch beim Reiten.

Beobachtet man ein Fohlen, das gerade zur Welt gekommen ist, so versucht es als Nestflüchter schon nach wenigen Minuten aufzustehen. Es ist bemüht, auf allen vier Beinen ganz gerade zu stehen, dabei balanciert es mehr von vorn nach hinten als von einer Seite zur anderen. Der natürliche Balancepunkt* des Pferdes im Stand befindet sich von Beginn seines Lebens an ziemlich weit vorn. Sein Exterieur ist von der Natur so eingerichtet, damit es sich den ganzen Tag mit nach unten geneigtem Kopf und tiefem Hals fressend in langsamem Tempo, das heißt mit ständig nach vorn verlagertem Schwerpunkt, vorwärts bewegen kann. Der Reiter hat später einen erheblichen Einfluss auf die natürliche Balance des Pferdes, die dadurch in Gänze verändert wird.

Der Mensch findet sein Gleichgewicht im Gegensatz zum Pferd nur auf zwei Beinen – und dies auch erst nach circa einem Lebensjahr. Die beim Reiten angestrebte senkrechte Linie vom Ohr über Schulter, Hüfte bis zur Ferse wird auch als Lotlinie bezeichnet. Um sich ausbalancie-

* Gleichgewichtspunkt oder Balancepunkt des Pferdes = liegt im Bereich des Brustbeins des Pferdes. Würde man ein Pferd an diesem Punkt aufhängen, würde es ausbalanciert hängen und nicht in eine Richtung wegkippen. Der Gleichgewichts- oder Balancepunkt ist bei wenig trainierten Pferden weiter vorn angesiedelt, während er bei trainierten Pferden weiter hinten liegt .

ren und harmonisch bewegen zu können, sind die Beine des Menschen im Sattel im Kniegelenk leicht gewinkelt. Beim Reiten sitzt der Reiter eher in einer Art Stehsitz, bei dem sich Beine, Kreuz und Becken unter ihm befinden (Lotlinie). Balanciert sich ein stehender Mensch auf seinen Füßen aus, übernehmen dies beim Reiten die Sitzbeinhöcker. Die vier Kurven der Wirbelsäule und die leicht angewinkelten Knie ermöglichen dem Reiter einen lockeren und balancierten Sitz in der Bewegung des Pferdes.

Eine gute Balance des Reiters im Sattel kann nur hergestellt werden, wenn das Becken beim Reiten an der gleichen Stelle positioniert ist wie beim Gehen. Nur durch ein Mitfedern in den Fuß-, Knie- und Hüftgelenken sowie in der Wirbelsäule und durch ein Mitschwingen des Beckens ist der Reiter in der Lage, sich auf einem sich bewegenden Pferd auszubalancieren. Da der Mensch aufrecht steht und geht und beim Gehen seine Arme diagonal zu den Beinen schwingt, empfindet man die diagonale

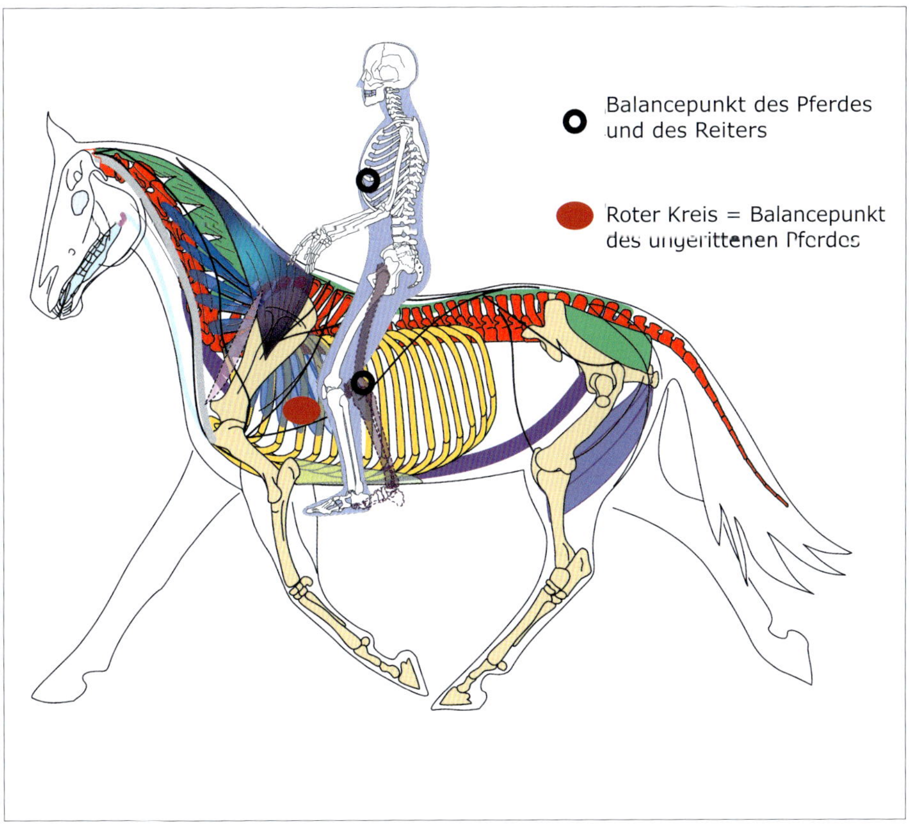

Der ausbalancierte Reiter sitzt über dem Balancepunkt des Pferdes (schwarz). Der rote Kreis bezeichnet den Balancepunkt* eines ungerittenen Pferdes, welcher sich durch korrektes Training weiter nach hinten verlagert.

Ein guter Sitz sowie ein passender Sattel sind unabdingbare Voraussetzungen für die Harmonie zwischen Pferd und Reiter.

Bewegung des Pferdes, welches sich in allen Gangarten in verschiedenen Takten ebenfalls diagonal fortbewegt, als gutes natürliches Gefühl. Die Bewegung des Pferdes stimuliert die gleichen Sinnesorgane des Menschen, die angesprochen werden, wenn wir gehen. Der Reiter sollte so natürlich wie möglich sitzen, wobei er den Oberkörper frei tragen muss, da er nichts hat, um sich anzulehnen. Er darf weder mit den Knien, noch mit Ober- oder Unterschenkeln klemmen. Dies ist ein Balanceakt und in der Bewegung des Pferdes enorm anspruchsvoll.

Eine Funktion des Sattels dabei ist es, die Wirbelsäule des Reiters und seine Sitzbeinhöcker (ob Mann oder Frau) so auszubalancieren, dass die Wirbelsäule mit ihren vier natürlichen Kurven in der Bewegung des Pferdes mitschwingen kann, das heißt, die Bewegungen des Pferdes nicht stört – und demzufolge nicht gegen sie arbeitet. Dann lässt sich der Wunsch, die Schwingungen des Pferdes durch die eigene Energie zu erhöhen, verwirklichen.

Die Balance des Pferdes wird in jedem Fall durch die reiterliche Einwirkung positiv oder negativ verändert und deshalb ist es sehr wichtig, den Sattel immer wieder neu auszurichten. Erst diese genaue Ausrichtung des Sattels ermöglicht es dem Reiter, sein Gewicht stets über den „Balancepunkt" des Pferdes zu bringen, um diesen zu erhalten oder zu optimieren. Der Balancepunkt des Pferdes ist der Punkt, an dem die geringste Bewegung der Wirbelsäule des Pferdes stattfindet, wenn das Pferd läuft oder sogar bockt, und an dem sich das Pferd mit dem Reiter im Gleichgewicht befindet. Sehr gut kann man diesen Punkt sehen, wenn man Rodeoreiter beobachtet. Sie sitzen immer sehr nah am Widerrist. Deshalb liegen unsere Sättel auch im Verhältnis im vorderen Drittel des Pferdes, obwohl man meinen könnte, dass der Sattel weiter hinten besser läge, weil dann nicht noch mehr Last auf den Vorderbeinen liegt, als von Natur aus. Das hat mit eben diesem „Balancepunkt" zu tun, denn nur, wenn der Rei-

STEHT DAS BECKEN SCHIEF, IST DAS FÜR MENSCH UND PFERD UNGESUND!

Quelle: Lilo Cross: Soforthilfe bei Rückenschmerzen. (Zabert & Sandmann Verlag, München)

Eine gute Statik spielt für die Gesundheit eines jeden Reiters eine maßgebliche Rolle. Im Laufe der Jahre kann es geschehen, dass wir durch einseitige Belastungen oder Unfälle aus dem Lot geraten. Sehr viele Menschen sind heute „schief", ohne es zu wissen. Daraus resultieren vielfältige Beschwerden, die häufig nicht einem Schiefstand zugeordnet werden.

Ein Beckenschiefstand kann eine dramatische Kettenreaktion auslösen. Knie- oder Hüftprobleme, Rückenschmerzen, Bandscheibenvorfälle, Migräne, selbst Kiefergelenkprobleme und Augenfehlhaltungen können die Folge sein.

Die Behandlung einzelner Symptome bringt selten eine Besserung, entscheidend ist, dass die Wurzel allen Übels, der Beckenschiefstand, behoben wird.

Ein passender Sattel hilft in diesem Fall nur bedingt, wenn der Reiter selbst durch die Fehlstellung seines Beckens schief auf dem Pferd sitzt. Ausbuchtungen im Sattel sowie elektronische Messungen unterhalb des Sattels zeigen genau an, wenn und wie der Reiter schief sitzt.

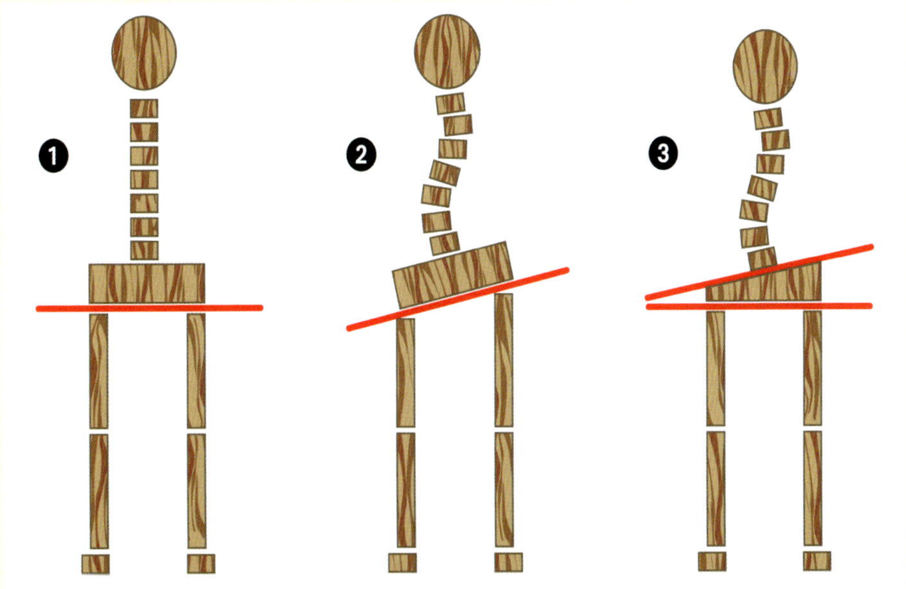

1: Hier sehen Sie den symmetrischen Fall: Beine gleich lang, gesunder Beckengürtel, gerade Statik.

2: Das Modell hat unterschiedlich lange Beine (anatomische Beinlängendifferenz). Folge: gestörte Statik oberhalb des Beckens.

3: Gleich lange Beine, aber ein gekipptes Becken (funktionelle Beinlängendifferenz). Hier leidet die Statik besonders.

Wirbelsäulen- und Gelenkerkrankungen gehören zu den häufigsten Gründen, weshalb sich der Mensch heutzutage in ärztliche Behandlung begibt. Sie stehen an erster Stelle der Gründe für Frühinvalidität. Die Ursache dieser Beschwerden liegt oft in einer statischen Fehlhaltung begründet, die durch eine funktionelle Beinlängendifferenz (durch den Beckenschiefstand bedingte unterschiedliche Beinlängen) bedingt ist.

In der täglichen Praxis zeigt sich, dass ein Bein nur selten tatsächlich zu kurz ist; meistens liegt eine Beckenverwringung vor, wodurch ein Bein lediglich zu kurz erscheint. Wenn also eine Beckenverwringung besteht, muss der Körper sie statisch ausgleichen, was für die Körperhaltung erhebliche Veränderungen bedeutet. Wir können davon ausgehen, dass diese Schiefstellung in den meisten Fällen erworben ist; das heißt, wir müssen die Ursachen in einem Trauma suchen (beispielsweise einem Sturz auf das Gesäß).

Der Körper versucht, die Schiefstellung über lange Zeit zu kompensieren, und erst Jahre später (in der Regel fünf bis acht Jahre) treten durch einseitige Überlastung Beschwerden mit Folgeerscheinungen im gesamten Körper auf.

Die Behandlung einzelner Symptome verschafft zwar kurzfristig eine Linderung, aber keine Heilung. Die Beschwerden treten immer wieder auf. Entscheidend ist das Erkennen der Ursache, also des Schiefstands. Nur wenn dieser behoben wird, kann Heilung beginnen.

Die Cross-Methode

Mithilfe der Cross-Methode wird das Becken durch einfache Übungen wieder in die richtige Stellung gebracht, damit Fehlhaltungen korrigiert werden können. Dabei ist es wichtig, genaue Daten zu ermitteln.

Schon zwei Millimeter Schiefstellung können gravierende Folgen haben. Diesen Unterschied kann man unmöglich mit bloßem Auge feststellen. Auch Muskel- und Bewegungstests sind nicht aussagekräftig genug. Hier hat sich der Einsatz des Schulter-Beckenmessgerätes (Acromiopelvimeter) bewährt. Dieses Gerät kann den Unterschied vor, während und nach der Behandlung zur Beseitigung des Beckenschiefstandes exakt messen.

Das Acromiopelvimeter, entwickelt für die Cross-Therapie, ist ein Gerät, mit dem man den Beckenschiefstand ohne bildgebende Verfahren millimetergenau messen kann. Jahrelange Erkenntnisse und der Vergleich mit Röntgenaufnahmen haben bewiesen, dass mit Hilfe des von Lilo Cross entwickelten Messgeräts, des Acromiopelvimeters, eine verlässliche und genaue Datenerhebung erfolgen kann.

ter dort sitzt, kann das Pferd mit ihm gemeinsam zu einem neuen gemeinsamen Gleichgewicht finden. Ein weiterer Aspekt ist natürlich auch der an sich ausbalancierte Sitz des Reiters. Das Pferd kann sich mit dem Reiter nur harmonisch bewegen, wenn auch er in Balance, das heißt im Gleichgewicht sitzen kann. Die Voraussetzung dafür ist nicht nur reiterliches Geschick, sondern ein Sattel, der den Reiter auch entsprechend seiner anatomischen Gegebenheiten ins Gleichgewicht zu setzen vermag. Das heißt, dass der tiefste Punkt so positioniert ist, dass der Reiter dort mit seinen Sitzbeinhöckern zum Sitzen kommt und daraus die Wirbelsäule frei aufrichten kann. Da dieser Punkt, um das Gleichgewicht zu finden, vergleichbar dem „Balancepunkt" des Pferdes ist, spricht man auch beim Sattel vom „Balancepunkt". Häufig werden auch die Begriffe „tiefster Punkt" oder „Schwerpunkt" des Sattels verwendet. Wichtig ist es zu wissen, dass sich dieser bei Mann und Frau, bedingt durch ihren unterschiedlichen anatomischen Skelettaufbau, an verschiedenen Stellen befinden soll. Betrachtet man die horizontale Gleichgewichtsachse von Mann und Frau, liegt die des Mannes genau in der Mitte, bei der Frau hingegen im ersten Drittel des Beckens. Dem muss der Sattel Rechnung tragen, sonst wird jeder noch so begabte Reiter immer Probleme haben, seine eigene Balance zu finden.

Die Balancen von Pferd und Reiter können durch den Sattel stark beeinflusst werden.

Grundsätzlich widerspricht es der Natur des Pferdes, dass sich ein Reiter darauf setzt und mit der eigenen, von der Natur vorgegebenen Balance die natürliche des Pferdes stört. Nur wenn wir verstehen, wie wir die Balance von Pferd und Reiter in Übereinstimmung bringen, kann Reiten funktionieren. Die große Herausforderung dabei ist, dass das Pferd als Vierfüßler vor allem in seiner horizontalen Achse schwingt und sich ausbalanciert, während der Reiter als aufrecht gehendes beziehungsweise sitzendes Wesen in einer vertikalen Achse schwingt. Der Sattel spielt darum eine so wichtige Rolle, weil er sowohl die Balance des Pferdes als auch die des Reiters stark beeinflussen kann. Eine gemeinsame Balance können Pferd und Reiter nur dann finden, wenn die vertikalen Schwingungen des Pferdes mit den horizontalen Schwingungen des Reiters durch das passende Bindeglied – den Sattel – harmonisch miteinander verschmelzen.

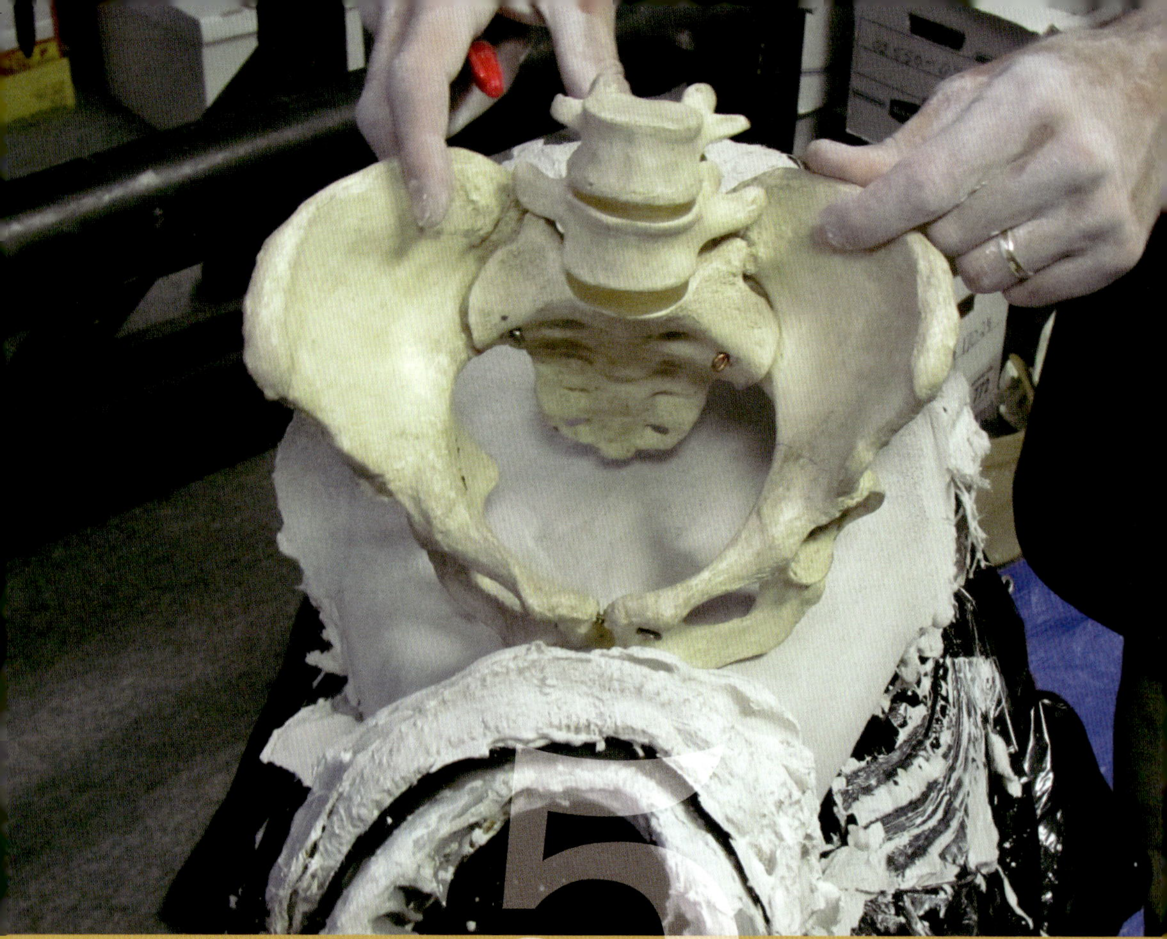

5

DIE FRAU IM SATTEL VON MÄNNERN FÜR MÄNNER

Vor vielen Jahren kam eine Reiterin aus dem Kanadischen Dressurteam auf mich zu: „Ich habe mir in den letzten Jahren viele Sättel gekauft, nun reite ich in einem 18 Zoll Sattel, der mich viel zu weit hinten sitzen lässt. Betrachte ich meine Turnierbilder, fällt mir auf, dass ich im Stuhlsitz sitze. Versuche ich dem entgegenzuwirken und korrekt zu sitzen, habe ich große Schmerzen. Können Sie mir weiterhelfen?"

Ihr Frauenarzt hatte ihr davon abgeraten, überhaupt weiter zu reiten, sollte sie keinen passenden Sattel finden, der Reibungen, Schmerzen und Irritationen vermeidet. Er warnte sie ebenfalls davor, dass Dauerdruck und ständige Reibungen zu chronischen körperlichen Schäden führen können. Ich begann zu recherchieren und mich der Thematik systematisch zu nähern.

Während meiner Recherchen wurde mir bewusst, dass Sättel seit über 3000 Jahren nur für Männer (ausgenommen der Damensattel) gefertigt wurden, denn Reiter waren über viele Jahrtausende – überwiegend Männer. Sie waren es, die als Soldaten mit ihren Pferden in den Krieg zogen, die auf Pferden jagten und mit ihnen arbeiteten. Reiten galt für Frauen lange Zeit als unschicklich und auch die Entwicklung des Damensattels konnte der Frau auf dem Pferd nicht zum Durchbruch verhelfen. Mit der gesellschaftlichen Wandlung, der Haltung von Pferden für Sport und Freizeit, dem nicht mehr überwiegenden Gebrauch als Nutztier, hat sich diese Situation vollkommen verändert.

Durch den rasanten Anstieg der Zahl reitender Frauen in den letzten Jahrzehnten wurde die der reitenden Männer weit überholt. Heute liegt der Anteil der Frauen im Sattel in den meisten westlichen Industrienationen bei über 80 Prozent. Nur wurde dieser Tatsache im Bereich des Sattelbaus bisher offenbar nie auf strukturiertem Wege Rechnung getragen.

Wir starteten mit einer Studie, in der wir Gipsabdrücke von Männern und Frauen in Sätteln nahmen. Im Laufe dieser Studie bestätigte sich, dass Frauen eine andere Sitzfläche im Sattel benötigen, da ihr Skelett im Vergleich zu dem von Männern anatomisch ganz anders aufgebaut ist. Das heißt, dass den Unterschieden im Knochenaufbau

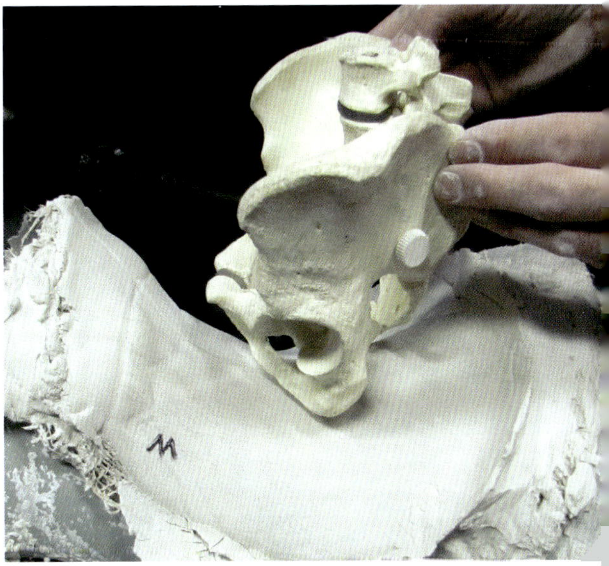

Die Gipsabdrücke, die Jochen Schleese vom Becken von vielen Frauen und Männern anfertigen ließ, beweisen eindrucksvoll die signifikanten Unterschiede in der Anatomie der beiden Geschlechter.

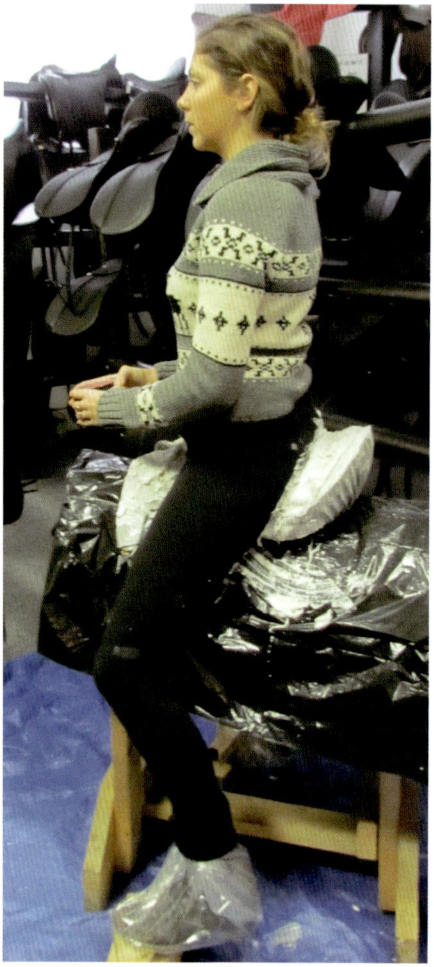

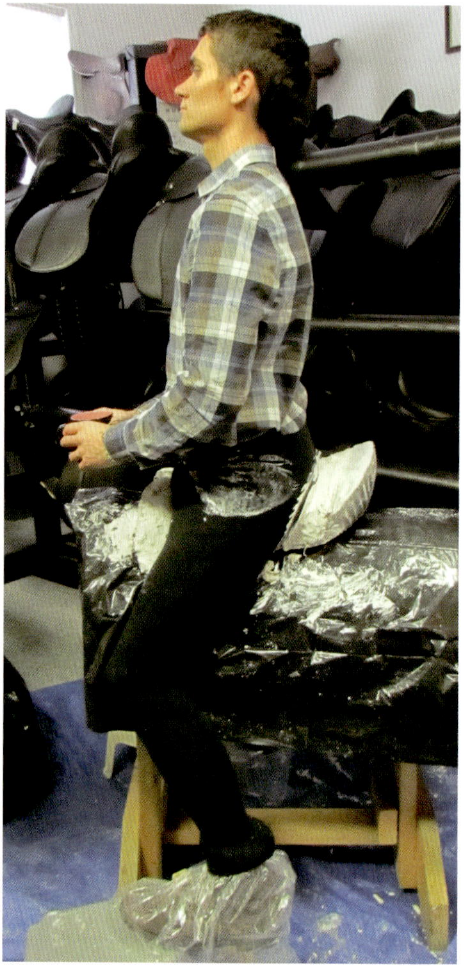

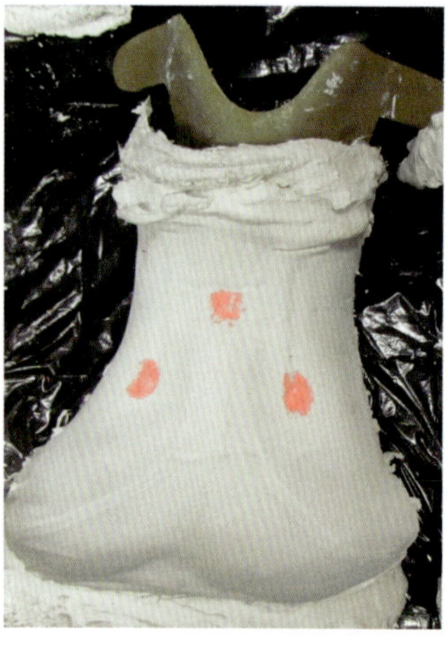

Obwohl sich unsere zwei Modelle vom Körperbau her sehr ähneln, weisen ihre Gipsabdrücke deutliche Unterschiede auf. Jener der Frau (links) hat den tiefsten Einschlag vorn unterm Schambein, die Sitzbeinhöcker liegen weit auseinander.

Beim Mann (rechts) sind die Sitzbeinhöcker näher beisammen.

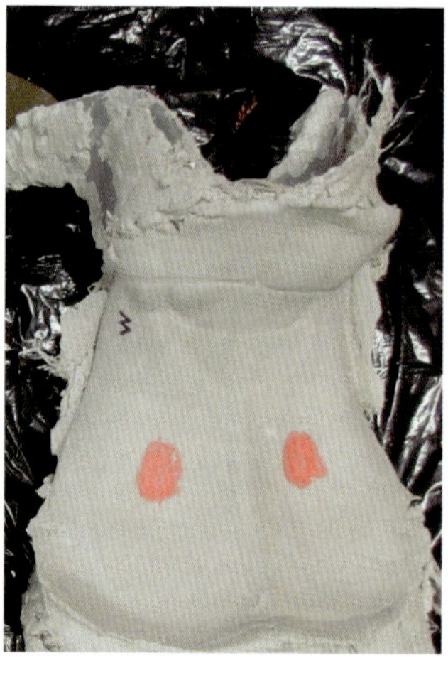

zwischen Mann und Frau bei der Konstruktion von Sattelsitzen bewusst Rechnung getragen werden muss. In vielen Gesprächen mit Fachärzten und bei genauerer Betrachtung des weiblichen Skeletts wurden mir die Unterschiede zwischen Mann und Frau immer deutlicher bewusst und ich lernte, gemeinsam mit Medizinern und Physiotherapeuten, daraus die richtigen Schlüsse zu ziehen. Nun musste ich nur noch nach Lösungen suchen, mit denen ich den anatomischen Unterschieden beim Sattelbau Rechnung tragen konnte.

Wir entwickelten einen Sattel speziell für Frauen, um ihnen einen korrekten Sitz ohne körperliche Schäden zu erleichtern. Einer der großen konstruktiven Veränderungen im Sattelbau ist dadurch eingetreten, dass der früher sehr weit verbreitete sogenannte gegurtete Sattelbaum (siehe Bild) immer mehr durch Sattelbäume in Massivbauweise (Kunststoff- oder Holzbäume) ersetzt wurde. Der Vorteil des gegurteten Baumes war, dass die Gurtung der Bäume für einen weichen, nachgiebigen und federnden Sitz sorgte. Die massiven Bäume bieten diese Flexibilität, bei allen anderen sehr großen Vorteilen, die beispielsweise Kunststoffflexbäume ansonsten haben, nicht. Das heißt, die Reiterin sitzt auch bei einer noch so guten Matratzierung (Polsterung des Sattelsitzes) auf einem unnachgiebigen Gerüst. Auch eine sehr gute Matratzierung ist auf Dauer nicht in der Lage, die Bewegungen der Reiterin im Sattel so gut aufzufangen, dass jeder Druck

Kunststoffbaum mit patentiertem „crotch comfort system"

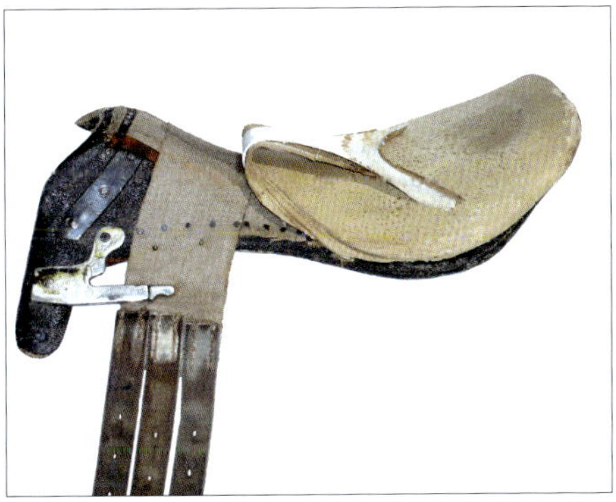

Gegurteter Holzbaum mit nach vorn zeigenden Ortschuhspitzen

Gepolsterter Kunststoffbaum mit Sitzmatratze

In diesem herkömmlichen für Männer konstruierten Sattel hat die Reiterin keine andere Wahl, als im Stuhlsitz zu reiten.

kompensiert würde. So war meine erste Idee, die Zone im Sattel, auf die die Reiterin mit dem Schambereich trifft, wieder nachgiebig zu machen. Wir entwickelten einen sehr weichen, federnden Kunststoffbaum und patentierten die sogenannte Crotch-Comfort-Zone (siehe Bild S. 59). Wir schneiden die Zone, die der Schambereich der Reiterin im Sattel trifft, im Sattelbaum aus und unterfüttern sie mit einem weichen, federnden Material. Das nimmt den Druck von den Weichteilen im Schritt der Frau. Im Übrigen ist das auch für Männer sehr angenehm, die deutlich weniger Druck am Damm spüren. Für das Patent an dieser Entwicklung hat sich sehr bald auch die Fahrradindustrie interessiert und moderne Fahrradsättel basieren heute darauf.

„Es ist mir egal, wenn der Sattel nicht ganz so bequem für mich ist. Hauptsache, er passt meinem Pferd." Dies ist eine Aussage, die viele Sattelverkäufer von Zeit zu Zeit zu hören bekommen. Dass ein Sattel natürlich auch zum Menschen passen muss, wird von vielen Reitern sowie in der Sattelbranche generell oft vernachlässigt. In Wirklichkeit gestaltet es sich viel leichter, einen Sattel für ein Pferd passend zu machen, als für den Reiter. Es gibt weit mehr Punkte, die zu berücksichtigen sind, möchte der Reiter tatsächlich in einem für sich passenden, balancierten Sattel sitzen, der ihm gestattet, sich auf das Pferd und Reiten zu konzentrieren, anstatt ständig mit dem Sattel „kämpfen" zu müssen. Wir sollten uns vor Augen führen, dass die Aussage „der Sattel muss nur dem Pferd passen" absolut unzutreffend ist. Wir haben sehr viele Nervenfasern in unserem Schritt, nämlich 1000 Mal mehr als in den Fingern. Werden diese Nervenzellen durch Druck und Stöße gereizt, erleiden wir Schmerzen und verspannen uns unbewusst schon bei den kleinsten Anzeichen dafür. Dies führt unweigerlich zu einem verspannten Reitersitz, den das Pferd sofort spürt und auf den es seinerseits mit Verspannungen reagiert!

Frauen haben in Männersätteln zum größten Teil ein unbehagliches Gefühl, das sie auf das Pferd übertragen. Eine Tatsache ist, dass ein Pferd auch mit einem perfekt passenden Sattel sein Potential niemals frei entfalten können wird, wenn die Reiterin nicht optimal sitzt.

Die Sitzposition und das Gleichgewicht des Reiters sind die wichtigsten Grundlagen in allen reiterlichen Disziplinen. Vor allem natürlich in der Dressur, da die dressurmäßige Arbeit die intensivsten Gewichtshilfen und einen ausbalancierten geraden Sitz des Reiters im Sattel über einen langen Zeitraum verlangt. Dabei sind die Sitzknochen der Schlüssel zu einer guten und ausbalancierten Position im Sattel.

Besonders in der Dressur ist es für die Frauen anspruchsvoll, aufgrund ihrer weiblichen Hüft- und Beckenstellung, lotrecht (Linie: Ohr-Schulter-Hüfte-Absatz) zu sitzen. Damit sie nicht schmerzhaft auf zum Beispiel einem Schambein sitzen müssen, knicken viele Frauen in der Hüfte ein, um dem Schmerz zu entgehen. Das Bein nimmt dabei seinen natürlichen Weg nach vorn. Nur mit großer Mühe und Anstrengung gelingt es, das Bein aus dieser Position heraus nach hinten zu bringen und einen korrekten Sitz zu erlangen.

„Ein Sattel für Frauen??? Eigentlich habe ich dies immer belächelt. Als eine – so meine ich – emanzipierte Frau wird es ja wohl möglich sein, allen Sätteln gerecht zu werden! So dachte ich ... bis ich vor kurzem das erste Mal den Unterschied zwischen einem für Frauen angefertigtem Sattel und einem Männersattel spüren durfte. Ohne jegliche Übertreibung war dies wirklich eine unglaubliche Erfahrung! Es bedurfte auf einmal keiner Kraftanstrengung mehr, mit einem locker aus der Hüfte heraus hinabhängendem Bein mit meinem Pferd in Fühlung zu gehen. Ganz natürlich... !

Seitdem denke ich als Ausbilderin sehr oft daran, dass ein Sattel, welcher der Anatomie meiner Schülerinnen entspricht, viele Sitzproblematiken deutlich verbessern oder gar verhindern könnte!"

Nicole Künzel, Ausbilderin für klassische Reiterei, Hannover

MANN IST NICHT GLEICH FRAU

Wie bereits festgestellt und von mir durch die Gipsabdrücke im Sattel nachgewiesen, haben die Unterschiede in der Anatomie von Frauen und Männern tatsächlich weitreichende Auswirkungen auf den Sitz im Sattel und damit auf das gesamte Reiten. Die Tabelle auf Seite 64 ff. verdeutlicht den differenzierten anatomischen Aufbau des Skeletts von Frauen und Männern.

Schon Anfang des 20. Jahrhunderts, in den Zeiten, als die Reiterei im Damensattel noch in voller Blüte stand, gab es bereits viele Diskussionen darüber, ob eine Dame überhaupt in einem Herrensattel sitzen solle und dürfe. Als Argumentationsgrundlage wurden schon damals neben den ästhetischen und sittlichen auch die gesundheitlichen Gesichtspunkte, welche eine Dame im Herrensattel erwartete, in Betracht gezogen. Gaby Hermsdorf hat in ihrem Buch von 1998 *Frauen zu Pferde* einiges zu dieser Thematik zusammengetragen.

„Jahrelang bemühte ich mich, meine Hüftgelenke durch Gymnastikübungen zu lockern, damit ich tiefer im Sattel sitzen konnte und um zu vermeiden, dass sich meine Zehen beim Reiten nach außen drehten. Ich habe diese Übungen aus einem Buch gelernt und ich frage mich, wie viele andere Frauen Hüftschäden davongetragen haben in dem Glauben, ihre Hüfte lockern zu müssen. Heute weiß ich, dass ich in einem speziell für Frauen angefertigten Sattel sofort tief an der richtigen Stelle und mit meinen Füssen gerade nach vorn – ohne eine Aufwärmphase – sitzen kann. Ich ärgere mich über die vielen Schmerzen, die mir durch den zu hohen Druck auf meine Hüftgelenke, durch den vorherigen, für mich unpassenden, Sattel entstanden sind."

Laura Whitteron, Sattelergonomin aus England

So zitiert sie aus einem St. Georg Artikel aus den 20-er Jahren des letzten Jahrhunderts: „Meiner Meinung nach kann eine Dame nur in Ausnahmefällen – zu denen für mich nur Frau Bromberg gehört – Schluß im Herrensitz haben. Es ist auch durch den Bau des Schenkels absolut erklärt. Beim Manne schließen die Muskeln fest um den Knochen und vor allen Dingen ist der Schenkel nach innen ausgehöhlt. Bei der Dame ist der Schenkel rund und die Muskeln sitzen lose am Knochen. Will eine Dame durchaus im Herrensitz reiten, so kann

Mann ist nicht gleich Frau. Die Unterschiede in der Anatomie von Frauen und Männern haben Auswirkungen auf den Sitz im Sattel und damit auf das gesamte Reiten.

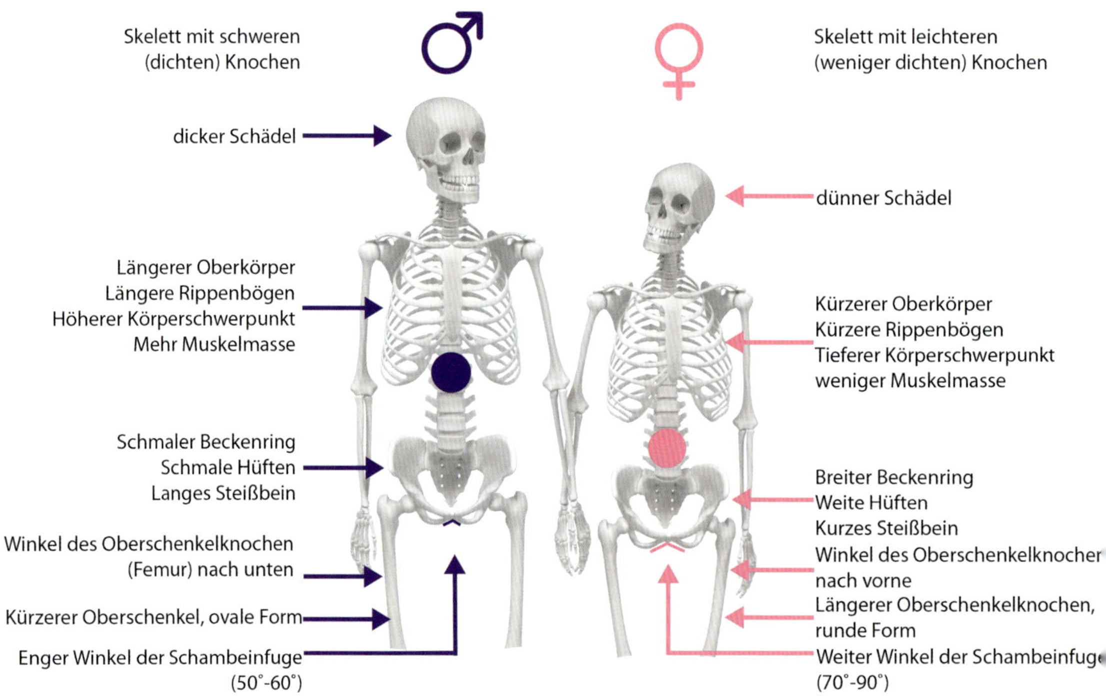

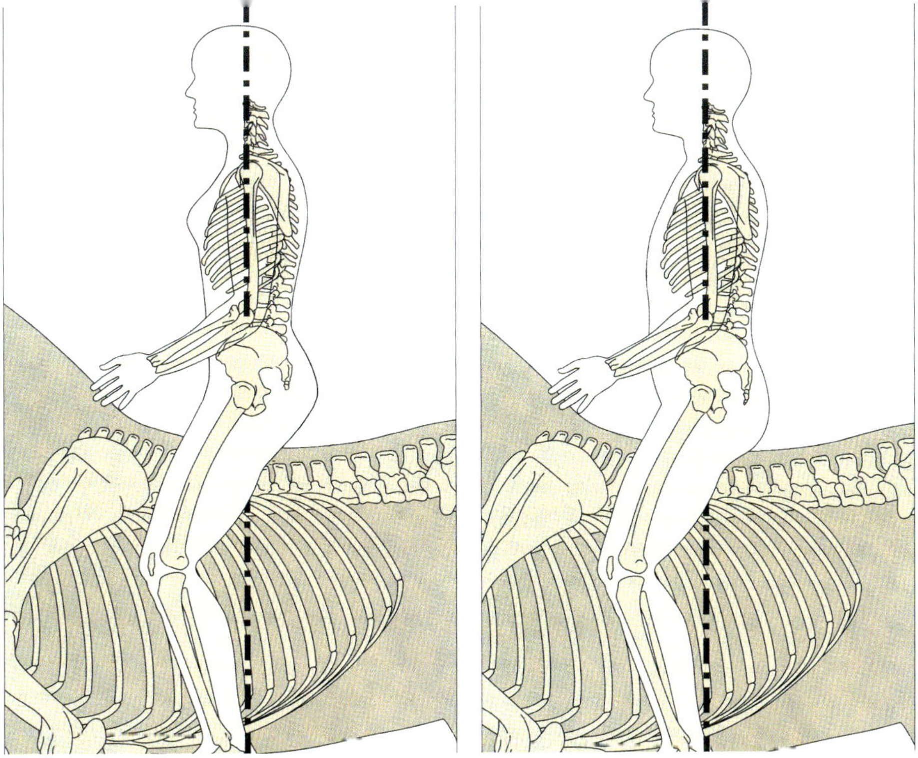

Frau und Mann sitzen lotrecht auf dem Pferd. Der Gesäßmuskel des Mannes hat mehr Kontakt zum Pferderücken, während das Becken der Frau vermehrt nach vorn kippt und sich so der Gesäßmuskel weiter weg vom Pferderücken befindet. Die Ursache dafür ist ein kürzeres Steißbein und die stärker ausgeprägten Kurve im Lendenbereich der Frau.

sie ihre Muskeln nur durch tägliches Reiten, und zwar von allerfrühester Kindheit an, soweit entwickeln, daß sie einen einigermaßen guten Schluß hat." Weiter wird Graf von Wrangel aus *Das Buch vom Pferde* von 1890 (Neuauflage 1927) zitiert: „... infolge abweichenden Körperbaues zwischen dem weiblichen und dem männlichen Körper [ist] eine flache Lage von Knie und Unterschenkel kaum jemals zu erreichen ...", oder aus dem *Reit-ABC* von Richard Schoenbeck (7. Auflage von Hans Graf Podewils, Berlin): „Damit soll nicht gesagt sein, daß eine gut gewachsene und gut sitzende Dame nicht auch im Herrensattel eine vorzügliche Erscheinung ist. Weiter spricht für den Seitsitz, daß im allgemeinen der weibliche Körperbau für das Reiten im Herrensattel nicht geeignet ist. Bei frühem Reitbeginn vermag er allerdings sich im Wachstum auch weiterhin den gestellten Anforderungen anzupassen – ein ausgewachsener Frauenkörper kann dies weniger. Der Bau der Mittelpositur wird im Herrensitz die Erhaltung des Gleichgewichts und das wirkungsvolle Umfassen des Pferdeleibes erschweren ...".

Auch wenn sich die emanzipierten Frauen von damals im Grabe umdrehen würden, hatten die Herren der Stunde in vielerlei Hinsicht absolut Recht, wie die olgenden Kapitel zeigen werden.

DIE UNTERSCHIEDE IM DETAIL

In der folgenden Tabelle sind die verschiedenen anatomischen Besonderheiten der Skelette von Mann und Frau aufgeführt. Im Anschluss daran wird auf die einzelnen Bereiche noch näher eingegangen werden.

	FRAU	MANN
Geburtskanal	Ja 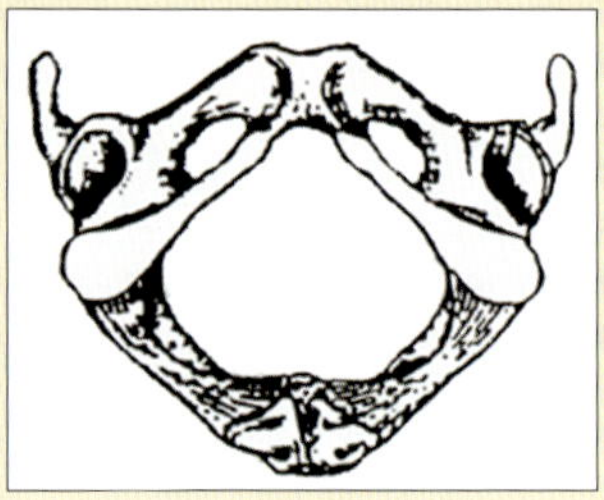	Nein 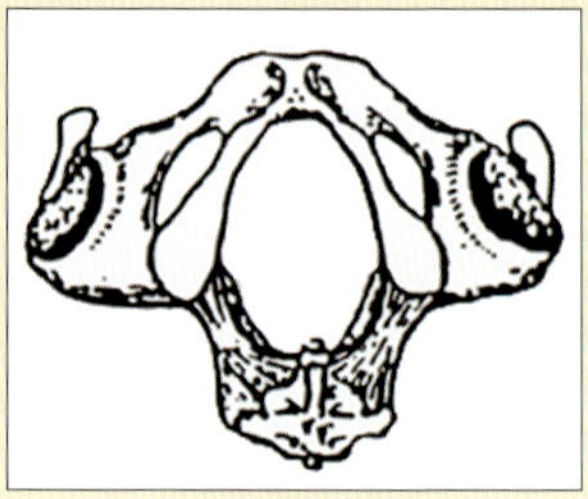
Becken	Breit 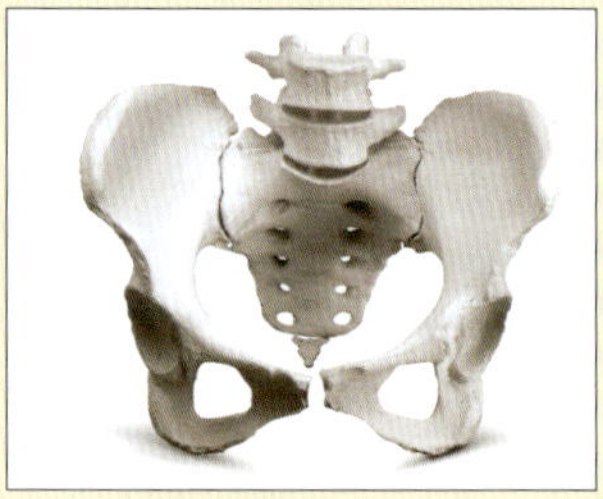	Schmal 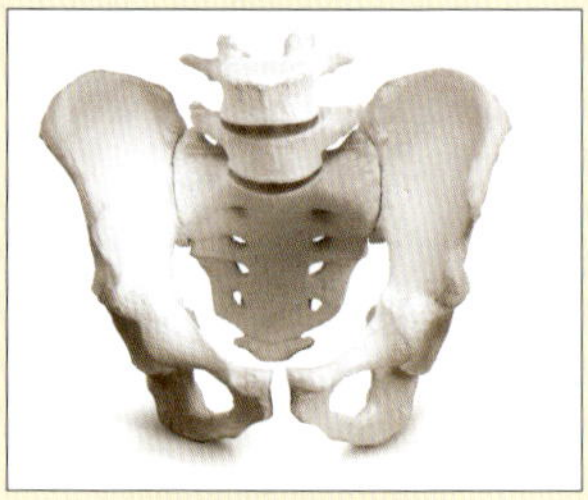
Wirbelsäulenverlauf	Im Lendenbereich eher hohler Verlauf 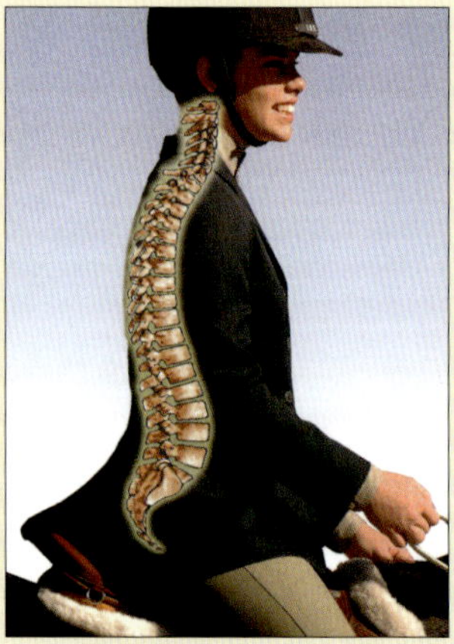	Keine starke Kurve im Lendenbereich, relativ gerade Lendenwirbelsäule 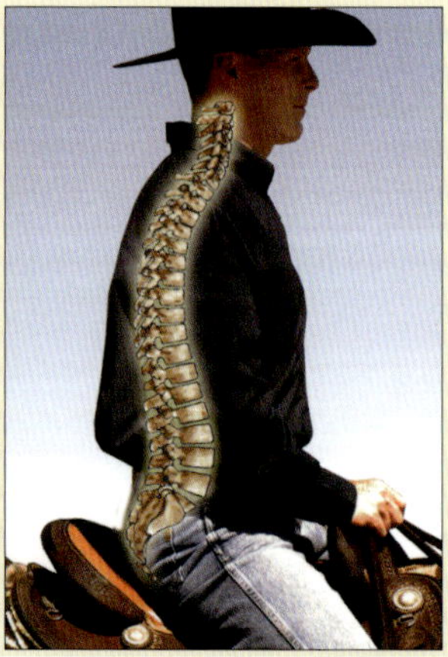

	FRAU	MANN
Gleichgewichtsachse des Beckens*	Viel weiter vorn und ein kürzeres Steißbein 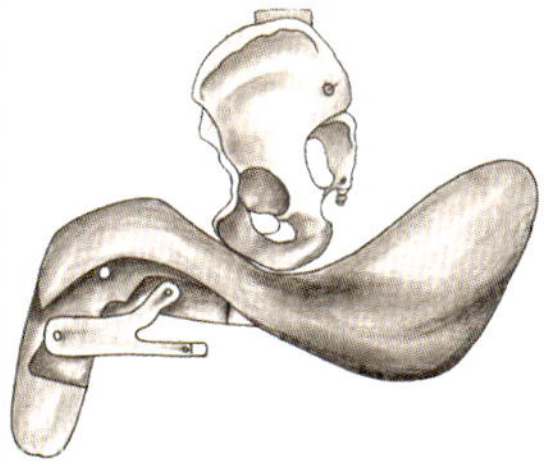	In der Mitte des Beckens, das Steißbein ist länger 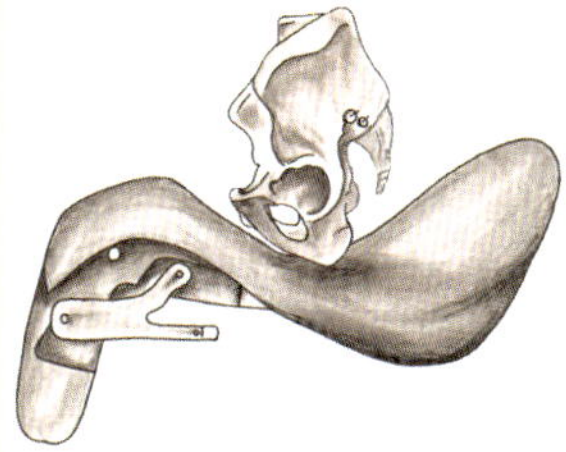
Schambeinast und Schambein	Schambeinast verläuft flach nach vorn, das Schambein trifft als erstes die Sattelkurve. 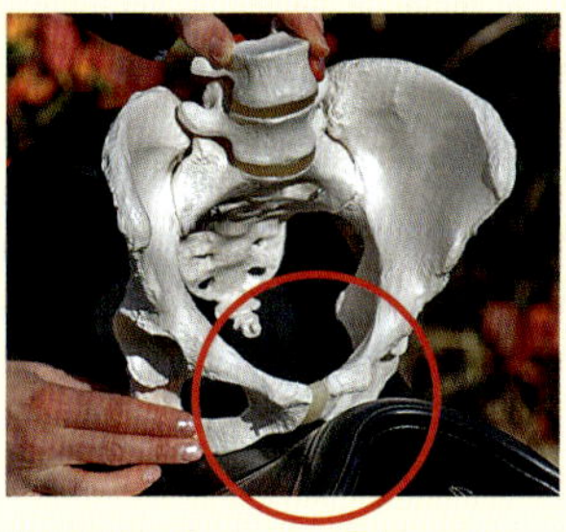	Schambeinast verläuft steil nach vorn und nach oben, das Schambein ist weit weg von der vorderen Sattelkurve. 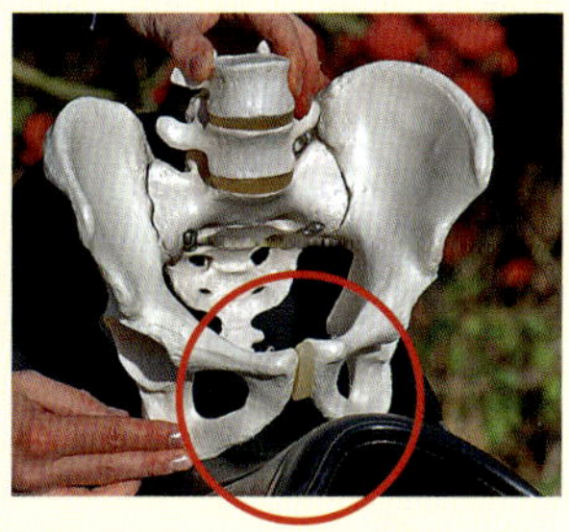
Hüftpfanne	Hüftpfanne öffnet sich schräg nach vorn. Das Steißbein ist kürzer. 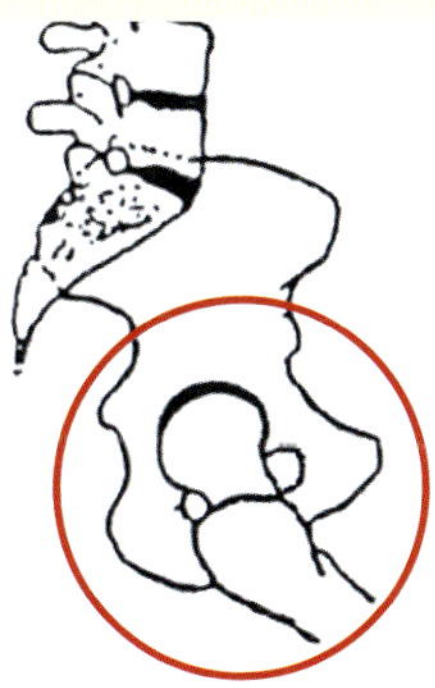	Hüftpfanne öffnet sich seitlich nach unten. Das Steißbein ist länger. 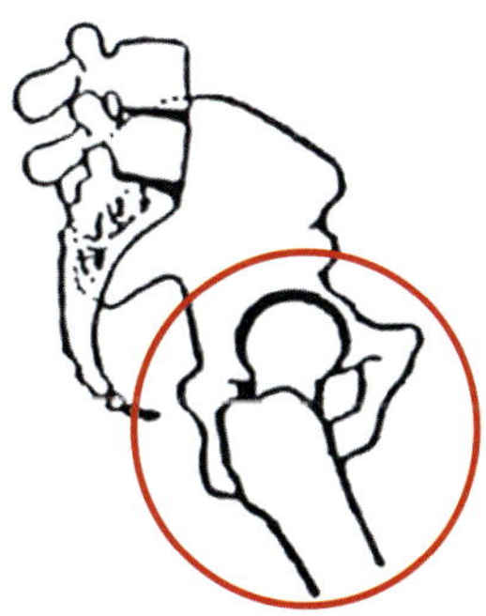

* Schwerpunkt des Reiters = liegt auf der Gleichgewichtsachse des Beckens, die in der gedachten horizontalen Linie zwischen den Hüftpfannen des menschlichen Beckens anzusiedeln ist. Die Gleichgewichtsachse ist aufgrund der unterschiedlichen Beckenkonstruktion bei Frauen weiter vorn und bei Männern in der Mitte des Beckens.

	FRAU	MANN
Oberschenkel	Der Oberschenkelknochen verläuft von oben betrachtet konisch, er ist erst breiter und wird dann schmaler nach unten zum Knie. Der Oberschenkelhals hat einen größeren Winkel zum Becken.	Der Oberschenkelknochen verläuft parallel von oben nach unten zum Knie. Der Oberschenkelhals hat einen kleineren Winkel zum Becken.

Oberschenkelmuskel	Von vorn gesehen eher runderer Oberschenkel, egal wie dünn oder dick der Oberschenkel ist – es besteht wenig Platz zwischen den Innenseiten der Oberschenkel („etwas x-beinig").	Von vorn gesehen eher oval geformtes Bein, vermehrte Muskulatur hinten und vorn am Oberschenkel, mehr Platz zwischen den Oberschenkeln.
Sitzbeinhöcker	Weiter auseinander (Geburtskanal)	Enger zusammen
	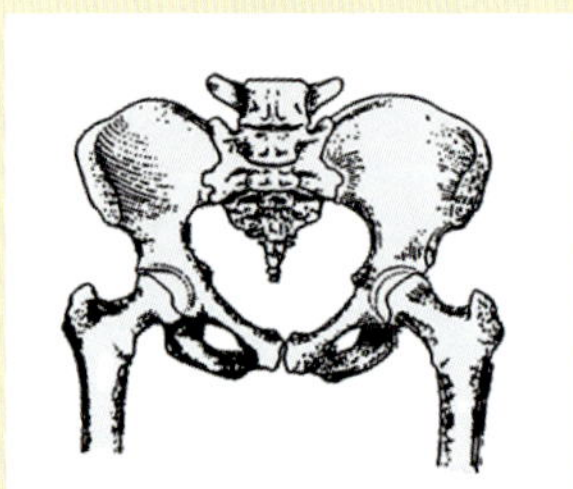	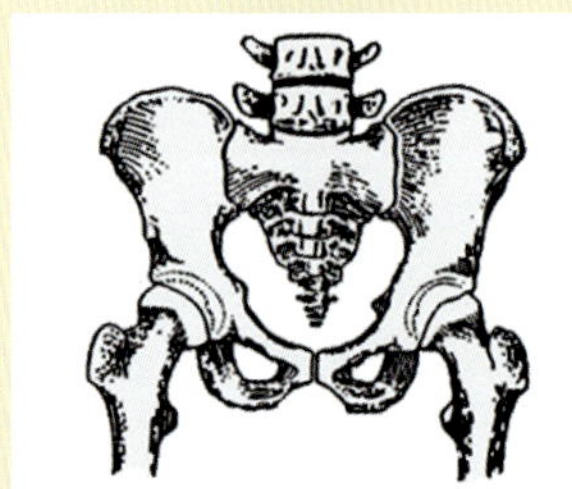

„Beim Reiten besteht zwischen dem Becken des Reiters und dem Rücken des Pferdes eine enge Verbindung. Das Becken gilt als anatomische Basis des Reitens, neben der alle anderen Körperteile zu Anhängseln werden, die zusammenwirkend das Becken stabilisieren. Takt und Antrieb des Pferdes wirken über das Becken auf den Reiter ein und rufen eine entsprechende Reaktion hervor. Dabei dient der Sattel als Informationsquelle und auch als Unterstützung. Ein Sattel muss so geformt sein, dass er Berührung, Position und selbst Schmerz sofort und effektiv über das Becken des Reiters an dessen Nervensystem weiterleitet. Sobald diese Informationen durch das Nervensystem verarbeitet werden, müssen sofort Impulse für eine wirksame Anpassung zu den Muskeln geleitet werden. Diese Muskeln müssen dann über einen korrekt geformten und einwandfrei passenden Sattel agieren."

Dr. James Warson, Humanmediziner aus Nordamerika mit dem Spezialgebiet Chirurgie, Autor des Buches „The rider´s pain free back", Trafalgar Square Books, 2007

Beckenpositionierung

Beim aufrechten Sitz, das heißt, mit einer gerade nach oben gerichteten Wirbelsäule, unterscheidet sich die Beckenposition von Mann und Frau erheblich. Der sitzende Mensch trägt sein Gewicht, wenn er bequem und fest sitzt, auf beiden Sitzbeinhöckern. Sitzt ein Mann auf den Sitzbeinhöckern, sind die Schambeinäste deutlich steiler nach oben gewinkelt und haben eine große Distanz zur Sitzfläche. Das Steißbein reicht weit nach unten. Sitzt eine Frau auf ihren Sitzbeinhöckern, sind die Schambeinäste deutlich flacher nach unten gewinkelt und haben eine geringe Distanz zur Sitzfläche. Das Steißbein hat eine größere Distanz zur Sitzfläche.

Die unterschiedliche Grundkonstruktion von Becken und Wirbelsäule erfordert für den aufrechten Sitz eine andere Positionierung des Beckens. Die Gleichgewichtsachse des Beckens befindet sich bei einer Frau viel weiter vorn als beim Mann, bei dem sie sich in der Mitte befindet. Das Steißbein der Frau ist, um die Geburt eines Kindes zu ermöglichen, viel kürzer. Fehlt hier eine geeignete Unterstützung, fällt die Reiterin in einem unpassenden Sattel sehr schnell nach hinten.

Um die Wirbelsäule in eine aufrechte Position zu bringen, muss die Frau ihr Becken weiter nach vorn kippen als der Mann. Dadurch verlagert sich der Sitzschwerpunkt der Frau weiter nach vorn.

Sowohl die flachere Anordnung der Schambeinäste als auch die Notwendigkeit, das Becken für eine aufrechte Sitzposition weiter nach vorn kippen zu müssen, führen dazu, dass das Schambein der Frau mit den über den Knochen liegenden Weichteilen (Schamlippen, Scheide) im Sattel gegen den Richtung

Sattelschwerpunkt auslaufenden Vorderzwiesel (vordere Kammer des Sattels) drückt und sie mehr auf dem Schambein als auf den Sitzbeinhöckern sitzt. In dieser Position hat die Frau außerdem oft überhaupt keine Unterstützung unter dem Steißbein beziehungsweise dem großen Gesäßmuskel. Dieser unkomfortablen und schmerzhaften Position entzieht sich die Frau dadurch, dass sie das Becken nach hinten kippt und zwangsläufig im Sattel nach hinten rutscht. Die Folge ist, dass die Wirbelsäule nicht mehr gerade nach oben gerichtet ist, sondern in der wichtigen Federkurve der Lendenwirbelsäule nach vorn (außen) geknickt ist. Je mehr ein Frauenrückgrat nach außen gekrümmt ist, desto mehr wird das Becken nach hinten geschoben (gekippt).

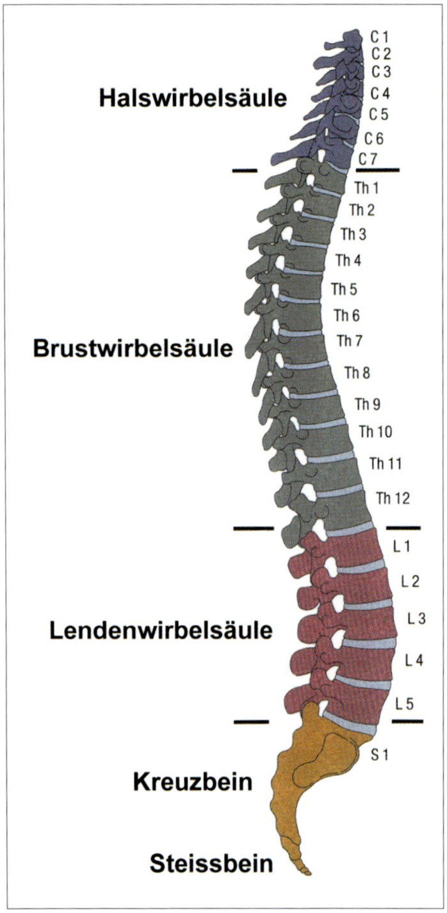

Die vier Kurven der menschlichen Wirbelsäule

Um die notwendige Unterstützung für den Gesäßmuskel, der bei der Frau obendrein auch höher positioniert ist als beim Mann, zu finden, lehnen sich viele Frauen bis in den Stuhlsitz zurück, um diese Unterstützung zu erreichen. Ein weiterer negativer Effekt dieser Position ist, dass die Beine der Reiterin, durch das Nach-hinten-Kippen des Beckens und das Zurücklehnen im Sattel, nach vorn „pendeln". Damit sind eine korrekte Schenkellage sowie präzise Schenkelhilfen nicht mehr zu erreichen. Darüber hinaus erlaubt die eingenickte und nach hinten verlagerte Körperhaltung es kaum, die zum Reiten notwendige Körperspannung, hier vor allem das Anspannen der Bauchmuskulatur, aufzubauen. Ohne ausreichende Körperspannung ist die Reiterin jedoch nicht in der Lage, ausbalanciert zu sitzen, korrekte Gewichtshilfen zu geben und den natürlichen Federungsmechanismus des eigenen Körpers über die Wirbelsäule, die Hüftgelenke und die Kniegelenke aufzubauen. Frauen, die dauerhaft in dieser durch falsche Sättel begünstigten Sitzposition reiten, erleiden Schädigungen der Wirbelsäule, speziell der Bandscheiben im Bereich der Lendenwirbelsäule.

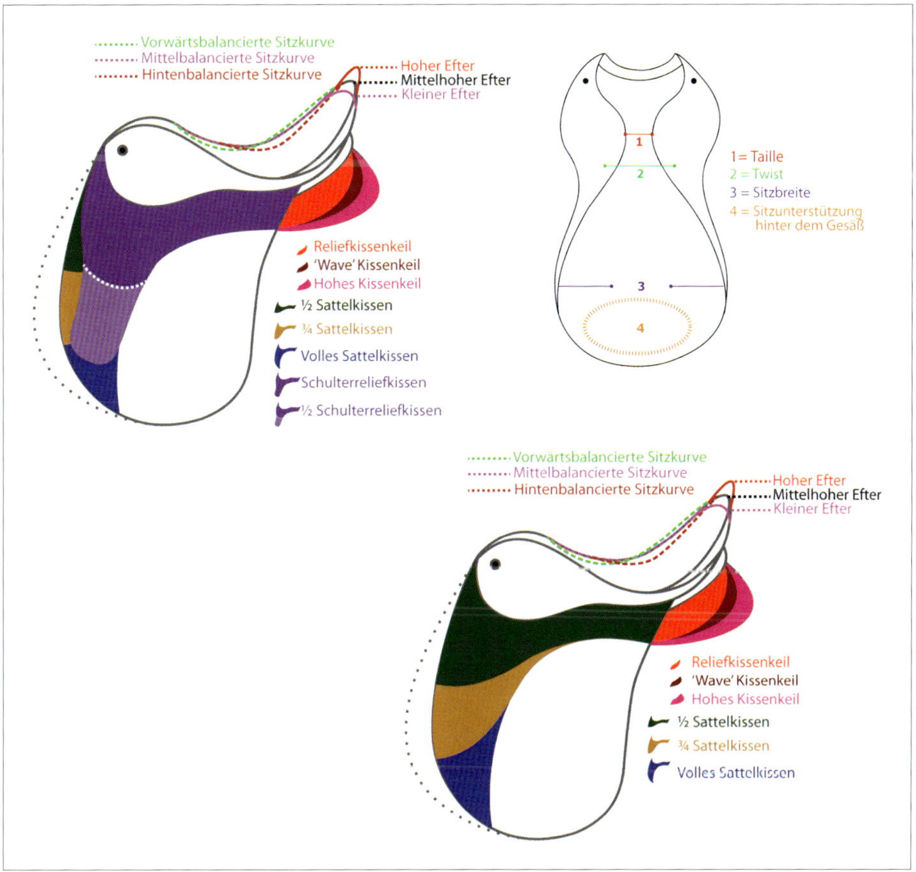

Besonders schädlich ist die nach vorn gekrümmte Körperhaltung bei Frauen deshalb, weil ihre Lendenwirbelsäule im Vergleich zu der gerade verlaufenden des Mannes ohnehin in einer stärkeren Kurve (hohl) verläuft.

Das weibliche Becken ist breiter als das männliche, ebenso ist der große Gesäßmuskel größer und breiter. Außerdem ist die Hüftpfanne der Frau am Becken weiter nach vorn gerichtet angesetzt. Wird das Becken nicht in seiner natürlichen Haltung unterstützt, fällt es ihr schwer, das Bein ganz locker nach unten hängen zu lassen. Die Öffnung der Hüftpfanne des Mannes ist am Becken eher seitlich angebracht, er ist so in der Lage, das Bein locker nach unten hängen zu lassen, ohne die Hüfte zu überstrecken.

Die Breite des Sattelsitzes, die Höhe und der Winkel des Efters unterstützen oder behindern den Reiter. Herkömmliche (Männer-) Sättel sind in der Satteltaille ziemlich breit, jedoch in der Sitzfläche schmal geschnitten. Diese Sättel sind für Frauen unbequem, da ihre Hüften nach außen gedrückt werden und die Sitzbeinhöcker direkt auf der Kedernaht vom Sattel sitzen. Sättel für die weibliche Anatomie hingegen sollten enger im Twist, mit weit auseinanderliegenden Kedernähten (breite Taille) und breiter in der Sitzfläche, gebaut werden.

Um als Mann ausbalanciert reiten zu können, muss der tiefste Punkt also in der Mitte des Sattels liegen, während er sich bei der Frau weiter vorn befinden sollte. Auch in der Vergangenheit haben sich die Sattelhersteller mit den anatomischen Voraussetzungen des Menschen beschäftigt, um eine adäquate Sattelkonstruktion zu schaffen, aber die systematische Differenzierung zwischen weiblicher und männlicher Anatomie hat der Erfahrung nach tatsächlich bisher keine große Aufmerksamkeit gefunden. Leider reiten viel zu viele Frauen in Sätteln, die für Männer gebaut und bestimmt sind, was sehr oft den bekannten „Stuhlsitz" verursacht.

Oberschenkelknochen und -hals

Der Oberschenkelknochen der Frau verläuft von oben betrachtet konisch, er wird also erst breiter und dann schmaler nach unten hin zum Knie. Der Oberschenkelhals hat einen großen Winkel zum Becken.

Der Oberschenkelknochen des Mannes verläuft im Gegensatz zu dem der Frau relativ gerade von oben nach unten zum Knie. Der Oberschenkelhals hat einen kleineren Winkel zum Becken. Auch hier kann es durch einen unpassenden Sattel dazu kommen, dass der Mann einen erhöhten Druck oder Schmerzen im Schritt fühlt.

Der Sitz des Reiters wird aber nicht nur durch die Sitzfläche auf dem Sattel, sondern auch durch den oberen Teil des Oberschenkels beeinflusst. Es ist leichter für einen Mann, die Innenseite des Oberschenkels flach an den Sattel heranzubringen, da seine Hüftgelenke dies aufgrund der Winkelung aus dem Becken heraus leichter zulassen.

Der Oberschenkelknochen einer Frau verläuft aus der Hüfte heraus bis zum Knie schräg. Je besser die Unterstützungsfläche im hinteren Teil des Sattels ist, desto mehr wird es ihr möglich sein, lotrecht zu sitzen. Korrekt für die Frau angebrachte (weiter hinten positionierte) Sturzfedern unterstützen sie dabei, einen harmonischen Sitz zu finden.

Oberschenkelmuskel

Von vorn gesehen besitzt die Frau einen eher runden Oberschenkel. Egal wie dünn oder dick der Oberschenkel ist, es ist wenig Platz zwischen den Innenseiten, die Form verläuft sogar minimal „x-beinig". In einem unpassenden Sattel spürt die Frau einen extremen Druck im Kniegelenk und in der Hüfte. Infolgedessen fallen die Beine der Reiterin nach vorn, der Oberkörper wird nach hinten gedrückt, was im Resultat den Stuhlsitz hervorruft oder begünstigt.

Der Mann hat, von vorn gesehen, ein eher oval geformtes Bein, vermehrte Muskulatur hinten und vorn am Oberschenkel und mehr Platz zwischen den Innenseiten als die Frau.

GESUNDHEITLICHE AUSWIRKUNGEN AUF DEN REITER DURCH EINEN UNPASSENDEN SATTEL

Von Rückenschmerzen bis Bandscheibenvorfall

Eigentlich dürfte eine Frau auf Sätteln, die ihr nicht angepasst wurden, nicht reiten.

Erhält sie keine passende Unterstützung durch den Sattel, sind Rückenschmerzen gerade im Lendenbereich (Hohlkreuz) keine Seltenheit. Viele Spitzenreiter/Berufsreiter (gerade Reiterinnen) leiden unter Rückenschmerzen bis hin zu Bandscheibenschäden. Die Gründe hierfür können darin liegen, dass unsere Wirbelsäule in vier Kurven

Anatomie der Lendenwirbelsäule

Die Lendenwirbelsäule ❶ muss von allen Wirbelsäulenanteilen den größten Druck von oben aushalten. Wie in der gesamten Wirbelsäule zweigen rechts und links von allen Wirbeln Nerven ❷ ab, die den Körper mit »Strom« versorgen. Besonders störanfällig sind die Übergänge zwischen L 4 und L 5 sowie zwischen L 5 und dem Kreuzbein ❹, wo der Ischiasnerv ❸ seinen Ursprung hat.

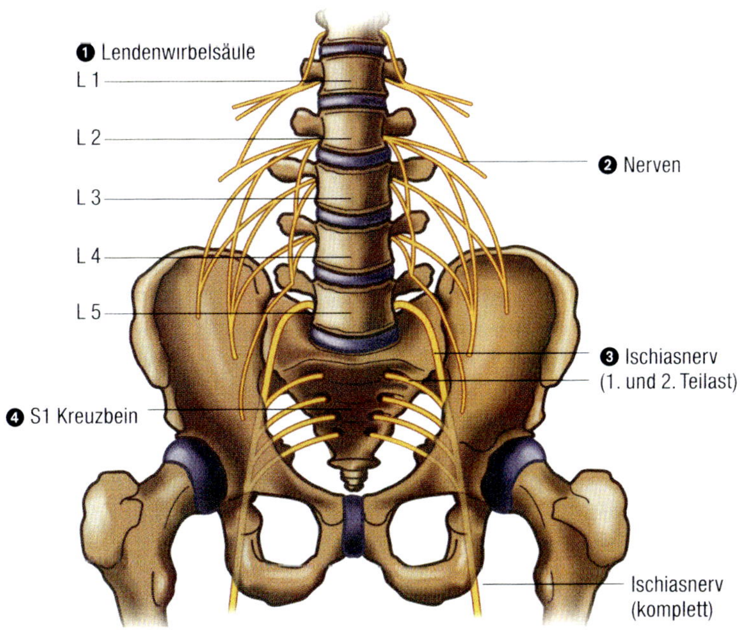

Was mit den Bandscheiben passiert

Eine gesunde Bandscheibe ist höchst flexibel. Wird sie spröde, kann sie sich verformen (Protrusion) oder reißen (Prolaps).

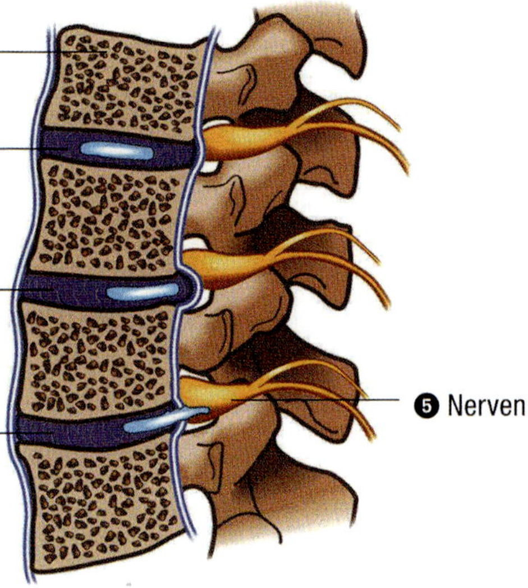

verläuft, und zwar im Nacken-, Schulter-, Lenden-, und Steißbeinbereich. Die Bandscheibe wirkt zwischen den Wirbeln der Wirbelsäule als Stoßdämpfer. Sind die Wirbel der Wirbelsäule nun durch einen falschen Sitz im Sattel verstellt, verkanten sie sich, woraus Bandscheibenprobleme resultieren können.

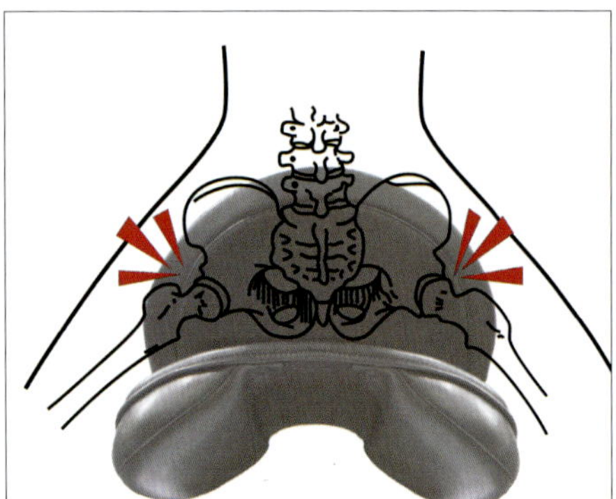

Ist der Sattel im Twist zu breit, können Hüftschmerzen die Folge sein.

Blasen- und Nierenentzündungen

Es gibt Vermutungen, dass häufige Blasen- und Nierenentzündungen bei reitenden Frauen durch unpassende Sättel verursacht werden können. Der amerikanische Arzt Dr. James Warson hat sich eingehend mit dieser Thematik sowie auch mit den generellen gesundheitlichen Auswirkungen eines nicht angepassten Sattels bei Männern beschäftigt, denn bei ihnen kann es dadurch ebenso zu schwerwiegenden gesundheitlichen Problemen kommen. In seinem Buch *The rider´s pain free back* beschreibt er die Forschungsergebnisse seiner Arbeit sehr eindrucksvoll, weshalb hier ein kleiner Ausschnitt folgt: „Nieren- und Blasenentzündung können entstehen, wenn das Becken gegen den Vorderzwiesel reibt und die Haut um die Harnöffnung anschwillt. Dadurch kann es zu Schwierigkeiten bei der vollständigen Blasenentleerung kommen. In der Folge bleibt Urin in der Blase, die Blase kann sich vergrößern und dadurch kann es zu chronischen Blasen- und Nierenentzündungen kommen. Bei Männern gibt es diese Problematik nicht, da die Muskulatur (Bulbocavernosus und Dartos Muskel) die externen Hoden nach oben/innen ‚heben' kann. Jungen können vor der Pubertät Probleme mit diesen Muskeln haben, sodass sie deshalb unter Schmerzen leiden können."

Impotenz

Ist der Druck durch den Sattel auf die dünne Haut zwischen After und Hodensack zu stark, kann die Arterie, welche zum Penis führt, abgeklemmt werden. Dies kann dazu führen, dass die Blutzufuhr zum Penis so weit verringert wird, dass der Mann Erektionsstörungen bis hin zur Impotenz erleiden kann.

Die Soldaten benutzten deshalb schon im 19. Jahrhundert (1859) den sogenannten McClellan Sattel. Dieser ließ die Sitzfläche in der Mitte frei, damit der Mann keinen Druck unter seinem Geschlechtsteil erhielt und die Gefahr einer Impotenz durch die vielen langen Ritte deutlich verringert wurde. Dieses verlorengegangene Wissen sollten wir uns wieder zu Nutze machen!

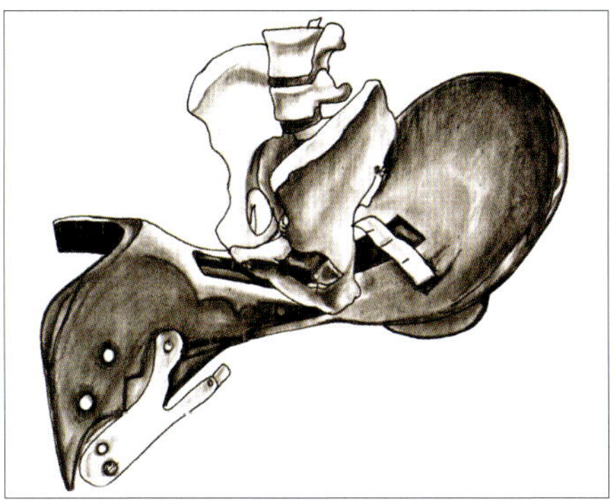

Das männliche Becken auf einem Adap Tree® mit dem patentierten „crotch comfort system"

Der McClellan Sattel zeigt in der Mitte der Sitzfläche eine Aushöhlung, um den Druck auf das Geschlechtsteil des Mannes zu verringern.

DIE LÖSUNG:

Eine jeweils eigene Sattelkonstruktion für Frauen und Männer

Ein Sattel darf keine Kompromisslösung sein, in der die Reiterin oder der Reiter eingeklemmt und in ihrer Bewegungs- und Handlungsfreiheit eingeschränkt werden. Er sollte eher wie ein sehr gut passender Schuh sein: fast nicht spürbar, aber dennoch eine sehr gute Unterstützung bietend.

Gerade die Frau benötigt zu ihrer Gesunderhaltung eine Sattelkonstruktion, die ihrer Anatomie entspricht, denn sie hat es durch ihr kürzeres Steißbein, ihre anders geformten, weiter auseinander stehenden Sitzbeinhöcker viel schwerer, korrekt mit den Bewegungen des Pferdes mitzuschwingen. Erhält die Frau keine Unterstützung durch den Sattel, muss sie sehr viel Kraft aufwenden, um gerade, lotrecht, zu sitzen.

Die Ausstattungsmerkmale eines Frauensattels

Ein Sattel speziell für Frauen zeichnet sich durch einige besondere bautechnische Merkmale aus (siehe Foto oben rechts):

Um dem breiteren Becken und dem größeren Gesäßmuskel die richtige Unterstützung zu geben, muss die Sitzfläche im hinteren Bereich des Sattels (1) breiter angelegt sein.

Um einen unangenehmen Druck auf den Innen-Oberschenkel und den unteren Bereich des Gesäßmuskels zu vermeiden, muss die kleine Satteltasche (2) tief unten am Sitz angeschlagen sein und die Kedernaht extrem flach verlaufen.

Der Satteltwist (3) ist am Frauensattel schmal zu konstruieren. Nur so ist es dem Oberschenkel möglich, aus der nach vorn gerichteten Hüftpfanne und mit dem seitlich ausgerichteten Oberschenkelmuskel ungehindert und leicht in gerader Linie nach unten zu fallen.

Ein breiter (weiter) Nahtabstand, flach nach hinten auslaufender Sattelkopf (4) (Vorderzwiesel), trägt dem breiten Abstand der Sitzbeinhöcker der Frau sowie dem flachen Verlauf der Schambeinäste des weiblichen Beckens Rechnung. Nur in einem entsprechend konstruierten Sattel kann die Frau mit natürlich nach vorn gekipptem Becken auf den dafür vorgesehenen Knochen sitzen, ohne die Schambeine zu belasten.

Die Matratzierung des Sattels (5) (Polsterung unterhalb des Leders) ist vor allem im hinteren Bereich so auszuführen, dass sie dem Gesäß mit dem kurzen Steißbein und dem weiter oben angesetzten Gesäßmuskel eine gute Unterstützung bietet. Häufig führt das dazu, dass Frauen Sättel in zu kleinen Sitzgrößen wählen, um die Unterstützung zu spüren, die sie wünschen. Das geht dann aber zu Lasten der Bewegungsfreiheit und hat zudem den Nachteil, dass die

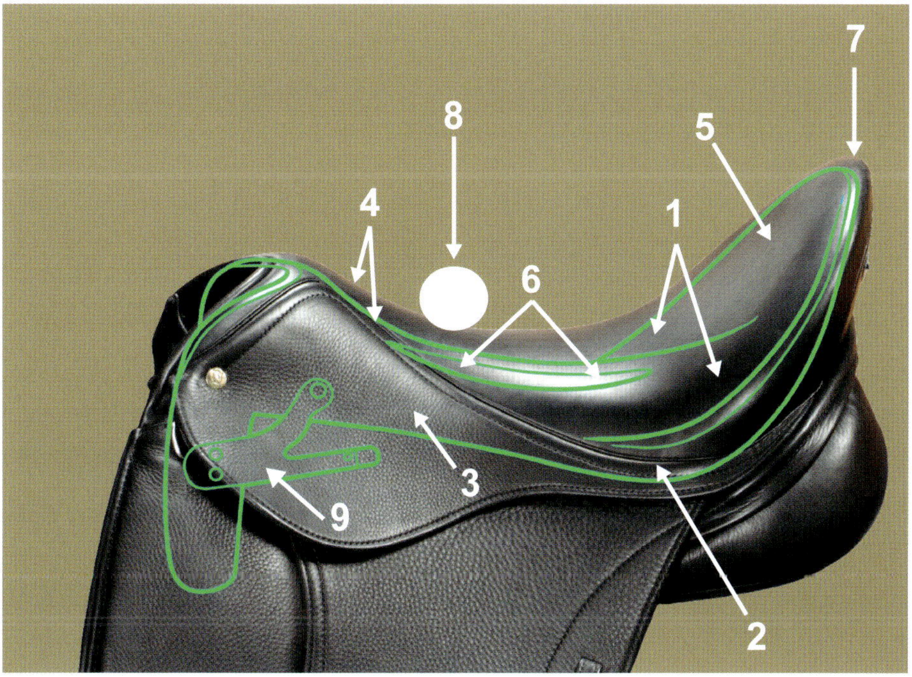

Die Ausstattungsmerkmale eines Frauensattels

Frauen mit ihrem Schambereich auf den Vorderzwiesel gedrückt werden und ebenfalls nicht mehr im Schwerpunkt des Sattels sitzen können. Sättel für Männer sollten im unteren Bereich Gesäßunterstützung geben. Diese fällt in der Regel auch geringer aus, da Männer durch das längere Steißbein über eine stabilere natürliche Stütze verfügen.

Im vorderen Bereich sollte eine komfortable Zone (6) geschaffen werden, die Druck auf die Weichteile im Schritt vermeidet. Moderne Kunststoffsattelbäume geben in diesem Bereich nicht nach und sind dort genauso hart wie unter dem großen, sehr belastbaren Gesäßmuskel. Der hier entstehende Druck ist nicht nur unangenehm, sondern kann auch zu dauerhaften Erkrankungen, sowohl beim Mann als auch bei der Frau, führen. Ein entsprechender Ausschnitt im Sattelbaum mit einer guten elastischen Unterfütterung vermeidet diese Druckzone.

Eine weitere gute Unterstützung für das nach vorn gekippte Becken der Frau kann ein höherer und steiler verlaufender Efter (7) sein.

Das nach vorn gekippte Becken verlangt einen nach vorn verlagerten Sattelschwerpunkt (8), also tiefsten Punkt des Sattelsitzes.

Während der größte Teil der Männer einen längeren oder mit dem Oberschenkel gleich langen Unterschenkel hat, verfügen Frauen über einen längeren Oberschenkel, weshalb die Sturzfeder (9) beim Mann weiter vorn, bei der Frau weiter hinten platziert wird. So ist es möglich, das Bein ganz natürlich aus der Hüfte heraus hängen zu lassen und senkrecht im Lot zu sitzen. Es wird dabei verhindert, dass die Frau ins Klemmen und in den Stuhlsitz gerät. Würde man für den Mann die Sturzfeder zu weit hinten platzieren, hätte er das Gefühl, dass ihm die Beine nach hinten gezogen werden.

Ein Sattler sollte bestrebt sein, Pferd und Reiter(in) so nah wie möglich zusammenzubringen, was bedeutet, dass die horizontale Wirbelsäule des Pferdes und die vertikale Wirbelsäule des Menschen so dicht wie möglich aufeinander gebracht werden müssen. Der Sitz sollte dabei so locker und natürlich wie möglich bleiben, denn nur wenn der Körper frei schwingt, können wir eine fließende Harmonie zwischen diesen beiden Lebewesen erreichen.

Die Reiterin oder der Reiter sollen außerdem so nah wie möglich an den Widerrist kommen, ohne die Schulter des Pferdes zu blockieren.

UND DIE KLEINEN?

Bei Kindern zeigt sich das Problem eines unpassenden Sattels erst später.

Es gibt viele Kinder, die sich auf unpassenden Sätteln abquälen müssen. Dabei ist es mit einem Sattel wie mit unpassenden Schuhen. Vernünftige Eltern lassen ihre Kinder niemals in falschen Schuhen aufwachsen. Fehlstellungen der Füße, der Beine, des Beckens und des Rückgrats lassen sich im Erwachsenenalter nicht wieder „geradebiegen". Deshalb ist es besonders in der Wachstumsphase von wesentlicher Bedeutung, dass das Kind immer wieder passende Schuhe bekommt. Ebenso ist es mit dem Sattel, wenn Kinder regelmäßig reiten. Auch durch eine falsche Haltung dort kann es zu Fehlbildungen mit gesundheitlicher Beeinträchtigung kommen, die häufig erst im Erwachsenenalter spürbar werden.

Auch die Frage, warum Jungs so wenig reiten, hat etwas mit dem passenden Sattel zu tun. Hierzu soll noch einmal auf die Erkenntnisse von Dr. Warson, aus seinem Buch *The rider´s pain free back* Bezug genommen werden: „Beim jungen Mann liegen die Hoden zwischen ihm und dem Sattel. Der Hoden hat drei muskulöse Teile: das Dartos tunikum in der Wand des Hodens; den Vas Deferens und den Cremaster Muskel (der den Hoden zurück in die Bauchwand zieht). Bei einem männlichen Kind (vor der Pubertät) funktioniert dieser letzte Muskel noch nicht vollständig, sodass beim Reiten der Hoden gequetscht wird. Das ist besonders schlimm im Trab und Galopp,

Früh übt sich, wer eine gute Reiterin werden möchte: Aber bitte mit einem passenden Sattel für Pferd und Reiter!

was erklärt, warum sich Jungen häufig am liebsten im Schritt auf dem Pferderücken bewegen oder im leichten Sitz. Dies der Mutter oder gar dem Reitlehrer beziehungsweise meistens auch noch einer Reitlehrerin zu erklären, ist den meisten Jungen peinlich, weshalb sie lieber etwas anderes in ihrer Freizeit machen!" Eine neue Reithosenentwicklung und ein spezieller Adap Tree® Sattelbaum könnten hier Abhilfe schaffen und die lobenswerten Ansätze, mehr Jungs durch kombinierte Sportvereine, wie zum Beispiel Fußball und Reiten, zum Reitsport zu bringen, wirkungsvoll unterstützen.

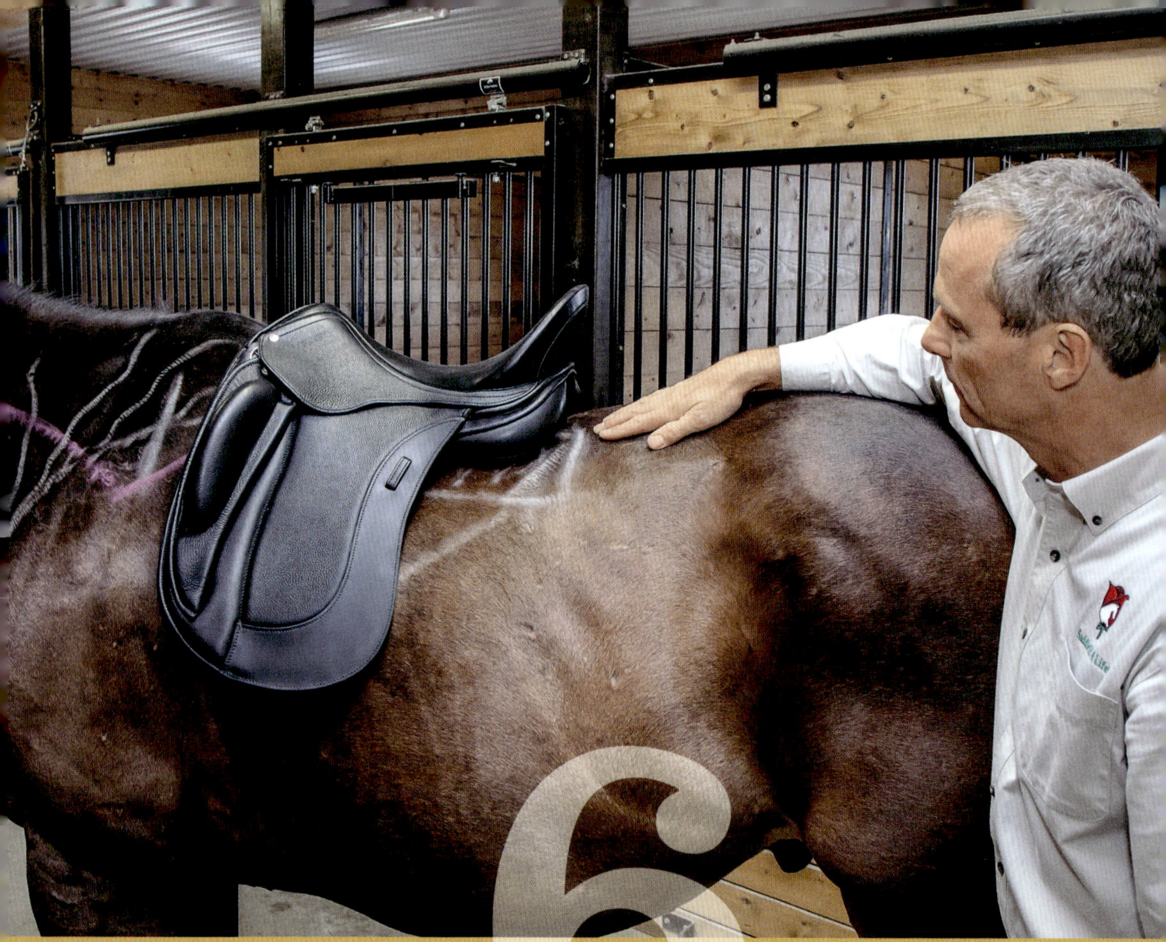

6

WORAUF LIEGT DER SATTEL EIGENTLICH?

In welcher Position ein Sattel auf dem Pferderücken liegen soll, scheint in der hippologischen Welt immer noch ein großes Mysterium zu sein. Selbst die Reiter innerhalb der verschiedenen Disziplinen sind sich darüber oft nicht einig. Sehr viele Tierärzte, Hufschmiede oder Pferdetherapeuten reiten nicht selbst. Oftmals haben sie dann auch geringe Kenntnisse über die korrekte Lage sowie den Aufbau eines Sattels. Viele Reitsportgeschäfte verkaufen Sättel wie Schuhgeschäfte Schuhe verkaufen: Sie bringen ein Modell nach dem anderen aus dem Lager in den Verkaufsraum oder in den Stall und fragen: „Na, wie fühlt sich das an?" Fühlt sich der Reiter ganz wohl und geht das Pferd augenscheinlich nicht schlecht, wird meist zu schnell die (häufig falsche) Entscheidung für einen Sattel getroffen.

Schauen wir uns im Folgenden einmal genauer an, wo der Sattel wirklich (drauf)liegt.

Meiner Erfahrung nach stehen die Sattler von heute vor einer großen Herausforderung, da immer mehr Pferde mit einem „quadratischen Rahmen" von vielen Reitern ausgewählt werden. Die Sattelauflagefläche wird immer kürzer. Die anatomischen Gegebenheiten von Frauen, aber auch von vielen Männern, erfordern heute einen längeren/größeren Sattel, um bequem reiten zu können. Diese beiden Aspekte muss ein Sattler zusammenbringen: eine größere Sitzfläche für den Menschen und eine kurze Sattellänge für das Pferd. Wir müssen feststellen, dass die Sattelindustrie viele Jahre dem Wunsch von ReiterInnen und Reitern nach größeren Sitzflächen gefolgt ist, ohne den Veränderungen in der Anatomie vieler heutiger Pferde Rechnung zu tragen. Ein größerer und längerer Sattel kann aber für einen immer größer werdenden Teil der Sport- und Freizeitpferde nicht die Lösung sein. Somit müssen wir nach einer Alternative suchen.

DER PFERDERÜCKEN

Auf dieser Brücke wirst Du reiten

Das Pferdeskelett ist mit einer Hängebrücke vergleichbar. Die Stützpfeiler bilden die Vorder- und Hinterbeine, Nacken- und Rückenband bilden die Hängeseile.

Diese Hängebrücke, also das Pferd, kann Last tragen, wenn der Reiter die hinteren Pfeiler (Hinterhand) an die vorderen (Vorhand) annähert, um ein Aufspannen der Brücke (Rückenaufwölben) nach oben hin (zu einer Bogenbrücke) zu ermöglichen. Wir als Reiter möchten, dass das Pferd gesund bleibt, es soll die Hinterhand (seine hinteren Pfeiler) untersetzen und den Rücken (die Brücke) aufspannen, um das Reitergewicht tragen zu können.

Besonderheit in der Anatomie eines Pferdes im Vergleich zum Menschen ist,

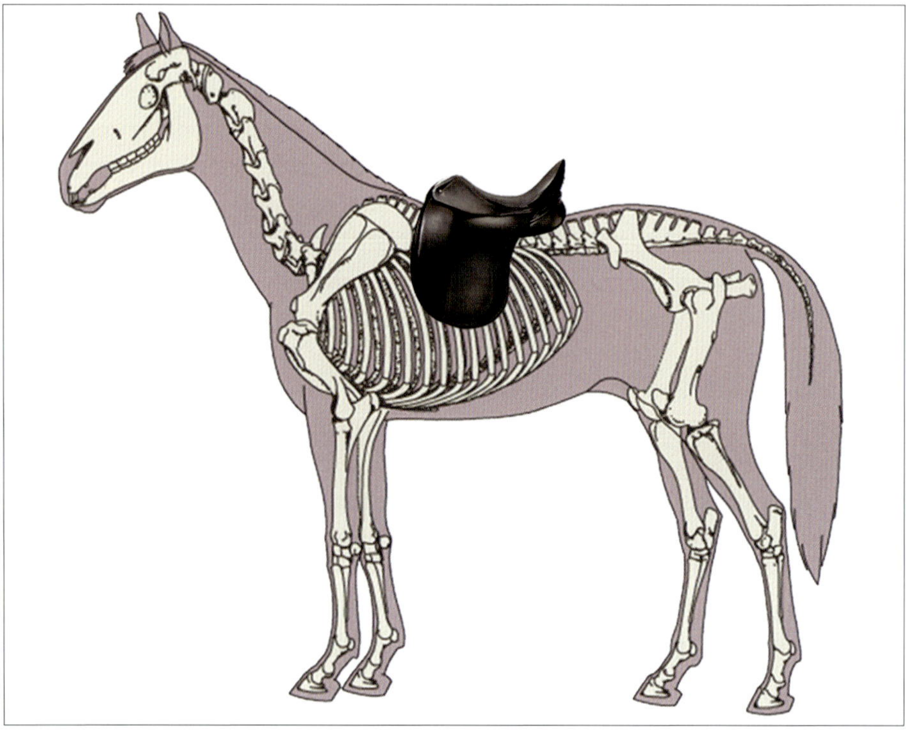

Beim ausgebildeten Pferd hebt sich die Vorhand (richtet sich auf), dadurch rotieren die Schulterblätter weiter nach hinten, sodass der Sattel weiter hinten liegen muss, um der Schulter genügend Raum zu lassen. Dadurch verkürzt sich die Sattelauflagefläche unter Umständen so sehr, dass sie überhaupt zu kurz für einen Sattel wird. Hier im Bild ist der Sattel eindeutig zu lang.

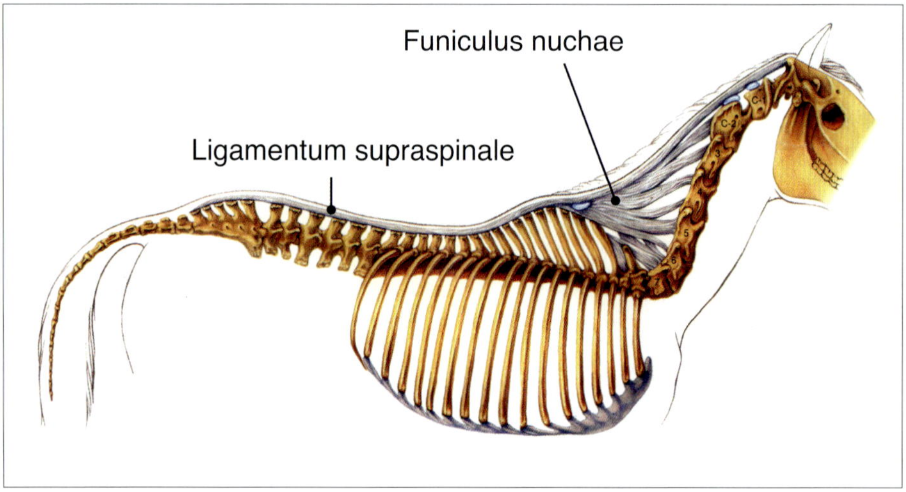

Nacken- und Rückenbänder bilden die „Hängeseile" der „Hängebrücke".

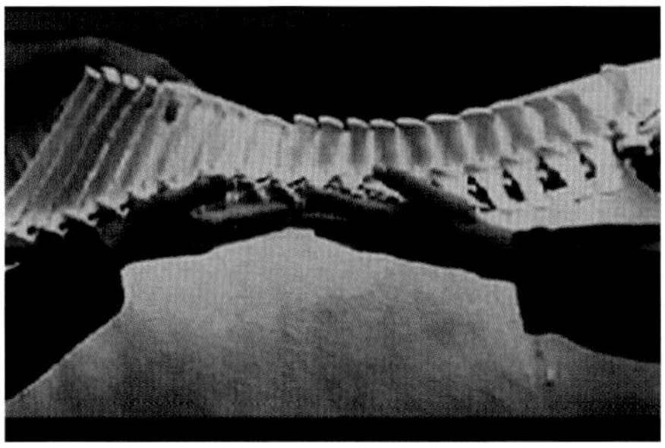

Hier sehen Sie die Wirbelsäule eines Pferdes in normaler Haltung. Es ist deutlich zu erkennen, dass die Dornfortsätze erst nach hinten, dann gerade, dann nach vorn zeigen, bei relativ geringem Abstand zueinander.

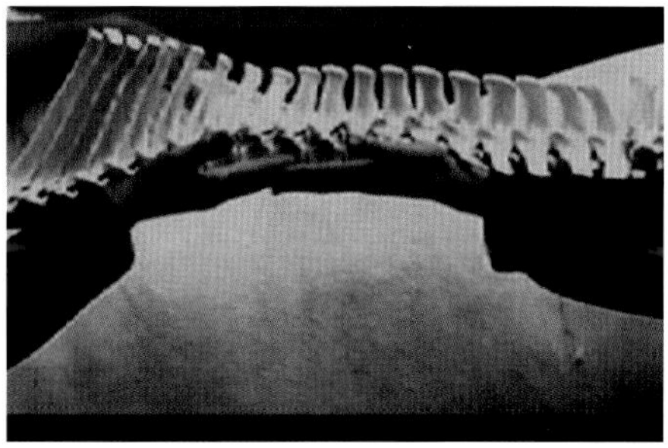

Das Foto zeigt einen aufgewölbten Pferderücken. Die Abstände zwischen den Dornfortsätzen sind deutlich größer.

dass ein Pferd kein Schlüsselbein besitzt. Während beim Menschen der Oberarm durch das Schlüsselbein sowie Sehnen und Bänder mit dem Rumpf verbunden ist, fehlt diese Verbindung beim Pferd. Sie entsteht dort durch die muskuläre Verbindung des Musculus serratus ventralis thoracis und der Musculus pectoralis superficialis (bestehend aus M. pectoralis transversus und Musculus pectoralis descendens), die die Vorderbeine mit dem Körper verbinden. Deshalb wird diese Muskelverbindung manchmal auch als falsches Gelenk bezeichnet. Diese Muskeln unterliegen – sei es durch Training, Alter, Haltung, Fütterung, Hufbeschlag, Krankheit oder durch das unnatürliche Reiten (Gewicht tragen) – einer ständigen Veränderung.

Trainiere ich ein Pferd und richte es vermehrt auf, wird der Abstand zwischen den Vorderbeinen größer und der Winkel zwischen den Oberarmen weitet sich nach oben und außen. Der Abstand zwischen den Schultern wird ebenfalls weiter, sie stehen höher und rotieren vermehrt nach hinten. Der Rumpf wird angehoben, der Widerrist wirkt höher und hinter der Schulter wird der flache Widerristwinkel zu einem steileren.

In diesem Widerristwinkel liegen im oberen Bereich Ziehmuskeln (M. rhomboideus, M. spinalis cervicis und M. trapezius), die durch korrektes Training breiter, dicker und stärker werden, genau wie ein Bizepsmuskel oder auch der Trapezmuskel beim Menschen.

Im unteren Bereich liegen der Musculus latissimus dorsi und der Musculus longissimus dorsi (breitester und längster Rückenmuskel), auf die wir gleich noch näher eingehen werden. Bei einem richtig ausgebildeten Pferd lässt sich die trainierte Muskulatur klar erkennen, vergleichbar einem Bodybuilder, bei dem sich die definierte Bauchmuskulatur, die auch gerne als „Sixpacks" bezeichnet wird, vom Brustmuskel, der vom Oberarm zum Brustkorb verläuft, klar abhebt.

KEINER GLEICHT DEM ANDEREN - *Der Pferderücken in seiner Vielfalt*

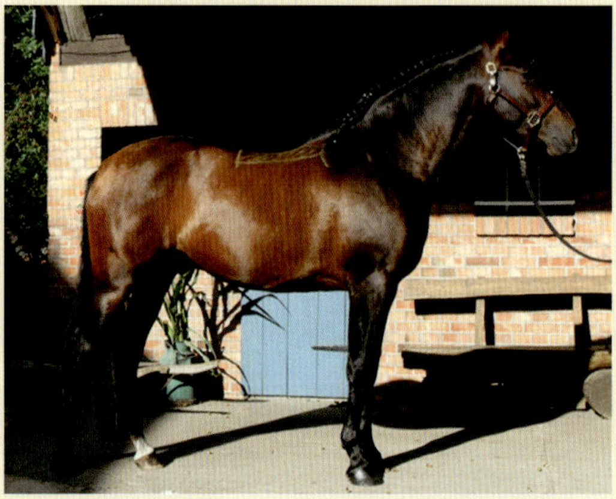

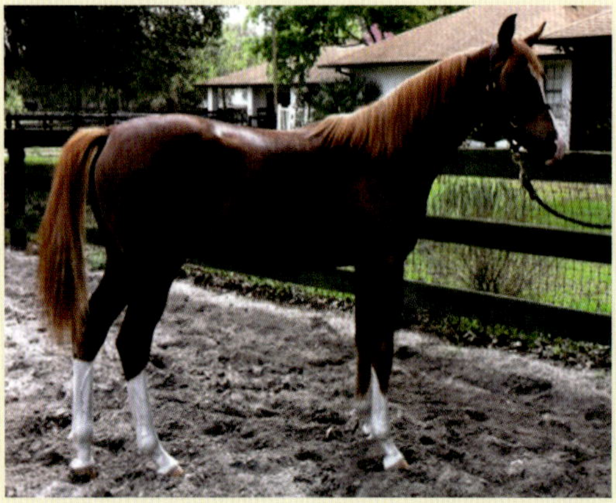
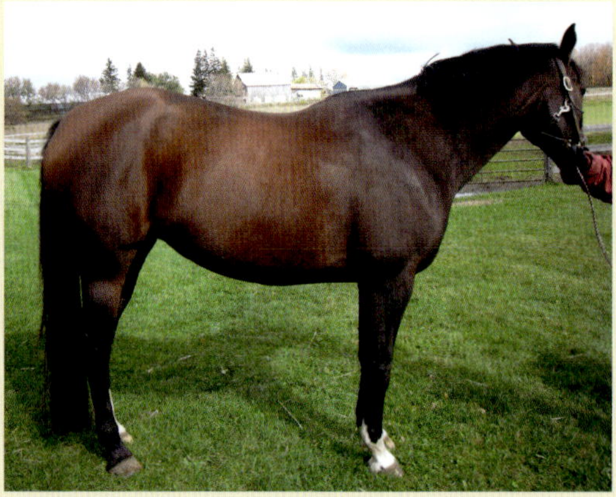

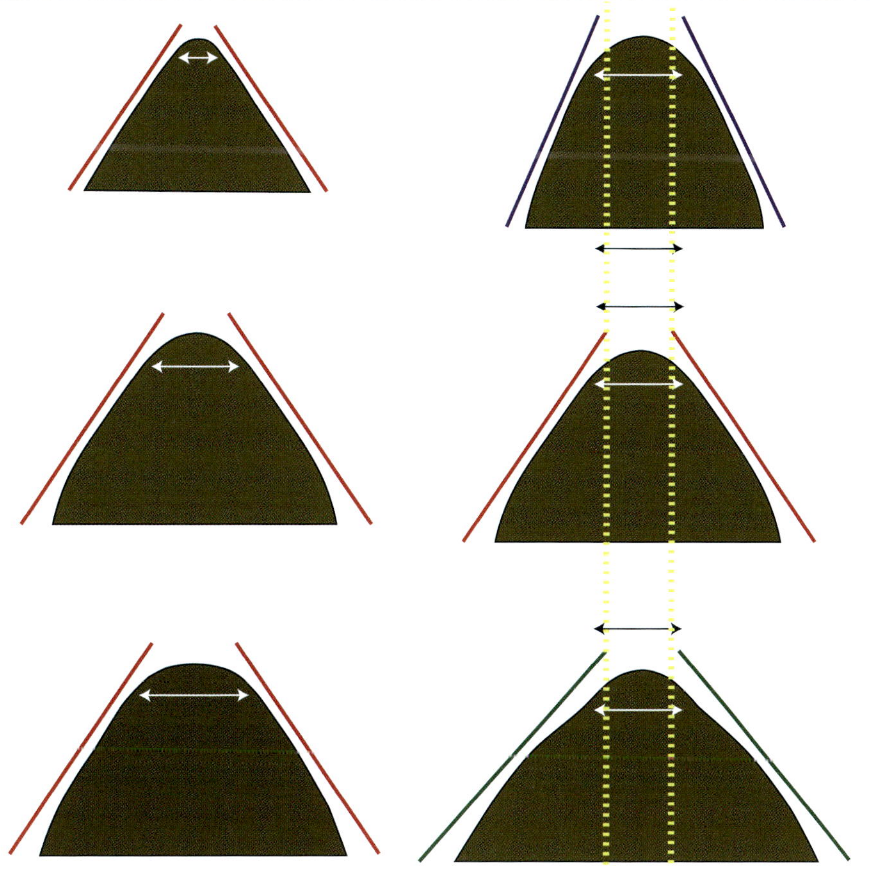

Die drei Zeichnungen auf der linken Seite zeigen verschiedene Baumbreiten, aber gleiche Baumwinkel.

Die drei Zeichnungen auf der rechten Seite zeigen verschiedene Baumwinkel, aber gleiche Baumbreiten.

Die Muskulatur im Rücken

Der Musculus longissimus dorsi, wörtlich übersetzt Längster Rückenmuskel, wird häufig auch nur als Langer Rückenmuskel bezeichnet und spielt für uns Reiter eine zentrale Rolle. Er soll locker und losgelassen sein, damit das Pferd uns ohne körperliche Schäden mit größtmöglicher Bewegungsfreiheit tragen kann. Durch gutes Training wird dieser Muskel nicht breiter, sondern geschmeidiger, elastischer und die Muskelfasern kräftiger – wie ein gut trainierter Rückenmuskel beim Menschen auch kräftiger und nicht dicker wird. Um ihn als Bewegungsmuskel locker zu halten und dem Pferderücken das Schwingen zu ermöglichen, müssen die Stützpfeiler (Vorder- und Hinterbeine) möglichst geschlossen sein. Der M. longissimus dorsi setzt an den

DAS PFERD IST KEIN LASTENTRÄGER

Die Natur hat das Pferd nicht so ausgestattet, dass es Lasten tragen kann. Ursprünglich gab es nur zwei Situationen, in denen ein Pferd mit einem großen Gewicht auf seinem Rücken konfrontiert war: Zum einen während des Deckaktes, wenn der Hengst die Stute bespringt und in den Widerrist beißt oder zum anderen, wenn ein Raubtier auf den Rücken des Pferdes springt, um es zu töten. Beide Situationen führen zu einem absolut gegenteiligen Verhalten im Vergleich zu dem, was wir von einem Pferd erwarten, wenn wir uns auf seinen Rücken setzen. Deckt der Hengst die Stute, soll sie still stehen und nicht in möglichst hoher Versammlung schwungvoll und taktrein vorwärts gehen. Wird das Pferd von einem Raubtier angegriffen, sucht es sein Heil in der Flucht und versucht durch heftiges Buckeln, den Fressfeind von seinem Rücken abzuschütteln – auch das wollen wir nicht!

Nun sind unsere Pferde so weit domestiziert, dass sie uns, bei entsprechender Behandlung und Vorbereitung, gefahrlos reiten lassen. Aber es gibt Situationen, die das instinktive Verhalten wieder hervorrufen können. Eine davon ist ein unpassender Sattel. Ein zu enger, am Widerrist kneifender Sattel kann wie ein Hengstbiss wirken, während ein zu enger oder ein Sattel, der im Lendenbereich drückt, die gleichen Fluchtinstinkte auslösen kann wie die Raubkatze auf dem Rücken.

unteren vier Wirbeln des Halses an, verläuft unter dem Schulterblatt und endet am Becken des Pferdes. Wird die Möglichkeit des Pferdes, seine Vorder- und Hinterhand unter den Körper zu bringen durch falsches Reiten oder einen falschen Sattel eingeschränkt, ist das so, als würde man einen Pfeiler der Brücke wegziehen. Die Asphaltstraße würde reißen und brechen. Bevor das Pferd jedoch zulässt, dass seine Wirbelsäule zerstört wird, zieht sich der M. longissimus dorsi mit aller Kraft zusammen, um dies zu vermeiden. Hierbei gehen die Hinter- und Vorderbeine vermehrt nach hinten und vorn heraus – das Pferd „fällt auseinander".

In der Bewegung wird eine Seite des M. longissimus dorsi angespannt, während sich die andere entspannt. Im Galopp wird eine Seite vermehrt angezogen, je nachdem, auf welcher Hand galoppiert wird. Nur wenn das Pferd springt, steigt oder bockt, wird der lange Rückenmuskel gleichmäßig angespannt.

Der M. longissimus dorsi ist ungefähr so dick wie zwei Telefonbücher (20 bis 25 Zentimeter). Im Gegensatz dazu sind der M. trapezius und die Mm. spinales, die Muskeln, die an den Dornfortsätze ansetzen, wesentlich dünner, vergleichbar einer Zeitschrift (zwei bis drei Zentimeter). Das Schulterblatt liegt über dem Langen Rückenmuskel und über dem M. spinalis dorsi. Die Schulterblattgräte dient dem M. trapezius als Ansatz.

Die Mm. spinales (in dem Falle der M. spinalis dorsi) verlaufen unter dem Trapezmuskel und dem Schulterblatt. Sie liegen innen neben dem M. longissimus und werden im Widerristbereich von dem M. rhomboideus bedeckt. Der M. splenius cervicis balanciert den Hals des Pferdes und hebt ihn vom Halsansatz her an. Der Anteil der Mm. spinales, der unter dem M. trapezius und dem M. rhomboideus sitzt, hat die Funktion, die hohen Dornfortsätze des Widerrists zu stabilisieren und sitzt auch direkt an diesen Knochen. Dieser Muskel kann ausgesprochen kräftig werden, vor allem bei Springpferden, weil er immer wieder die Aufprallwucht nach dem Sprung mit auffangen muss.

Neben einigen anderen Muskeln laufen der M. trapezius, der M. rhomboi-

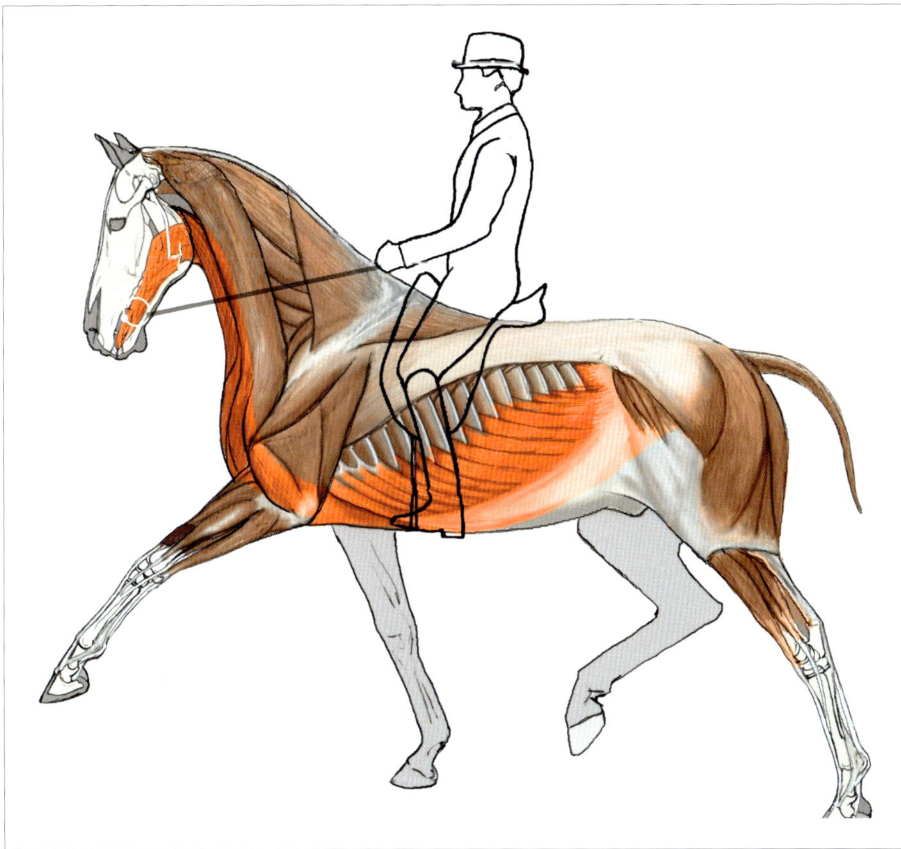

Wenn das Pferd richtig trainiert ist, richtet es sich auf, was dann den Sattel aus der Balance bringen kann. Deshalb ist es wichtig, den Sattel dynamisch anzupassen und die Sattelbalance während der Bewegung zu beobachten.

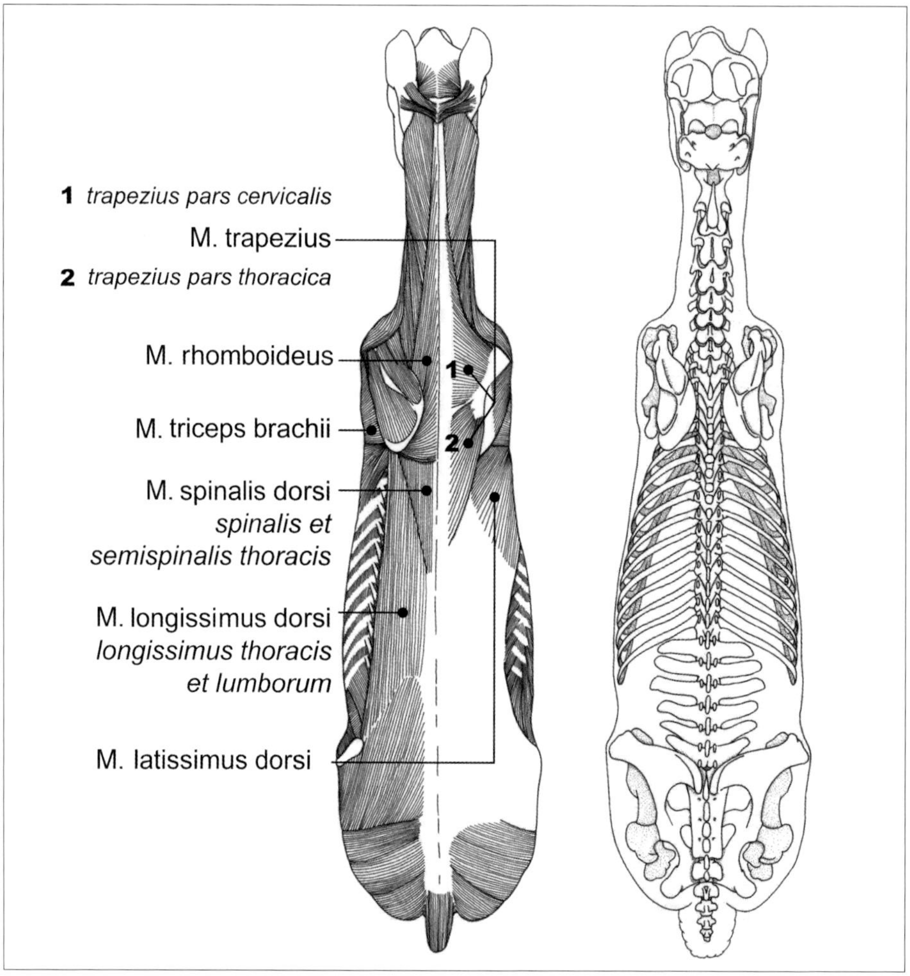

Das Pferd links zeigt die oberflächliche Muskulatur.

deus- sowie die Mm. spinales im Bereich des Widerristes zusammen. Man kann den Widerrist mit einer Verteilerkappe vergleichen, da hier neben diesen Muskeln auch viele Nerven enden. Weiter treffen hier Nacken- und Rückenband zusammen. Drückt der Sattel auf diesen Bereich, weil er zu eng ist, verursacht er beim Pferd erhebliche Schmerzen. Das Pferd versucht diesen zu entgehen, indem es seine Muskulatur anspannt. Reiter sprechen dann davon, dass sich das Pferd verspannt.

Die knöcherne Wirbelsäule ist durch die sie umgebende Muskulatur relativ gut geschützt. Anders ist das bei den Dornfortsätzen der Brustwirbelsäule, gerade im Widerristbereich. Diese sind besonders anfällig, wenn ein zu enger Sattel drückt und sie in ihrer Bewegung ein-

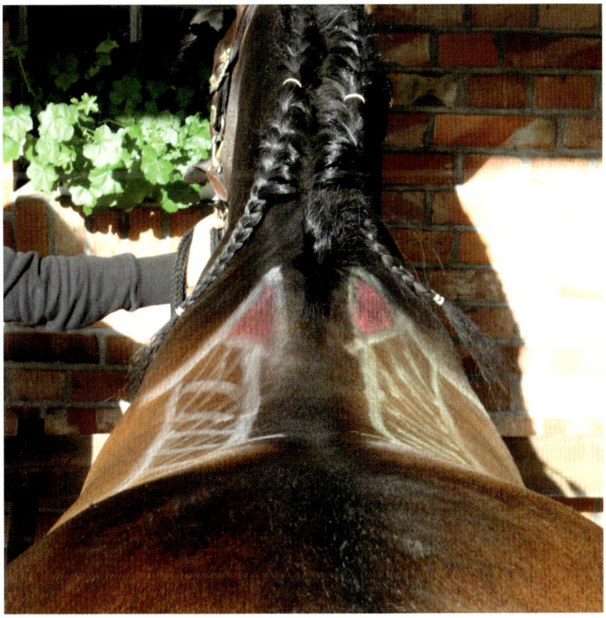

Links im Bild wurde die Fläche, wo der Sattel liegen darf, weiß gekennzeichnet. Der rote Bereich markiert die sehr empfindlichen Stellen am Widerrist (Verteilerkappe).

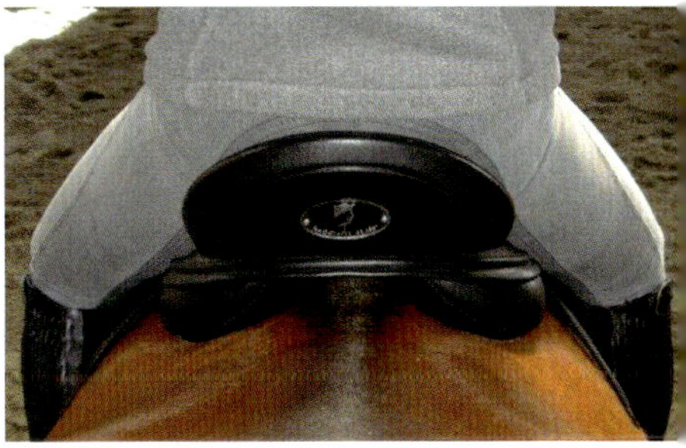

Dieser Sattel zeigt eine gute Gewichtsverteilung und einen breiten Kissenkanal.

schränkt. Die Dorn- und Querfortsätze liegen regelrecht eingebettet zwischen der Rückenmuskulatur. Darunter befinden sich die Austrittslöcher für die Spinalnerven. Dieses gilt es zu beachten, wenn es um die Breite des Kissenkanals geht. Er muss diesen Strukturen genügend Bewegungsfreiraum ermöglichen und darf keinesfalls Druck auf sie ausüben.

Leider sehe ich oft, dass sich der Kissenkanal des Sattels nach hinten verengt. In der hinteren Sattellage hat die Wirbelsäule aufgrund ihrer Konstruktion die größte natürliche Bewegungsfreiheit, die auf keinen Fall durch einen enger werdenden Sattelkissenkanal eingeschränkt werden darf.

ACHTUNG!

Im Pferderücken verlaufen viele Sehnen und Bänder, beispielsweise das Nacken- und Rückenband. Sehnen verbinden die Knochen mit der Muskulatur, während Bänder die Knochen untereinander verbinden. Deswegen darf ein Sattel nie auf Bänder und Sehnen drücken oder darüber scheuern, denn dies kann zu Irritationen und Entzündungen führen. Ist eine Sehne oder ein Band einmal verletzt, dauert die Heilung lange, deutlich länger als die Heilung einer Muskelverletzung, da Sehnen und Bänder schlechter durchblutet sind als Muskeln.

DIE GURTLAGE UND DIE RIPPENBÖGEN

Nehmen Sie eine Eieruhr und versuchen Sie einen Wollfaden oberhalb des Übergangs vom unteren zum oberen Glas festzubinden. Sie werden sehen, dass der Wollfaden immer zur engsten Stelle, der Taille der Eieruhr, rutschen wird.

Genauso sucht sich ein Sattelgurt immer die schmalste Stelle des Pferdekörpers, um dort zum Liegen zu kommen – dies nennt man die Gurtlage. Ein Sattelgurt, der beim Aufsatteln nicht über die schmalste Stelle des Brustkorbs verläuft, wird während des Reitens nach vorn rutschen und den Sattel mitnehmen. Das bedeutet sehr oft, dass ein Sattel, der durch den Reiter korrekt auf die Sattellage aufgelegt wird, während des Reitens durch den Sattelgurt nach vorn auf die Schulter gezogen wird.

Heute verwenden wir an Dressursätteln fast ausschließlich Kurzgurte an langen Gurtstrippen. Das hat für den Reiter vor allem den Vorteil, dass die Gurtschnalle nicht unter dem Oberschenkel liegt und drückt. Diese Form der Gurtverschnallung bringt zusätzlich mit sich, dass der Sattel fester zu fixieren ist. Der Nachteil von Kurzgurten ist jedoch, dass die Schnalle viel eher an sehr empfindlichen Punkten am Brustkorb des Pferdes drücken kann. Ein Langgurt am Spring-

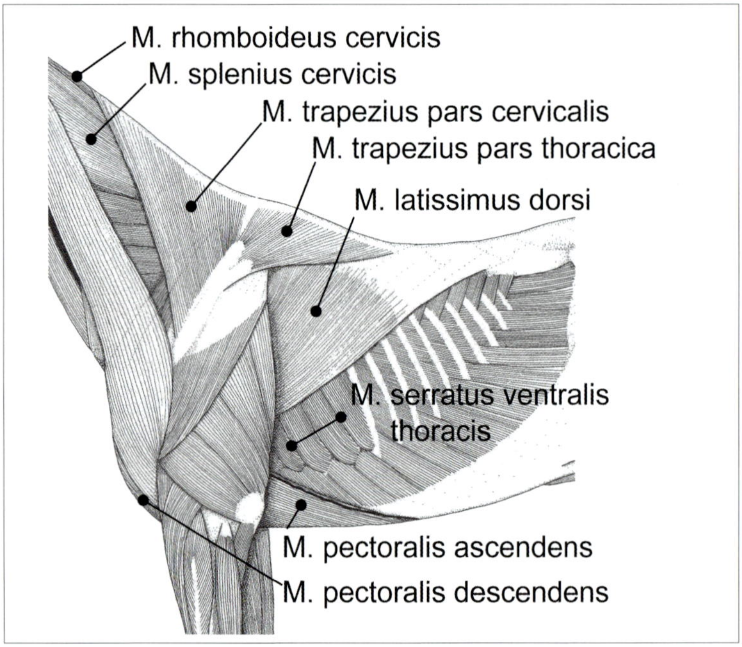

Die oberflächliche Muskulatur des Pferdes

Dort, wo sich die beiden gelben Linien schneiden, kreuzen sich der M. triceps brachii und der M. latissimus. Das rote Kreuz kennzeichnet die beste Lage für die Schnallen des Kurzgurtes im hinteren „V" des Kreuzes.

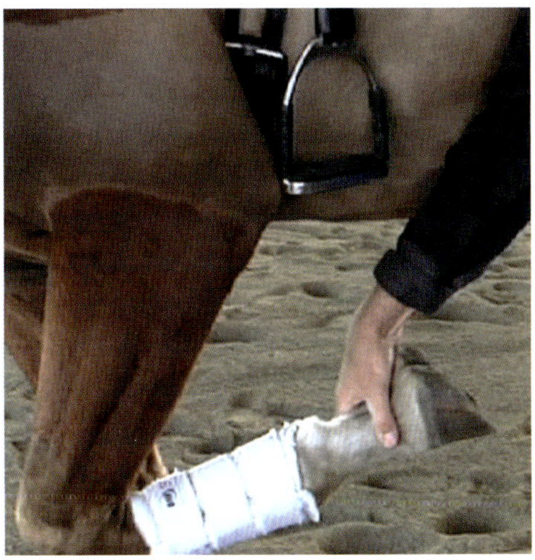

Dieser Kurzgurt ist zu kurz, da die Schnallen bei Bewegung am Bein und Ellenbogen drücken, was man leicht im Stand mit dem Anheben des Hufes prüfen kann.

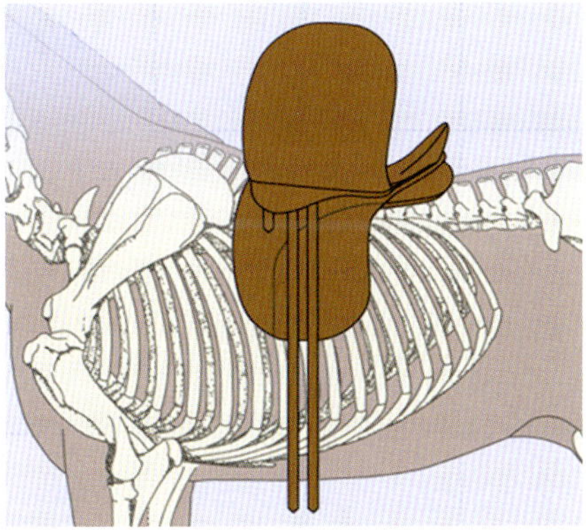

Dieser Sattel liegt zwar hinter der Schulter, er ist jedoch zu lang und die Gurtstrippen hängen hinter der Gurtlage.

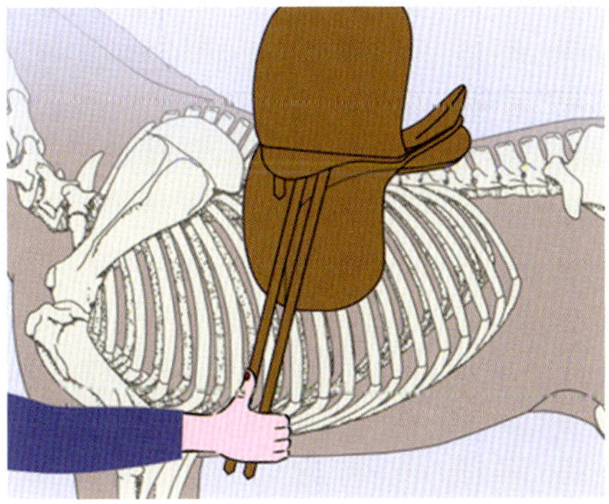

Hier werden die Gurtstrippen nach vorn positioniert, um den Gurt in der Gurtlage zu verschnallen.

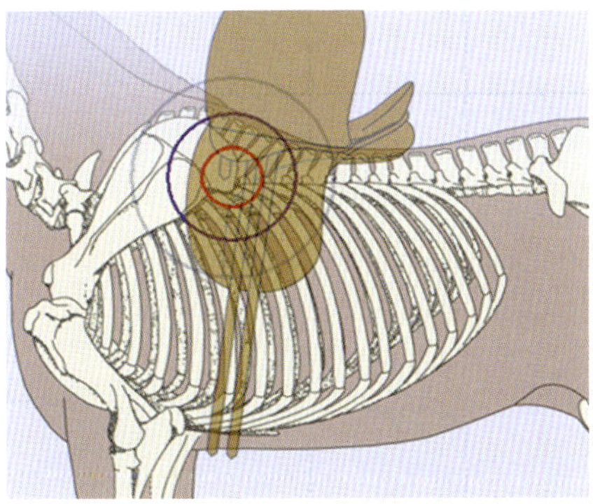

Das Resultat ist, dass die Strippen mit dem Sattelgurt den Sattel über das Schulterblatt nach vorn ziehen, da beide immer die schmalste Stelle – die Gurtlage – suchen.

oder Vielseitigkeitssattel wird meistens auf dem Schweißblatt verschnallt, dies bedeutet zwischen Gurtschnalle und Pferdekörper liegt eine schützende, relativ dicke Lederschicht. Ein Kurzgurt hingegen wird direkt am Pferdebauch verschnallt, sodass die Schnalle, die nur durch eine dünne Lederschicht oder anderes Material geschützt ist, einen direkten Druckpunkt auf dem Pferdekörper bildet. Im Bereich der Gurtlage verlaufen im Pferdekörper eine Reihe von Muskeln und Muskelübergängen, die wir mit dem Sattelgurt nicht tangieren sollten, da der Muskel an Muskelübergängen schmaler und daher weitaus empfindlicher ist.

An der Seite des Pferdekörpers muss ein Kurzgurt so nah wie möglich unter der breitesten Stelle des Rumpfes, also so weit oben wie möglich, verschnallt werden, sodass die Gurtschnallen weg vom Körper gezogen werden und nicht in den Pferdekörper hineindrücken. Man sollte den Gurt so hoch wie möglich an die Gurtstrupfen schnallen, damit man weit weg von den Kanten des M. pectoralis profundus (der bis in die Gurtlage reicht) und der des M. latissimus bleibt.

Früher benutzte man Vorgurte und Vorgurtstrupfen oder man zog den Sattelgurt sehr fest an, um ihn in einer „korrekten" Lage zu halten und das Nach-vorn-Rutschen des Sattels zu verhindern. Heute wissen wir, dass für das Verrutschen des Sattels nach vorn unter anderem die Strippenlage des Sattels verantwortlich ist, also die Richtung, in die die Gurtstrippen zeigen, wenn wir sie am nicht angegurteten Sattel frei nach unten hängen lassen. Zeigen die Strippen zu weit nach hinten, wird der Sattel genauso wenig in einer korrekten Lage bleiben wie bei Strippen, die zu weit nach vorn zeigen und so den Gurt in das Ellenbogengelenk des Pferdes drücken lassen.

„TRAINWRECK"

Vom Schultergelenk bis zum Iliosakralgelenk

Das Schultergelenk (auch falsches und/oder weiches Gelenk genannt) unterscheidet sich erheblich vom menschlichen Schultergelenk.

Dieses Gelenk ist beim Pferd in Muskeln und Bändern aufgehängt und verfügt über keine feste knöcherne Verbindung, wie sie beim Menschen durch das Schlüsselbein gegeben ist. Daher ist das Schultergelenk des Pferdes erheblich beweglicher als das des Menschen und unterscheidet sich auch in seinen Bewegungsrichtungen von diesem. Bewegt ein Mensch beispielsweise seinen Arm nach vorn, geht auch das Schulterblatt nach vorn. Bewegt ein Pferd sein Vorderbein nach vorn, bewegt sich das Schulterblatt in einer Drehbewegung aufwärts rückwärts und muss unter dem Sattel hindurchschlüpfen können.

WELCHE PROBLEME DER MUSKULATUR UND AM SKELETT VERÄNDERN DIE WIRBELSÄULE DES PFERDES UND SOMIT DIE LAGE DES SATTELS?

Von Barbara Welter-Böller

Barbara Welter-Böller ist staatlich anerkannte Physiotherapeutin und Osteopathin

„Die Osteopathische Therapie kann mit ihren Mitteln Schmerz durch Wärme- oder Kälteanwendungen, Laser-, Magnetfeld- und Elektrotherapie reduzieren, sie lockert mit detonisierenden Massagen und mobilisiert mit manuellen Techniken Bewegungseinschränkungen in den Gelenken, der Muskulatur und den Körperfaszien. Management, Ausrüstung, Nutzung sowie Training des Pferdes werden überprüft und wenn nötig optimiert, um das Behandlungsergebnis zu stabilisieren.

In der osteopathischen Herangehensweise unterscheidet man zwischen zwei Varianten der Bewegungsbeeinträchtigung: Es gibt die monolytische Läsion der Wirbelsäule, bei der ein Wirbelsegment (bestehend aus zwei benachbarten Wirbeln) in einem oder beiden Wirbelgelenken eine Restriktion (Bewegungseinschränkung) aufweist. Bei der Diagnostik findet man in diesem Segment einen Bewegungsverlust, dessen Ursache zumeist ein Trauma wie Festliegen oder Wegrutschen, Bocken oder eine andere unnatürliche Bewegung gewesen ist. Die Behandlung ist einfach: Schmerzreduzierung und Wiederherstellen der Mobiltät durch osteopathische Techniken und mit Hilfe der physikalischen Therapie.

Die häufigere und schwierigere Problematik ist die sogenannte Gruppenläsion der Wirbel. Hier sind zwei oder mehr Wirbelsegmente in einer Fehlstellung und dies deutet auf eine kompensatorische (abweichende, ausgleichende) Haltung hin, deren Ursache zum Beispiel in einer Muskelverletzung, Muskelverspannung, einer Stützbeinproblematik, unpassender Ausrüstung, einseitigem Training oder/und in einem schiefen Reiter zu finden sind. Beim Abtasten und Untersuchen sind die einzelnen Wirbel mobil, nur wenn eine Kompensation schon lange besteht, finden sich leichte Restriktionen. In diesem Fall sollte man zumindest versuchen, das Ausgangsproblem zu finden, denn nur dann kann man dieses durch osteopathische Techniken, Trainingstherapie, Ausrüstungsoptimierung und gegebenenfalls auch Schulung des Reiters lösen und damit die Ursache-Folge-Kette unterbrechen. Eine reine Behandlung der Wirbel würde zwar eine kurzzeitige Besserung bringen, jedoch nicht langfristig zum Erfolg führen, da die Pferde immer wieder Ausweichhaltungen annehmen, wenn der Ausgangsschmerz oder das mangelnde Gleichgewicht durch einen ungeübten Reiter nicht beseitigt beziehungsweise verändert werden."

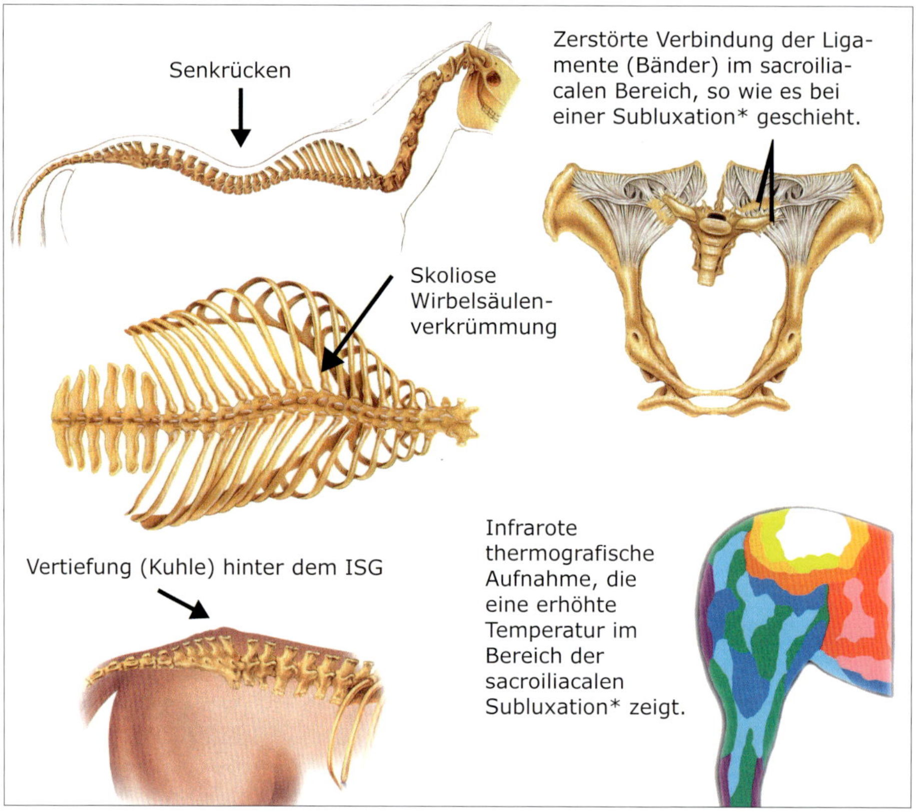

In den gezeigten Illustrationen wird deutlich, wie sich die Wirbelsäule des Pferdes verkrümmen oder sich einzelne Wirbel verschieben können. Die Ursachen dafür sind äußerst vielfältig. Meist sind solche Veränderungen nicht oder nur kaum mit bloßem Auge zu erkennen, weshalb viele Tierärzte eine Thermographiekamera einsetzen. So können Durchblutungsstörungen nachgewiesen werden, da sie häufig mit höheren Temperaturen einhergehen.

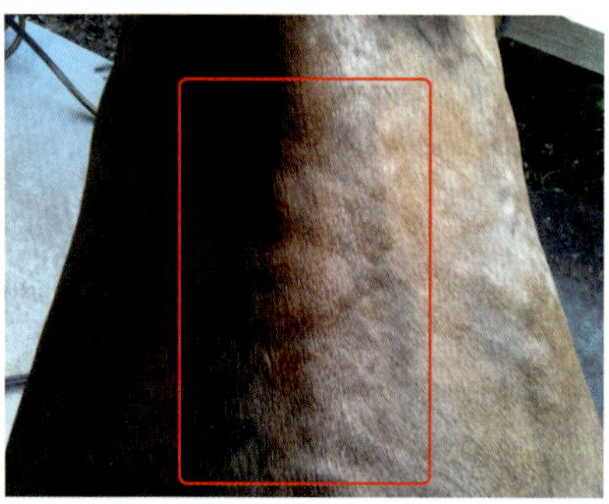

Hier ist das Resultat eines „Train-Wrecks" klar erkennbar in der Subluxation* der Wirbelsäule.

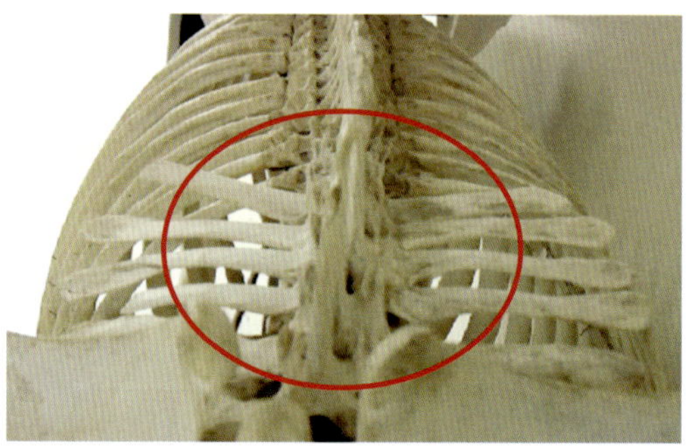

Hier ist leicht zu erkennen, wo die letzte Rippe des Pferdes ist und der Höhenunterschied zum Lendenwirbel. Der Sattel darf auf gar keinen Fall auf den Lendenwirbeln liegen.

*Eine Subluxation ist hier ein Zustand eines Wirbels, der seine regelmäßige Position im Verhältnis zu dem über oder unter ihm liegenden oder beiden Wirbeln verloren hat (in einem geringeren Ausmaß als eine Luxation), der Nerven bedrängt und die Übertragung von nervalen Impulsen stört.

Das Schultergelenk ist wegen seiner flexiblen Aufhängung innerhalb der Muskulatur in der Lage, große Lasten zu tragen und auch eine weniger vorsichtige Behandlung auszugleichen.

Das Iliosakralgelenk (Kreuz-Darmbeingelenk, auch kurz ISG genannt) hingegen ist sehr empfindlich, da hier hauptsächlich Bänder (und nicht Muskeln) die Wirbelsäule mit dem Becken verbinden. Man vergleicht das Iliosakralgelenk auch gern mit einem trockenen Ast (weniger flexibel), das Schultergelenk mit einem nassen Ast (höhere Flexibilität).

Oft zeigt das Iliosakralgelenk Probleme, die leider zu spät erkannt werden. Wie beschrieben führt ein Sattel, der beispielsweise aufgrund eines nicht den anatomischen Voraussetzungen des Pferdes angepassten Kopfeisens schief auf dem Pferd liegt, dazu, dass das Pferd den M. longissimus verspannt. Diese Verspannung wiederum schränkt die Beweglichkeit des Iliosakralgelenkes und damit die Beweglichkeit des Beckens erheblich ein. Das ISG ist ein sogenanntes „straffes Gelenk", welches eine Verbindung zwischen Beckenring und Wirbelsäule (Kreuzbein) herstellt. Es kann gewissermaßen als Stoßdämpfer angesehen werden. Ist der M. longissimus verspannt, werden die Bänder und Sehnen und damit das gesamte Gelenk überbeansprucht.

Sichtbar werden derartige Probleme durch eine Vertiefung (Kuhle) direkt vor dem ISG. Wird die Ursache nicht behoben, können Wirbelverdrehungen und -verkrüpplungen in der Wirbelsäule, speziell im Lendenwirbelbereich, die Folge sein.

Die Ursache dafür ist neben einer zu starken Handeinwirkung oder einem verspannten Reiter sehr oft ein unpassender Sattel. Sie können dies mit einem „Trainwreck", einem Zugunglück, vergleichen, bei dem der Zug (Vorhand des Pferdes) vorn blockiert wird und infolgedessen die Waggons (Wirbel) aus den Gleisen springen.

DIE SCHULTERN

Die Schultern des Pferdes können sich durch das fehlende Schlüsselbein in ihrer Position verändern. Sie bewegen sich in allen Gangarten in einer Art Rotation aufwärts-rückwärts-abwärts-vorwärts. Das bedeutet, dass sich das Schulterblatt in seiner Bewegung immer in Richtung des Sattels bewegt. Je stärker die Vorwärts-Aufwärtsbewegungen des Pferdebeines sind, desto größer ist die Vorwärts-Rückwärts-Bewegung des Schulterblatts. Wenn der Sattel also im Stand direkt hinter der Schulter aufgelegt wird, muss die Möglichkeit für das Schulterblatt gegeben sein, in der Bewegung unter dem Kopfeisen hindurchzugleiten.

Der Schulterblattknochen endet im oberen Teil in einem Knorpelgewebe.

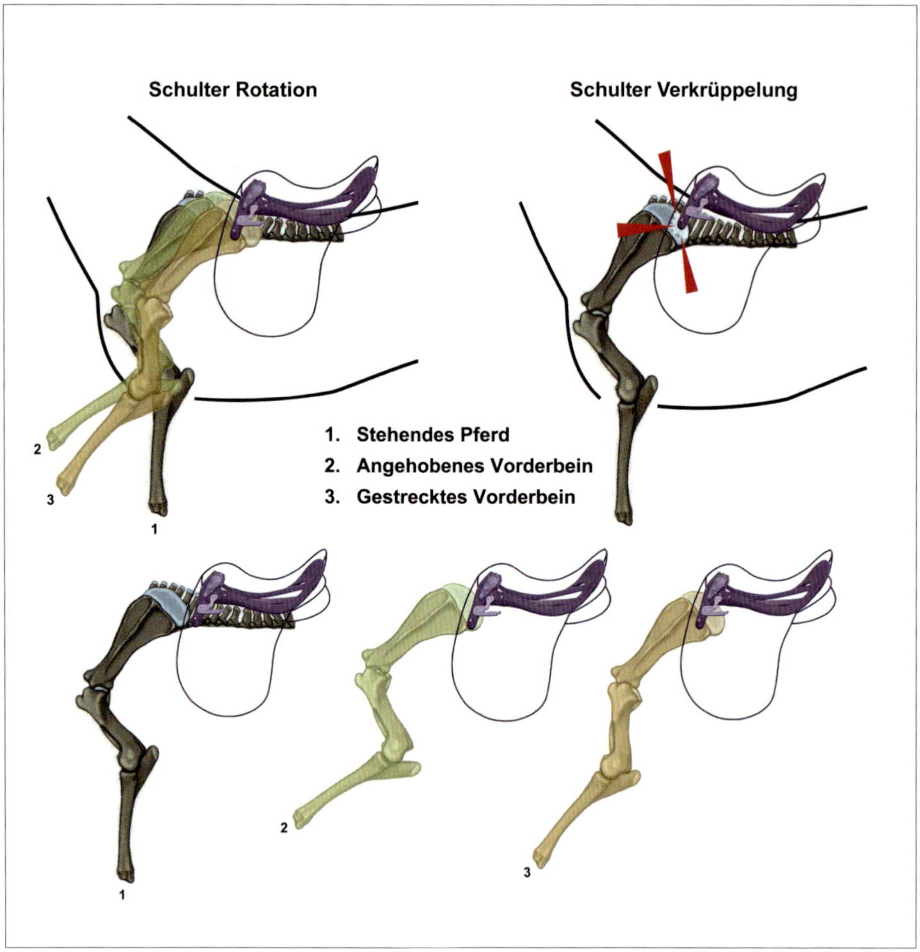

Hier sehen Sie die Bewegung des Schulterblatts in den unterschiedlichen Positionen des Vorderbeines. Anhand dieser Zeichnungen lässt sich leicht nachvollziehen, dass ein Sattel, bei dem Baumwinkel und/oder Baumbreite nicht passen oder die Ortschuhspitzen nach vorn zeigen, zum Teil schwerwiegende Schäden an der Schulter verursachen kann.

Dieser Knorpel ist circa acht bis zehn Zentimeter hoch und extrem elastisch.

Wird die Schulter durch ein zu enges Kopfeisen blockiert, kann dieses Gewebe beschädigt werden. Ist dieser Knorpel erst einmal zerstört, werden die Muskelfasern angegriffen, das Pferd wird erhebliche Schmerzen haben und kaum mehr gehen können.

Um dies zu verhindern, benötigt das Pferd genügend Schulterfreiheit, einen passenden Sattelbaum und ein Kopfeisen (einstellbar in Kopfeisenwinkel und -breite), das der Schulter ein einfaches Durchgleiten ermöglicht.

Der M. triceps brachii, der mit dem Schulterblatt und dem Oberarm verbunden ist, ist einer der Muskeln, der das

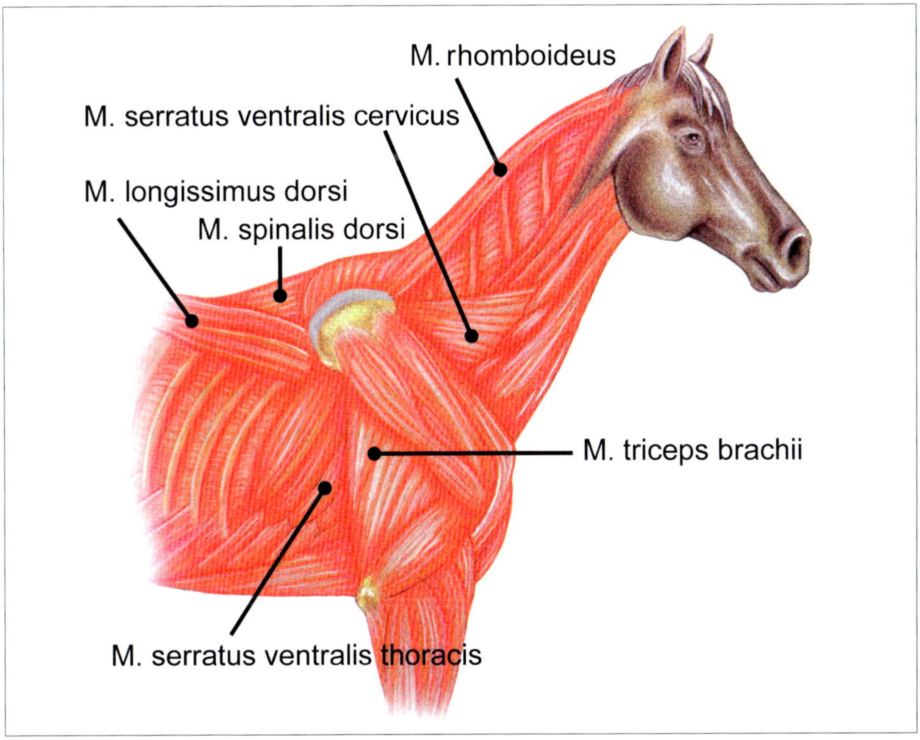

Bei der tiefliegenden Muskulatur sind der M. longissimus dorsi (langer Rückenmuskel) sowie die Schultermuskeln deutlich zu erkennen. Das Schulterblatt mit dem Schulterknorpel liegt zwischen dem tiefliegenden M. spinalis dorsi, M. rhomboideus, M. longissimus dorsi und dem oberflächlichen Trapezmuskel. Der Schulterknorpel darf nicht verletzt werden, dient er doch unter anderem dem Schutz der Muskeln, wenn sich die Schulter durch diese Muskelgruppen bewegt.

DIE SCHULTERBLATT-ÜBUNG

Um die Rotation des Schulterblatts einmal spüren zu können, reiten Sie bitte ohne Sattel und lassen sich dabei führen. Legen Sie Ihre Hände oben seitlich links und rechts an den Widerrist. Fühlen Sie sich sicher und ausbalanciert, schließen Sie die Augen. Wird das Pferd nun im Schritt geführt, spüren Sie, wie sich die Ziehmuskeln bewegen. Es fühlt sich so an, als ob Sie Ihren Oberarm anspannen, gleichzeitig spüren Sie, wie der Schulterknorpel nach oben und hinten rotiert.

Nun legen Sie Ihre Hände eine Handbreit (mindestens zehn Zentimeter) tiefer und bleiben dabei immer noch hinter dem Schulterblatt. In der Bewegung gleitet das Schulterblatt von oben nach unten ganz locker unter Ihrer Hand durch (solange der M. longissimus nicht verspannt ist).

Schultergelenk bewegt. Er darf ebenfalls nicht blockiert werden.

Deshalb ist es wichtig, die erste Gurtstrippe parallel zum M. triceps brachii zu gurten. In einigen Fällen empfiehlt es sich, die Gurtstrupfen zu kreuzen, um damit dem Verlauf der Muskeln zu folgen und eine bessere Entfaltung der Muskulatur zu ermöglichen, denn erst dann kann der Sattel ruhig liegen bleiben.

Dieses Pferd hat eine ausgeprägte Schultermuskulatur (M. triceps brachii). Deshalb gurtet der Sattelergonom hier über Kreuz. So verläuft die erste Gurtstrippe mit der Muskelkante des Trizeps, die zweite kreuzt an der Stelle, wo der M. latissimus dorsi unter dem M. triceps brachii verläuft.

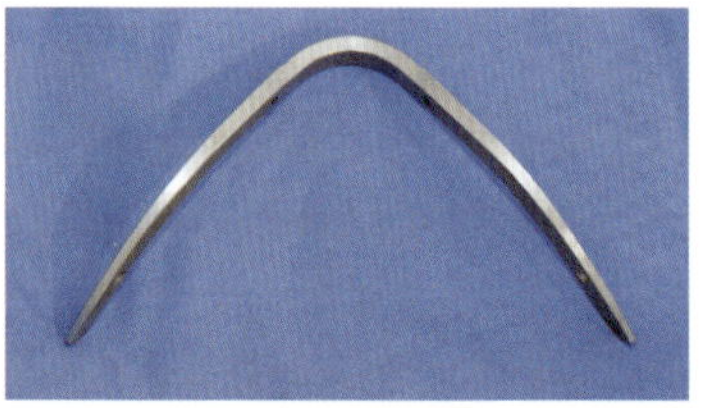

Symmetrische Kopfeisen verursachen meist Probleme, da sie die natürliche Schiefe des Pferdes nicht berücksichtigen.

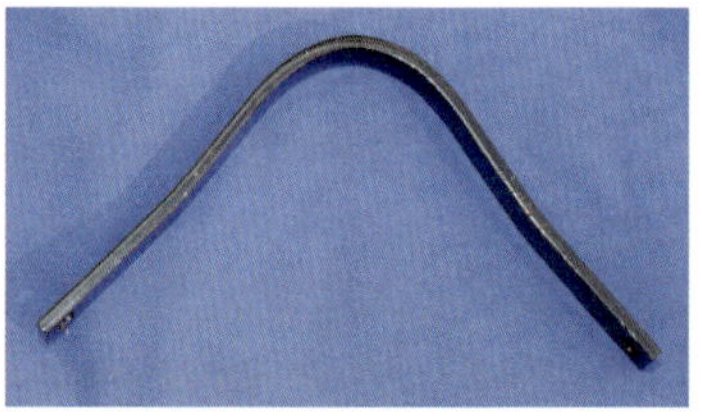

Dieses Kopfeisen ist links weiter geöffnet, um genügend Raum für die ausgeprägtere linke Schulter zu lassen.

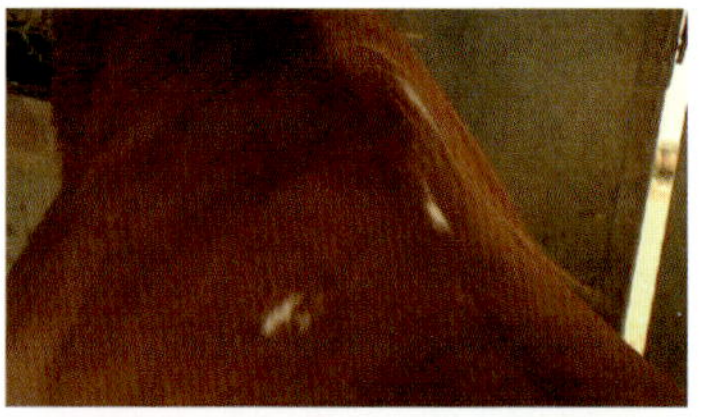

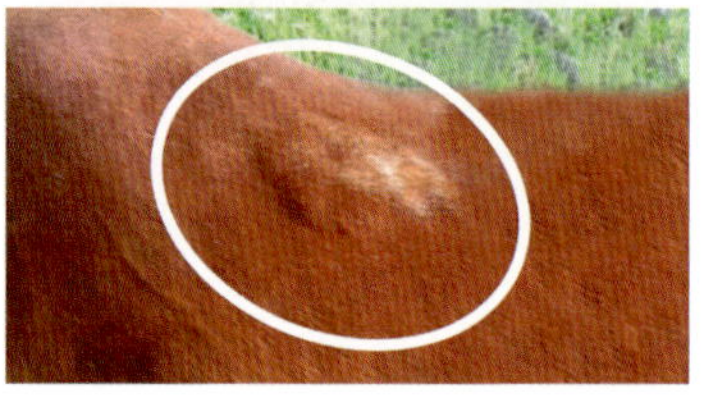

Druckstellen oder weiße Haare sind meist auf der linken Seite des Pferderückens zu finden und wurden häufig durch eine unpassende Baumeinstellung verursacht.

DIE NATÜRLICHE SCHIEFE ...

Es gibt verschiedene Theorien, wie die natürliche Schiefe eines Pferdes entsteht. Einige Fachleute sind der Meinung, dass die Händigkeit beim Pferd ebenso wie beim Menschen angeboren ist. Auch die Deutsche Reiterliche Vereinigung (FN) schreibt in ihren Richtlinien, dass die meisten Pferde eine angeborene schiefe Körperhaltung haben, „die natürliche Schiefe" und weiter: „Sie ist, ähnlich wie die Links- und Rechtshändigkeit der Menschen cerebral (d.h. vom Gehirn) bedingt, also angeboren. Sie wird noch dadurch begünstigt, dass die Vorhand schmaler ist als die Hinterhand." *Richtlinien für Reiten und Fahren.* Band 1, FN Verlag, 28. Auflage 2005

Weit verbreitet ist auch die Ansicht, dass die natürliche Schiefe durch die Lage des Fohlens im Mutterleib vorgegeben wird.

Ich selbst bin inzwischen zu der Überzeugung gelangt, dass die natürliche Schiefe des Pferdes gar keine natürliche Schiefe ist, sondern durch die Domestizierung und die Bedingungen, unter denen wir Pferde halten, hervorgerufen wird. In seinem natürlichen Lebensraum bewegt sich das Wildpferd auf der Suche nach Futter den ganzen Tag und legt langsam, mehr oder weniger ständig fressend, viele Kilometer zurück. Dabei belastet es seinen Körper, außer kurzzeitig, wenn eine Gefahr droht und

Die meisten Pferde entlasten beim Grasen das linke Vorderbein, indem sie es nach vorn herausstellen.

eine Flucht notwendig ist, gleichmäßig. In der freien Natur stehen Pferde sehr wenig still. Auch unter günstigen Bedingungen, also mit ausreichendem Weidegang und Herdenhaltung, können Pferde in menschlicher Hand nicht so aufwachsen. Pferde sind in ihrem Bewegungsraum immer eingeschränkt, stehen viel mehr auf einer Stelle, erhalten ihr Futter (Rau- und Kraftfutter) mehr oder weniger an einem Platz und müssen sich zur Futteraufnahme nicht bewegen, dies bedeutet, sie müssen ihr Körpergewicht nicht ständig verlagern. Auch der Weidegang ist nur bedingt mit dem natürlichen Lebensraum des Pferdes vergleichbar.

Deshalb gehe ich davon aus, dass sich die „natürliche Schiefe" beim Aufwachsen entwickelt. Meine persönlichen Beobachtungen zeigen, dass der größte Teil der im Flachland aufwachsenden Pferde beim Grasen auf der Vorhand überwiegend das linke Vorderbein nach vorn heraus entlastet und sein Gewicht vor allem auf dem rechten Vorderbein trägt.

Diese Stellung wird meiner Meinung nach dadurch hervorgerufen, weil der Blinddarm des Pferdes auf seiner rechten Seite liegt. Beim Verdauungsprozess dehnen sich die Verdauungsorgane aus. Dadurch spreizt sich der rechts liegende Rippenkorb weiter auf und das Pferd biegt sich nach links. Dabei verlagert es sein Gewicht auf das rechte Vorderbein, während das linke weiter nach vorn gestreckt wird. Ein Pferd frisst bei ausreichendem Raufutterangebot circa 17 Stunden pro Tag mit gesenktem Kopf, trägt also über weite Teile des Tages sein Gewicht auf dem rechten Vorderbein, was dazu führt, dass sich der rechte Oberarmknochen des Pferdes durch die dauerhafte Belastung verformen kann. „Die Streckung des linken

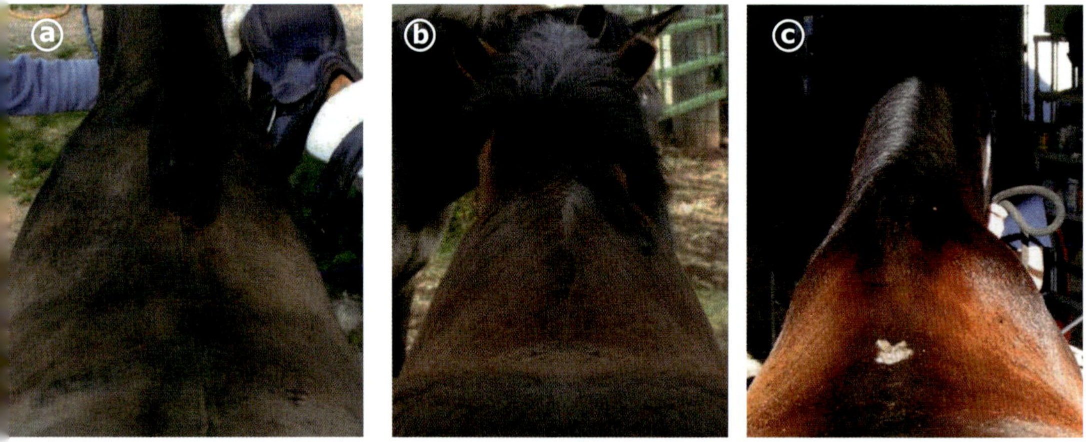

Die Vermessungen, die wir bei über 150.000 Pferden durchgeführt haben, zeigen, dass bei circa 70 Prozent die linke Schultermuskulatur stärker ausgeprägt ist (a). Bei 10 Prozent der Pferde ist sie gleichmäßig (b), circa 20 Prozent sind rechts stärker bemuskelt (c).

Vorderbeines hingegen führt zu einer stärkeren Entwicklung des linken Serratus- und Pectoralis-Muskel und zu einer weiter hinten liegenden Schulter.“ (Anthony Z. Gonzales: *PBM a diary of lamness,* REF Publishing, Manassas, Virginia, 1986)

In meinen letzten 39 Jahren als Sattlermeister und Sattelergonom haben meine Mitarbeiter und ich über 150.000 Vermessungen bei Sportpferden in Australien, Asien, Nord- und Südamerika, Afrika und Europa durchgeführt und dokumentiert. Die meisten davon lebten in Reitställen in einer ländlich eher flachen Gegend mit ebenen Weideflächen. Der größte Teil dieser Pferde hatte eine ausgeprägtere linke Schulter und eine definiertere Serratus- und Pectoralis-Muskulatur.

Einige Pferde, die wir vermessen haben, wurden im Offenstall unter anderem im Bergland gehalten. Sie verbrachten Tag und Nacht auf Weiden mit mehr oder weniger starkem Gefälle. Durch das langsame Hin- und Herlaufen auf der Weide wechselten sie ständig das Standbein, weil die talwärts befindlichen Beine mehr Gewicht tragen als die auf der zum Berg hin gewandten Seite des Pferdes, ähnlich wie Skifahrer stets den Talski belasten und nicht den Bergski. Mal bewegt sich das Pferd in die eine Richtung auf der Weide, mal in die andere, und so wechselt relativ regelmäßig auch die Belastung zwischen linkem und rechtem Vorderbein. Durch den ständigen Wechsel des Standbeines wächst das Pferd im Bergland gleichmäßiger in Muskulatur und Knochenbau auf. Die Entwicklung des Knochenbaus ist allerdings auf diese Weise nur in den ersten zwei Lebensjahren des Pferdes beeinflussbar.

Ich kann also mit Sicherheit feststellen, dass über 70 Prozent der Pferde, über die ich Messdaten gesammelt habe, eine stärker ausgeprägte linke Schulter und Schultermuskulatur haben, während die rechte Schulter weiter vorsteht. Das ist es, was wir als „natürliche Schiefe“ des Pferdes bezeichnen.

Auch unsere Gewohnheiten im Umgang mit dem Pferd weisen darauf hin, dass die linke Seite des Pferdes diejenige ist, mit der sich Pferd und Reiter gemeinsam leichter tun. Wir führen das Pferd links, wir satteln von links und wir steigen von links auf. Viele Pferde sind unruhiger, wenn sie auf der rechten Seite geputzt werden oder wenn man sich ihnen von der rechten Seite nähert. Vermutlich hat dies damit zu tun, dass die Pferde instinktiv die rechte Körperseite mit dem Verdauungstrakt schützen wollen. Man sieht dies auch, wenn man kämpfende Pferde beobachtet. Das Pferd dreht sich stets mit der linken Schulter zum Feind. Beim Reiten ist es in den meisten Fällen leichter, das Pferd links herum zu reiten, beispielsweise auch auf der Rennbahn, und links anzugaloppieren, weil das Pferd aufgrund der „natürlichen Schiefe“ fast immer nach links gebogen ist.

Ein Ziel des Reiters ist gemäß der internationalen Ausbildungsskala die Geraderichtung des Pferdes (fünfter Punkt der Ausbildungsskala). Es ist dem Reiter möglich, der „natürlichen Schiefe" des Pferdes entgegenzuarbeiten und den M. serratus sowie den M. pectoralis so zu trainieren, dass sich die Muskulatur auf beiden Seiten gleichmäßig ausbildet. Jedoch können weder Reiter noch Tierarzt, Hufschmied oder Sattler den Knochenbau, der mit zwei Jahren im Wesentlichen ausgereift ist (die Wachstumsfugen am Skelett erst mit sechseinhalb Jahren), noch verändern.

Im Querschnitt (a) sehen Sie einen gleichmäßigen Knochenbau. Im Bild (b) sind das linke Schulterblatt sowie der rechte Oberarmknochen des Pferdes stärker ausgebildet.

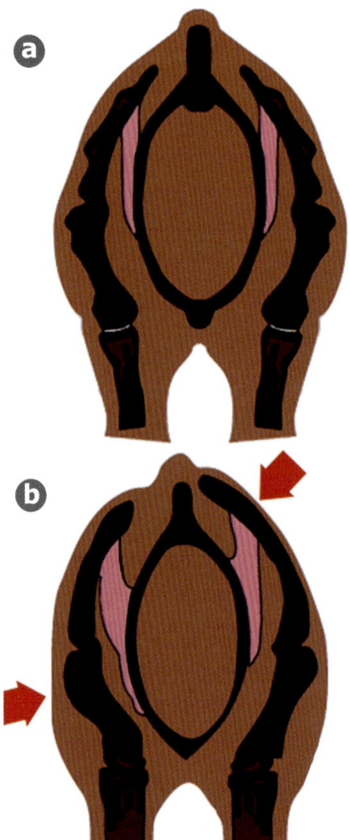

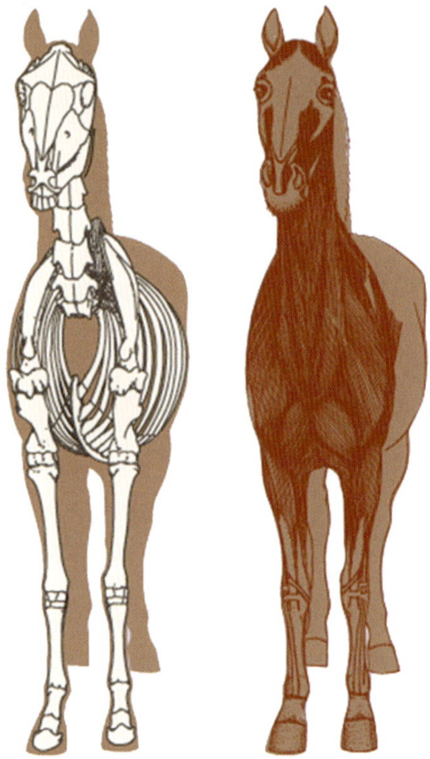

Oben rechts sehen wir die Muskulatur der Schulter des Pferdes von vorn, mit dem Skelett daneben.

DIE SCHIEFE VON REITER UND PFERD UND ÜBUNGEN, WIE MAN SIE VERÄNDERN KANN

Jane Savoie war Mitglied der US-Olympiadressurmannschaft 1984 (Bronzemedaille), war Olympia Coach für die kanadische Vielseitigkeitsmannschaft und ist Autorin mehrerer Bestseller.

„Ganz egal, welche Art des Reitens Sie bevorzugen, Sie werden Ihr Pferd stets vorwärts und gerade bewegen wollen. Diese beiden Eigenschaften bilden die Eckpfeiler des korrekten Reitens und der richtigen Ausbildung in jeder Disziplin."

Ich möchte hier die Geraderichtung ansprechen, da sie eine andauernde Herausforderung darstellt. Sowohl Sie als auch Ihr Pferd sind grundsätzlich schief gebaut. Diese Schiefe beeinflusst den Sitz Ihres Sattels auf dem Pferd und umgekehrt beeinflusst der Sitz des Sattels auch die Schiefe des Reiters und des Pferdes.

Die natürliche Schiefe des Pferdes

Wir bezeichnen die Asymmetrie bei Pferden als deren feste beziehungsweise hohle Seite. Um dies zu veranschaulichen, wölben Sie Ihre rechte Hand vor dem Gesicht, sodass sie den Buchstaben ‚C' verkehrtherum, bildet. Die Innenfläche Ihrer Hand stellt die hohle Seite Ihres Pferdes dar, und sein rechtes Hinterbein ist dabei das schwächere.

Es scheint, als sei diese hohle linke Seite leichter zu biegen, aber oft führt das zu einer zu starken Biegung im Hals und einem ‚leeren' linken Zügel, da das rechte Hinterbein nicht richtig durchtritt und den linken Zügel somit nicht ausfüllt.

Die Außenseite Ihrer Hand entspricht in diesem Fall der steifen Seite. Hier scheint eine Biegung schwieriger.

Meine Lösung, um Ihr Pferd gerade auszurichten, sodass es seine Kraft/Muskeln gleichmäßig aufbauen kann, ist, dass Sie mit ihm ganz ruhig das Gegenteil von dem üben, wozu seine schiefe Körperhaltung geneigt ist.

In obigem Beispiel reiten Sie Ihr Pferd nach links ohne Biegung, mit der hohlen Seite innen. Sie können auch seinen Körper gerade halten und es auffordern, sich im Hals nach außen zu strecken (Gegenstreckung). Reiten Sie das Pferd so gerade wie einen Bus im Kreis und durch die Ecken. Biegen Sie es nach rechts, selbst wenn Sie sich in einem größeren Kreis befinden oder sich gerade entlang der langen Seite bewegen.

Die Schiefe des Reiters

Als ‚Physiotherapeut' für Ihr Pferd müssen Sie aufrecht sitzen und sich horizontal und vertikal ausbalancieren, um wirksame Hilfen geben zu können und Ihrem Pferd zu helfen, gerade zu werden.

Wenn Sie sich nach dem Aufsitzen auf Ihr Pferd einstimmen, beginnen Sie immer mit Ihrem Sitz. Sie werden oft feststellen, dass andere Positionsprobleme, wie beispielsweise ein Bein, welches sich zu weit nach hinten bewegt oder eine Hand, die zu hoch gehalten wird, von allein verschwinden werden, sobald Ihr Sitz korrekt ist.

Überprüfen Sie die folgenden drei Punkte:

1. Sitzen Sie in der Mitte Ihres Pferdes (über dem Balancepunkt)?
2. Befindet sich Ihr Becken in einer neutralen Lage?
3. Fällt Ihre Linie Ohr-Schulter-Hüfte-Absatz lotrecht?

Wenn nicht, finden Sie hier einige nützliche Übungen für Ihre Balance und Ausrichtung:

1. Haben Sie eine Tendenz, sich nach rechts zu neigen, denken Sie daran, Ihre Hüften nach links zu schieben, als ob Sie Ihren rechten Gesäßknochen auf die Mittellinie des Sattels platzieren wollten. Sie können auch so tun, als würden Sie sich auf das Absteigen vorbereiten. Verlagern Sie Ihr Gewicht in den linken Steigbügel und bewegen Sie Ihre Hüften nach links. Wenn Sie sich eher nach links neigen, machen Sie einfach das Entgegengesetzte.
2. Um Ihr Becken in eine neutrale Lage zu bringen, stellen Sie es sich als einen großen gefüllten Wassereimer vor. Wenn sich Ihr Becken in einer neutralen Position befindet, schwappt das Wasser nicht über. Wenn Sie Ihren unteren Rücken krümmen, schwappt das Wasser hinten aus dem Eimer heraus. Sie sitzen im Stuhlsitz und belasten den hinteren Teil des Sattels zu stark.
   Wenn Sie Ihren unteren Rücken durchdrücken, schwappt das Wasser vorn aus dem Eimer heraus.
3. Ohne die klassische Gerade, Ohr-Schulter-Hüfte-Absatz, können Sie sich nicht in guter Balance mit Ihrem Pferd befinden.

Um sich selber zu einer korrekten Ausrichtung zu verhelfen, reiten Sie ‚stehend', indem Sie aufrecht über dem Vorderzwiesel stehen. Führen Sie diese Übung sowohl im Stand als auch in den drei Grundgangarten durch. Sie können nur aufrecht stehen bleiben, ohne nach hinten oder nach vorn überzufallen, solange sich Ihre Beine in der korrekten Lage unter Ihnen befinden.

Wenn der Mensch beginnt, das Pferd zu reiten, rückt die ‚natürliche Schiefe' in den Mittelpunkt der Betrachtung, weil sie die balancierte Bewegung im Rahmen der dressurmäßigen Ausbildung des Pferdes erschwert."

... UND IHRE AUSWIRKUNGEN AUF DEN SATTEL

Für die Auswahl und Anpassung eines Sattels hat die natürliche Schiefe des Pferdes eine sehr große Bedeutung, denn der Sattel liegt auf dem Pferderücken unmittelbar im Bereich hinter den Schultern des Pferdes. Dabei beschränkt sich die natürliche Schiefe nicht nur auf die Muskulatur und den Knochenbau im Bereich der Vorhand des Pferdes, sondern es passen sich auch sämtliche Gelenke sowie große Teile des gesamten Skeletts eines Pferdes dieser Schiefe an.

Der Sattel muss folglich der unterschiedlichen Ausprägung der Oberarme des Pferdes, vor allem der unterschiedlichen Ausprägung und Lage der Schultern des Pferdes, Rechnung tragen. Muskulatur lässt sich verändern, die Knochen nicht. Keiner der Fachleute, die dem Reiter in den verschiedenen Fachgebieten helfen, kann erkennen, ob der Oberarmknochen eines Pferdes verformt ist oder nicht. Selbst der Tierarzt kann diesen Knochen nicht röntgen, weil keine Fotoplatte hinter den Knochen zu legen ist. Andere bildgebende Diagnoseverfahren (beispielsweise Computer-Tomographie) stehen für Pferde wegen der notwendigen Größe der Geräte nur eingeschränkt zur Verfügung. Wir wissen also nicht, ob die natürliche Schiefe des jeweiligen Pferdes vor allem muskulär oder auch durch den Knochenbau bedingt ist. Folglich wissen wir bei Ausbildungsbeginn eines Pferdes auch nicht, ob es bei diesem gelingen wird, die „natürliche Schiefe" wieder zu beseitigen.

Der Sattel muss mit seinem stabilsten und steifsten Bauteil, dem Kopfeisen, den Formen des Pferdes, die bei der Anpassung des Sattels vorgefunden werden, folgen. Es gibt keine andere Möglichkeit, weder durch Polsterung noch durch Verwendung von Kunststoffplatten im Sattelkissen oder durch Verwendung sogenannter Spezialunterlagen, die Funktion des Kopfeisens zu ersetzen. Da wir nur sehr selten symmetrische Schulterpartien bei Pferden vorfinden, ist es deshalb in den meisten Fällen auch notwendig, das Kopfeisen asymmetrisch zu formen, um die gleichmäßig stützende Funktion des Kopfeisens überhaupt zu erreichen. Durch diese orthopädische Anpassung des Kopfeisens wird der Sattel in sich nicht schief. Vernachlässigen wir diesen Punkt und legen einen Sattel mit einem gleichmäßig geformten Kopfeisen auf, wird dieser zu einer Seite hin verrutschen, weil er von der stärken Schulter, die zu wenig Platz hat, auf die Seite der schwächeren Schulter gedrückt wird.

Ein Beispiel: Einem Pferd mit einer stärker ausgeprägten linken Schulter wird ein Sattel aufgelegt, dessen symmetrisches Kopfeisen sich an der schmaleren rechten Schulter orientiert.

Das bedeutet, dass das Kopfeisen auf der linken Seite zu eng ist. Infolgedessen wird der Sattel von der linken Schulter auf die rechte Körperseite des Pferdes nach vorn gegen die Schulter gedrückt, verdreht sich und liegt schief. Im hinteren Bereich wird der Sattel gegen die linke Seite der Wirbelsäule drücken. Die vertikale Schiefe des Sattels führt dazu, dass der Sattel den Reiter weiter nach rechts setzt. Der Reiter, von Natur aus auf eine horizontale ausbalancierte aufrechte Haltung programmiert, gleicht diese Schiefe aus, indem er sein Gewicht weiter nach links verlagert, unter dem linken Gesäß keine Unterstützung durch den Sattel hat und dann gegebenenfalls in der Hüfte einknickt. Durch diese Gewichtsverlagerung übt er zusätzlich Druck im Sattel nach rechts aus, was die zuvor beschriebenen Effekte verstärkt. Ein schief sitzender Reiter wird nicht in der Lage sein, korrekte Hilfen, vor allem Gewichtshilfen, zu geben. So ist beispielsweise ein deutlich schwereres Angaloppieren auf der rechten Hand oft ein Indiz für einen nach rechts fallenden Sattel.

Der Sattel drückt also beim Pferd dauerhaft gegen die linke Seite der Wirbelsäule. Dieser Druck wird auf das Iliosakralgelenk (Kreuzdarmbeingelenk) übertragen, was einen Beckenschiefstand zur Folge hat und verhindert, dass das rechte Hinterbein vollständig rotieren kann. Diese unvollständige Bewegungsmöglichkeit des Hinterbeines stört den Bewegungsapparat erheblich und hat Schädigungen von Knie- und Sprunggelenk zur Folge. Diese Schädigungen zu vermeiden ist einer der wichtigen Gründe, warum wir das Pferd geraderichten wollen.

Aber Achtung: Es geht auf keinen Fall darum, schiefe Sättel mit schiefer Polsterung oder schiefen Bäumen zu bauen. Jedoch muss der Sattel am Kopfeisen so eingestellt werden können, dass der ungleichmäßige Knochenaufbau (meist die stärkere linke Vorhand) berücksichtigt werden kann.

Ein Hufschmied zum Beispiel würde auch niemals den Huf passend zum Eisen raspeln, sondern er formt das Eisen zum natürlich gewachsenen Huf (orthopädische Behandlungen ausgenommen). Ebenso darf das Kopfeisen vom Sattel nicht nur eine permanente, starre Einstellung zulassen.

Ein Sattel hat immer die Tendenz, nach vorn gegen die Schulter zu rutschen, da das Pferd durch die Rippenwölbung nach hinten hin breiter wird. Deshalb zieht sich der Sattelgurt zur schmalsten Stelle des Brustkorbs und nimmt den Sattel mit nach vorn. Nur ein richtig angepasster Sattel, der an die individuelle Schultergröße angepasst ist, bleibt hinter der Schulter und im Schwerpunkt und kippt und/oder verdreht sich nicht.

Da sich die Schulter in der Bewegung acht bis fünfzehn Zentimeter nach oben und hinten bewegt (gegen und unter den Sattelbaum), entsteht zusätzlich eine ungleichmäßige Aktion der Vorder- und Hinterbeine, weil das Pferd auf der

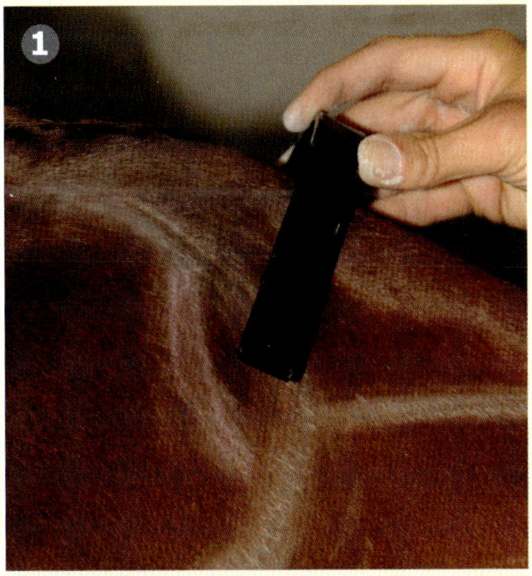

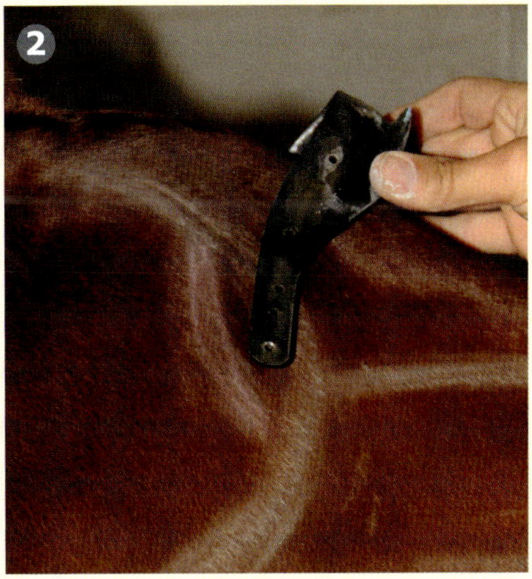

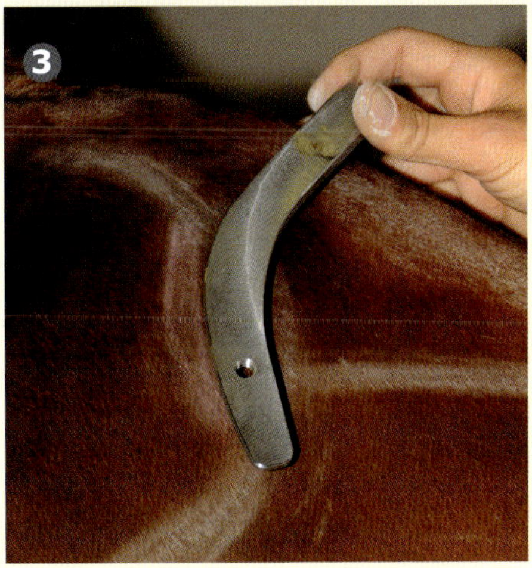

Das Kopfeisen muss sich unbedingt der weiter ausgeprägten Schulter anpassen, um den Schulterknorpel zu schützen. Dazu kann der Sattler entscheiden, ob dies mit einem kurzen, langen, geraden, nach vorn oder hinten gerichteten Eisen der Fall ist und sich dementsprechend bei der Anpassung danach richten.

In der Zeichnung ist zu sehen, dass der Sattel bei einem unpassenden Kopfeisen auch gegen die Wirbelsäule drückt. Wird das Kopfeisen nicht an der stärkeren (linken) Schulter geöffnet, entsteht durch den Druck auf die Wirbelsäule auch ein erhöhter Druck auf das Iliosakralgelenk, was einen Beckenschiefstand zur Folge haben kann.

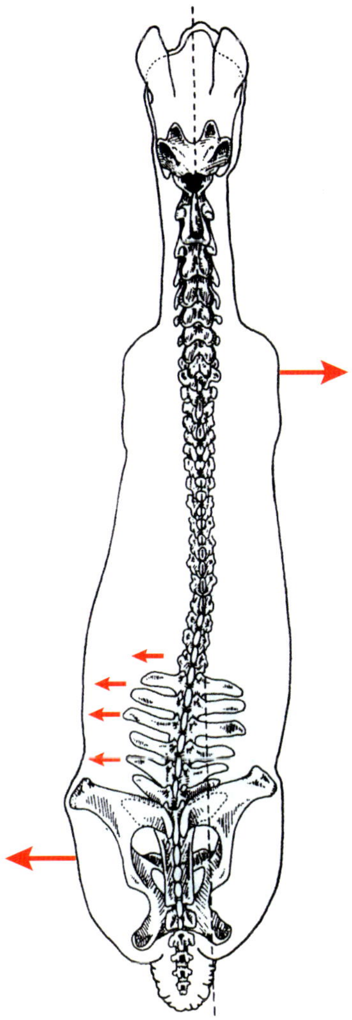

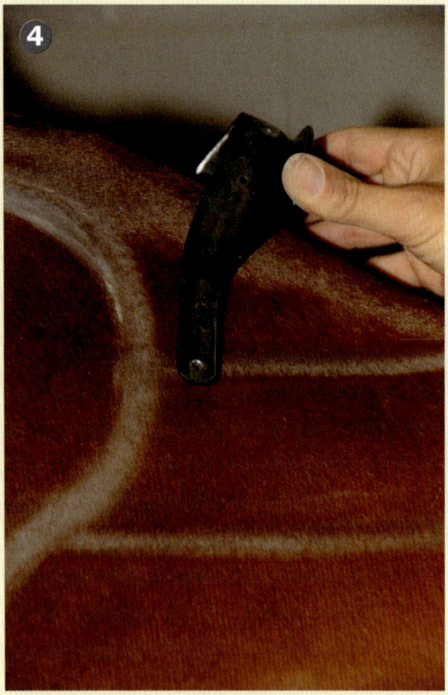

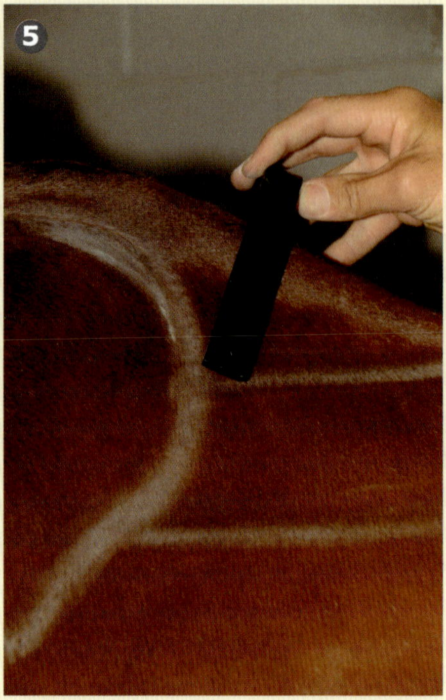

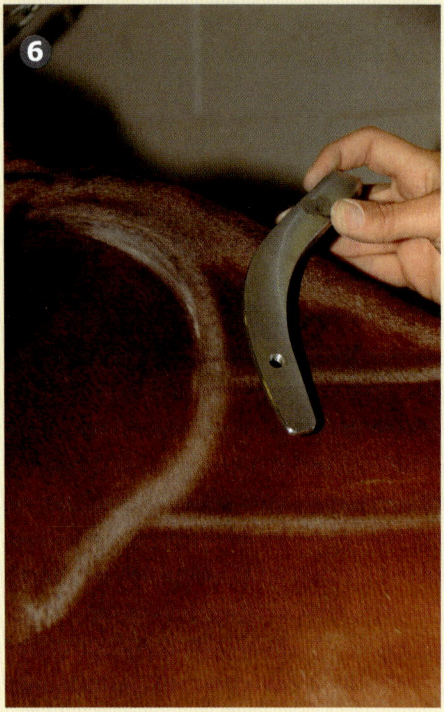

Das Kopfeisen gibt dem Sattel die Stabilität, die er braucht, um mittig und gerade auf dem Pferderücken aufzuliegen und nicht nach links oder rechts wegzukippen. Die unteren Enden des Kopfeisens, die Ortschuhspitzen, stützen den Sattel beidseitig ab und verhindern, dass der Sattel zu tief auf dem Widerrist liegt, diesen verletzt oder nach vorn einseitig kippt und über die Schulter rutscht.

Das Kopfeisen im Foto 6 ist optimal, da es verlängert und stark nach hinten gewinkelt ist. So wird übermäßiger Druck vom Trapezmuskel und M. spinalis genommen und eine größere Schulterfreiheit gewährt.

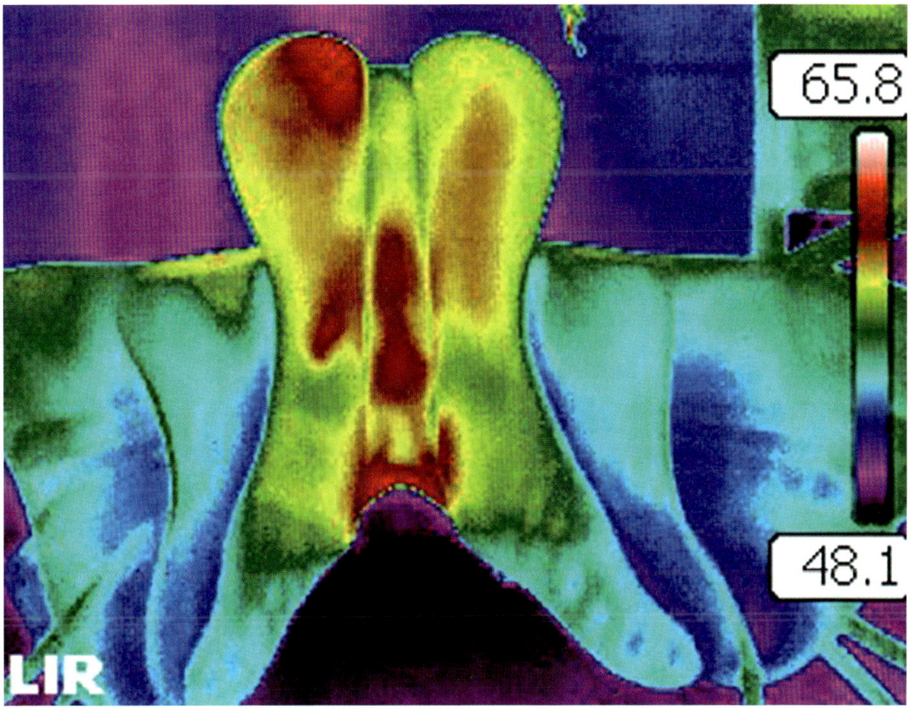

Hier ein Bild einer Thermographie: Deutlich ist zu erkennen, dass der Sattel hinten links vemehrt Druck ausübt und zu dicht an Widerrist und Wirbelsäule liegt.

starken linken Seite, hinter der der Sattel arretiert ist, früher einen stärkeren Druck empfindet.

Wird das Kopfeisen aber der Schulter eines natürlich schiefen Pferdes angepasst, liegt der orthopädisch eingestellte Sattel gerade auf dem Pferd und der Reiter kann gerade und ausbalanciert sitzen – es entsteht kein falscher Druck auf Wirbelsäule und Schulter. „Und was mache ich dann mit dem Sattel, der im Kopfeisen verstellt wurde, wenn das Pferd gerade wird?" Hier kommen die Vorteile oder eigentlich die Notwendigkeit eines verstellbaren Kopfeisens zum Tragen, denn dann kann ich den Sattel immer wieder anpassen und der Entwicklung des Pferdes Rechnung tragen. Eine der Aufgaben des Reiters ist es, das Pferd geradezurichten, eine der Aufgaben des Sattelanpassers ist es, den Sattel der sich ständig ändernden Anatomie des Pferdes anzugleichen. Nur so ist es möglich, das Reitergewicht, das vertikal auf die horizontale Wirbelsäule des Pferdes trifft, zu verteilen. Der Sattel muss im Lot liegen, also in Balance von vorn nach hinten und im Gleichgewicht von links und rechts – nur so können beide Wirbelsäulen harmonisch miteinander schwingen und Reiter und Pferd vor dauerhaften Schäden geschützt werden.

7

DIE AUSBILDUNG ZUM REITPFERD

WO DARF DER REITER SITZEN?

Der Reiter sollte über dem Gleichgewichtspunkt des Pferdes sitzen, der sich ungefähr am Ende des Widerrists in einer Linie zum Brustbein (Sternum) befindet. Ich bezeichne diesen Punkt so, weil es die Stelle ist, an dem das Pferd vergleichbar einer Waage „austariert" ist. Dabei ist der Gleichgewichtspunkt aber nicht mit dem Schwerpunkt zu verwechseln! Die verschiedenen Ausbilder und Reitlehren streiten heute noch darüber, wo eigentlich der Gleichgewichtspunkt des Pferdes sitzt. Nach landläufiger Meinung verändert sich der Gleichgewichtspunkt von Pferd und Reiter je nach Fortbewegung: Beim Rennen oder Springen ist der Gleichgewichtspunkt des Reiters weiter vorn, in der Dressur mit höherer Versammlung immer weiter hinten. Wenn man es genau nimmt, verändert sich der Gleichgewichtspunkt allerdings mit jedem Auf- und Abfußen eines Hufes. Es gibt also verschiedene Meinungen darüber, wo sich nun der

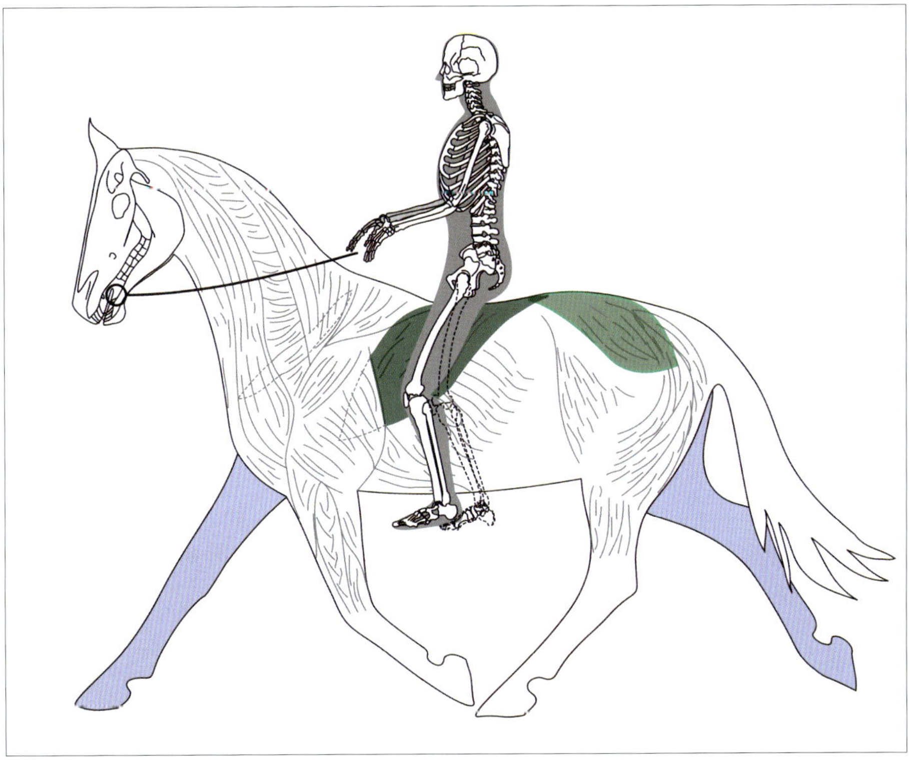

Der Reiter sitzt hier zu weit hinten und stört so das Pferd in der Vorwärtsbewegung. Um in Einklang mit dem Pferd zu kommen, sollte er seinen Balancepunkt näher an den Gleichgewichtspunkt des Pferdes, der sich in etwa eine Handbreit vor dem Knie befindet, verlagern.

„geheimnisvolle" Schwerpunkt wirklich befindet. Gemeint ist hier aber zumeist der (Gleichgewichts-)Punkt, an dem das Pferd mit dem Reiter „eins" werden kann, weil er nur an dieser Position die Waage ins Gleichgewicht zu bringen vermag und das Pferd hier mit Reiter losgelassen seine Bewegungen voll entfalten kann. Dabei wird es weder durch einen zu weit vorn sitzenden Reiter gebremst, noch durch einen zu weit hinten sitzenden nach vorn geschoben.

Je weiter der Reiter auf dem Pferderücken nach hinten rückt, desto geringer ist die Tragkraft. Erinnern wir uns an die Hängebrücke: Die größte Tragkraft hat die Brücke an ihren Säulen, deshalb ist eine Sitzposition so dicht an der Vorhand sinnvoll. Darüber hinaus erlaubt diese Position ein harmonisches Schwingen von Pferde- und Reiterrücken, weil an dieser Stelle die geringste Bewegung im Rücken stattfindet, sodass der Reiter hier geschmeidig mitschwingen kann. Ein Rodeoreiter sitzt extrem nah am Widerrist, weil er dort den sichersten Halt findet.

Es ist ein Trugschluss, dass ich das Pferd mehr versammeln kann, wenn ich mich weiter nach hinten setze. Eine größere Lastaufnahme der Hinterhand und mehr Hankenbeugung erreicht der Reiter nur durch eine korrekte Versammlung, nicht jedoch durch ein zu weites Zurückpositionieren des Sattels oder das Zurückwerfen des Oberkörpers, mit dem Wunsch, möglichst schwer einzusitzen.

3 – 5 – 8

Eine goldene Regel sagt, dass man ein junges Pferd mit drei Jahren an den Sattel und das Reitergewicht gewöhnen kann. Ist das Pferd fünfjährig, kann man wirklich beginnen, mit ihm zu arbeiten, bis dahin kann und sollte man es schonend und fast spielerisch reiten und ausbilden. Ab acht Jahren ist ein Pferd bei guter Ausbildung so weit gereift und muskulär in der Lage, dass man beginnen kann, höchste Lektionen zu erarbeiten. Auch wenn wir heute schon sehr früh mit der Spezialisierung des jungen Pferdes für eine Disziplin beginnen, ist die körperliche Reife für schwere Dressurlektionen oder große und lange Springparcoure nicht vor Vollendung des fünften Ausbildungsjahres erreicht. Um ein Pferd vor Langzeitschäden zu schützen und die Tragfähigkeit für das Reitergewichts zu erhalten, müssen Muskeln, Sehnen und Bänder zunächst über einen langen Zeitraum hinweg gestärkt werden. Dieser Trainingsaufbau muss kontinuierlich vollzogen werden, denn ohne Training kommt es zu einem Abbau der Muskulatur, was eine wesentlich höhere Verletzbarkeit der Sehnen und Bänder hervorruft, besonders bei der Beanspruchung durch das Reiten.

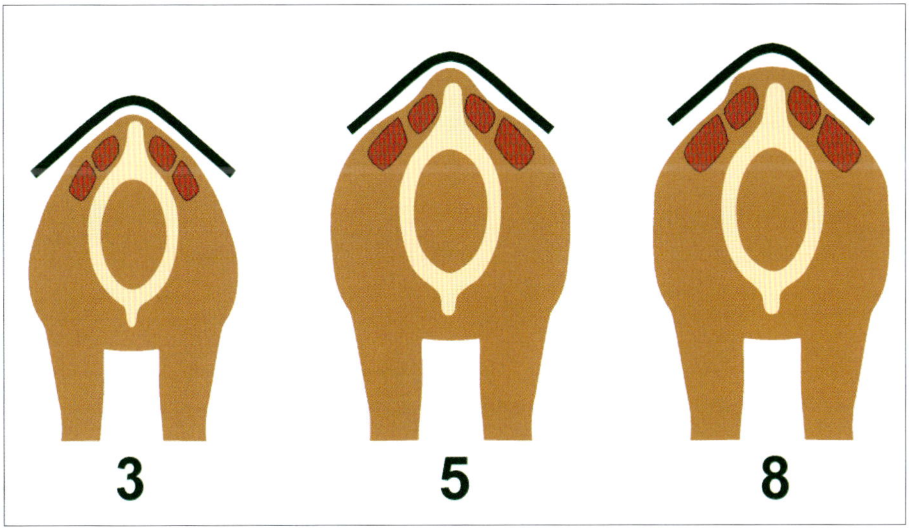

Während der Ausbildungsjahre verändert sich die Muskulatur und damit auch die dreidimensionale Sattelauflagefläche des Pferdes stetig.

WORAN ERKENNE ICH EIN GUT TRAINIERTES PFERD, DAS DEN REITER TRAGEN KANN, OHNE SCHADEN ZU NEHMEN?

Ein korrekt trainiertes Pferd erkennt man an einer deutlichen Schulterblattabhebung, einem muskulösen Hals, der in der Oberlinie (vom Genick bis zum Widerrist) kräftiger ist, während die Unterlinie, beginnend hinter den Ganaschen bis zum Übergang in die Brust, schmaler geformt sein soll. Hinter der herausstehenden Schulter kann man im oberen Bereich des Widerristes den gut ausgebildeten M. trapezius erkennen, unter diesem werden der verlängerte, losgelassene M. longissimus und der M. latissimus sichtbar (siehe Bild S. 85).

EIN MASSSATTEL FÜR EINE REMONTE?

Gerade bei einem jungen Pferd hat ein sehr gut passender Sattel absolute Priorität. Hier weichen leider viele Reiter auf einen Sattel aus, der nur so ungefähr passt, mit dem Argument, dass das Pferd sich noch so stark verändere und ohnehin in kurzer Zeit wieder ein neuer Sattel anzuschaffen sei. Dies ist jedoch

Ein Sattel muss immer wieder den größer werdenden Muskeln angepasst werden. Im Bild rechts ist eine deutliche Muskelatrophie im Lendenbereich zu erkennen. Dies ist häufig die Folge eines nicht korrekt eingestellten Kopfeisens. Infolgedessen wird der Reiter zu weit nach hinten gesetzt und es entsteht übermäßiger Druck.

fatal, da das Pferd so von Anfang an eine unangenehme oder sogar schmerzhafte Erfahrung mit dem Sattel beziehungsweise dem Reiter verbindet, korrektes Reiten nicht möglich wird und sich die Muskulatur nicht in die gewünschte und notwendige Richtung entwickeln kann. Wer würde seine Kinder, nur um Geld zu sparen, in zu große oder zu kleine Schuhe stecken mit dem Argument, dass die Kinder ja noch wachsen und es ausreichend wäre, erst später passende Schuhe zu kaufen?! Langzeitschäden heilen nicht an Kinderfüßen und ebenso wenig beim Pferd.

Ist denn ein Maßsattel für eine Remonte wirklich sinnvoll? Ja! Es ist nicht nur sinnvoll, sondern auch möglich, schon für ein gerade angerittenes oder anzureitendes Pferd einen genau angepassten Sattel zu fertigen. Jedoch sollten Sie in diesem Fall sicherstellen, dass ein solcher Maßsattel sehr flexibel veränderbar ist.

Hat er beispielsweise einen Plastik-, Holz-, Flexbaum oder einen Adap Tree®? Ist der Sattel im Kopfeisen verstellbar? Wie ist das Kissen aufgebaut und gefüllt? Gibt es für den Satteltyp andere Kissen?

Ein Sattel, der ein Pferdeleben lang veränderbar ist, kann zwar zum Kaufzeitpunkt eine etwas höhere Investition bedeuten, aber auf die Dauer gesehen spart der Käufer Geld, da er nicht wiederholt einen neuen Sattel kaufen muss.

Ein Pferd verändert sich sein Leben lang. Wir müssen uns vor Augen führen, dass wir es im Grunde genommen gegen seine Natur ausbilden. Wir versuchen, den natürlichen Schwerpunkt des Pferdes weiter nach hinten zu verlagern und der natürlichen Schiefe entgegenzuwirken, damit das Pferd uns dauerhaft ohne Schäden durch eine überlastete Vorhand oder einen weggedrückten Rücken tragen kann.

Wenn ein Pferd korrekt trainiert wird, wird die Vorhand entlastet, die Brust geöffnet, die Kondition erhöht und der Sauerstoffaustausch verbessert. Ein nicht passender Sattel behindert uns immer in der Ausbildung des Pferdes, er wird Pferd und Reiter Schaden zufügen und vor allem dem Pferd Schmerzen bereiten.

EIN MASSSATTEL BRAUCHT MEHR ANPASSUNG

Leider ist es eine Tatsache, dass Pferde sich unter einem unpassenden Sattel in ihrer Muskulatur nicht weiterentwickeln, beziehungsweise die Muskulatur atrophiert (sich zurückentwickelt). Sind die Kissenkammern zu eng, stehen die Ortschuhspitzen des Kopfeisens nach vorn und stoßen somit immer gegen die Schulter des Pferdes, sind die Sättel dann noch zu lang, wirkt dies entwicklungshemmend auf das Pferd. Der Reiter sitzt auf einem dem Pferd nicht passenden Sattel zwar meistens einigermaßen ruhig, da das Pferd durch die Schmerzen weder sein Bewegungspotential noch seine Rückenaktivität entfalten kann, zudem muss der Sattler hier weniger kommen, da sich das Pferd ja nicht entwickelt, also folglich nichts verändert werden muss – doch zu welch einem Preis für das Pferd!

Das Paradoxe ist, dass ein zunächst optimal angepasster Sattel immer wieder neu auf den sich ständig verändernden Pferderücken angepasst werden muss. Nur so hat das Pferd die Möglichkeit (!), sich zu entwickeln, seine Muskulatur auszuformen – aber wollen wir das nicht alle, dass unser Training Erfolg hat und einen Muskelaufbau beim Pferd nach sich zieht?

Trägt man diesem Prinzip auf Dauer nicht Rechnung, sind Widersetzlichkeiten seitens des Pferdes vorprogrammiert. Ein Verkauf des „schwierigen" Pferdes ist oft der Ausweg für viele Besitzer – dabei könnte die Lösung doch so einfach sein!

Ein junges Pferd sollte sich an der Longe und unter dem Sattel vorwärts-abwärts dehnen können, auch wenn sich dabei anfangs der Schwerpunkt noch relativ weit vorn befindet. Damit das Pferd von Anfang an richtig lernt, sich auszubalancieren, kommt der Sattelbalance eine große Bedeutung zu.

Wichtig ist es, den Sattel in nicht zu großen Abständen kontrollieren zu lassen, vor allem bei einem sich im Training befindlichen Pferd und natürlich nach einer Trainingspause. Die Muskulatur eines Pferdes verändert sich schnell. Messungen belegen, dass bei einigen Pferden schon nach vier Wochen intensiven Trainings deutlich messbare Unterschiede in der Muskelentwicklung festzustellen sind. Noch schneller werden Muskeln allerdings abgebaut. Trainieren wir ein Pferd nicht mehr, fällt es wieder in seinen natürlichen Muskulaturzustand zurück

Der Verlust beziehungsweise Abbau an Muskelsubstanz vollzieht sich rund vier Mal schneller als der Aufbau. Dabei ist Muskulatur, die schon einmal aufgebaut wurde, bei gutem Training schneller wieder herzustellen, da es ein sogenanntes Muskelgedächtnis gibt. Wesentlich länger dauert es, vollkommen neue Muskulatur aufzubauen oder falsche abzutrainieren.

Richtiges und korrektes Reiten, wie es in Grundsätzen der klassischen Dressur beschrieben wird, ist die einzige Basis einer pferdegerechten und erfolgreichen Reiterei, von der Ausbildung des Jungpferdes bis hin zu den hohen Dressur- oder Springklassen. Ein schlecht passender Sattel kann jedoch alle Bemühungen zunichtemachen oder die Ergebnisse einer guten Ausbildung ebenso zerstören wie schlechtes Reiten.

EINE INDIVIDUELLE NUTZUNG ERFORDERT EINEN INDIVIDUELLEN SATTEL

Egal in welchem Land der Welt man sich befindet, überall stößt man auf die unterschiedlichsten Reitweisen, wobei es durchaus bestimmte Schwerpunkte gibt. Jeder Reiter sollte – egal für welche Sparte der Reiterei er sich entscheidet – sein Pferd beherrschen und gut kennen, damit das Reiten für ihn, seine Umwelt und sein Pferd nicht zu einem Risiko wird. Eine gute Passform sowie ein guter Pflegezustand des Sattels sind überdies aus Sicherheitsgründen von großer Bedeutung, wobei Sattelgurt, Steigbügel und Steigbügelriemen mit eingeschlossen sind.

Der Schwerpunkt (oft mit der Sitztiefe verwechselt) eines Sattels ist von Satteltyp zu Satteltyp unterschiedlich. Aber nicht nur Reitweise und Satteltyp sind für die Beurteilung des richtigen Schwerpunktes wichtig, sondern auch das Geschlecht des Reiters. Der Sattel muss immer in Balance mit dem Balancepunkt des Pferdes und dem des Reiters beziehungsweise der Reiterin sein.

Wenn man den richtigen Satteltyp für die jeweilige Disziplin und das Reitergeschlecht ausgewählt hat, sollte sich der Sattel immer wieder anpassen lassen, um der sich ständig verändernden dreidimensionalen Sattelauflagefläche des Pferdes Rechnung zu tragen.

Der Begriff der dreidimensionalen Sattelauflagefläche bedeutet, dass wir drei Dimensionen des Pferdekörpers berücksichtigen: den Querschnitt und die Oberlinie des Pferdes sowie gleichzeitig auch den konischen Verlauf des Rückens.

Der Balancepunkt des Reiters soll über dem Gleichgewichtspunkt des Pferdes liegen, was der Fall ist, wenn sich das Brustbein des Reiters in einer vertikalen Linie über dem Brustbein des Pferdes befindet. Wie der Reiter beziehungsweise die Reiterin den eigenen Balancepunkt über den des Pferdes bringt, hängt vor allem von zwei Einflussgrößen ab: Einmal von der Art des verwendeten Sattels (also auch der Reitweise) und zweitens vom Geschlecht des Reiters. Bei allen Reitweisen und Reitsportdisziplinen, bei denen der Reiter mit einem im Hüftgelenk stark gewinkelten Oberschenkel reitet, also beispielsweise beim Spring- und Vielseitigkeitsreiten, aber auch im Galopprennsport, entlastet der Reiter den Pferderücken mehr oder weniger. Sitzt er dann ein, belastet er durch die starke Winkelung der Beine vermehrt das Gesäß, weniger die Sitzbeinhöcker. Um seinen Balancepunkt über den des Pferdes zu bringen, muss der Reiter deshalb den Oberkörper nach vorn positionieren. Wir sprechen hier vom Leichten Sitz. Wegen der Grundposition des nach hinten gerichteten Gesäßes hat ein Springsattel seinen Schwerpunkt, also seinen tiefsten Punkt, immer hinten, unabhängig vom Geschlecht des Reiters. Würden wir versuchen, den

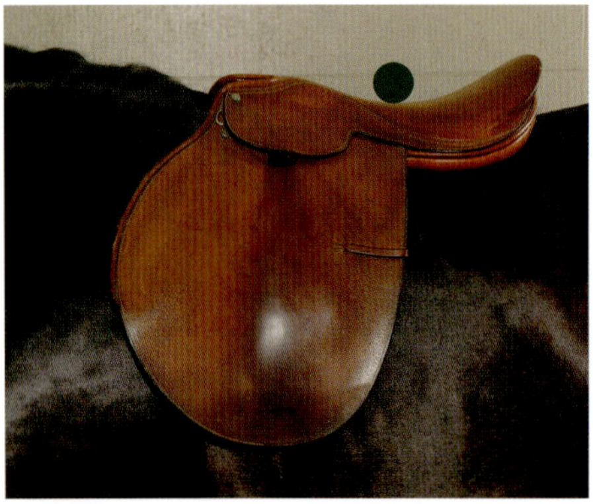

Im Vielseitigkeitssattel ist der Schwerpunkt* in der Mitte des Sattels.

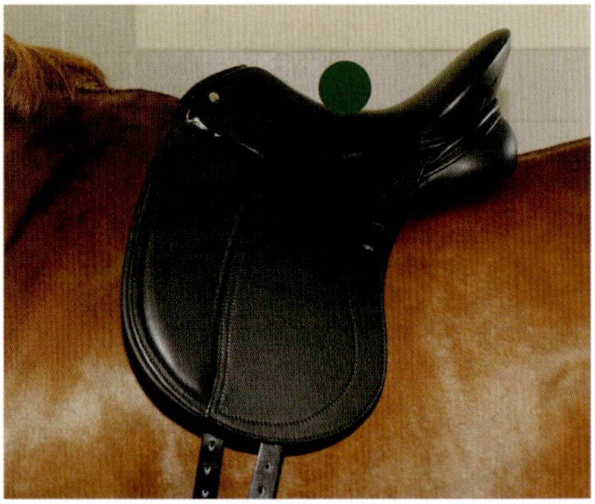

Im Dressursattel speziell für Frauen ist der Schwerpunkt* weiter vorn im Sattel.

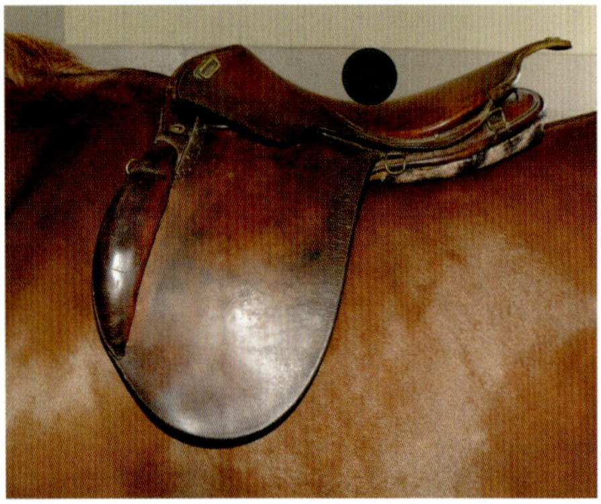

Im Offiziersattel ist der Schwerpunkt* auch in der Mitte des Sattels.

Im Militärsattel ist der Schwerpunkt* im hinteren Bereich des Sattels. (Konnte nach Wunsch vom Soldat verändert werden.)

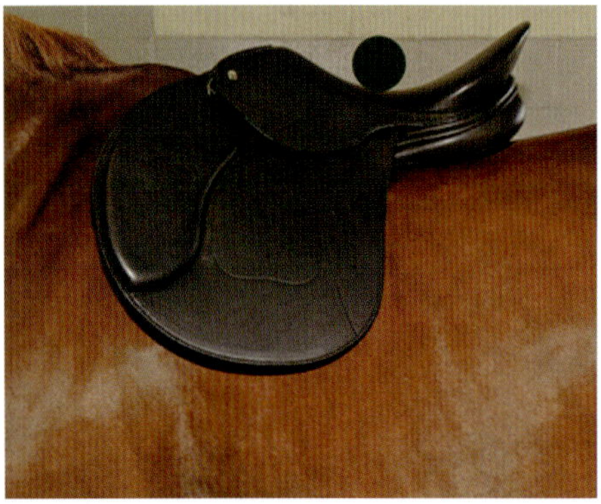

Im Springsattel ist der Schwerpunkt* in der Mitte des Sattels.

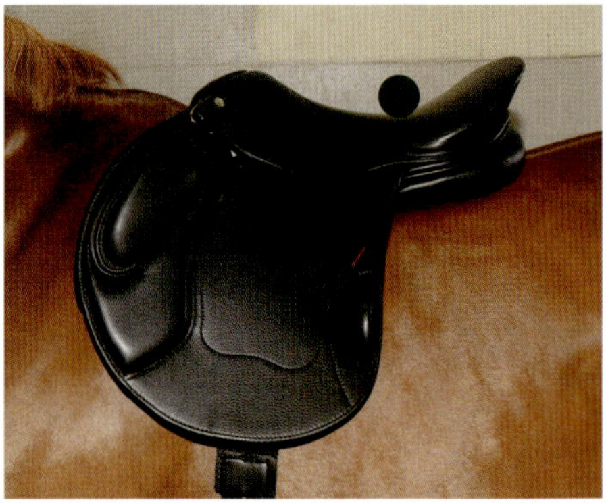

Im modernen Vielseitigkeits-/Geländesattel ist der Schwerpunkt* im hinteren Bereich des Sattels.

* Schwerpunkt des Sattels = tiefster Punkt im Sattelsitz des auf dem Pferd oder dem Sattelbock gerade aufliegenden Sattels, der je nach Konstruktion des Sattels unterschiedlich (vorn, mittig, hinten) angelegt sein kann.

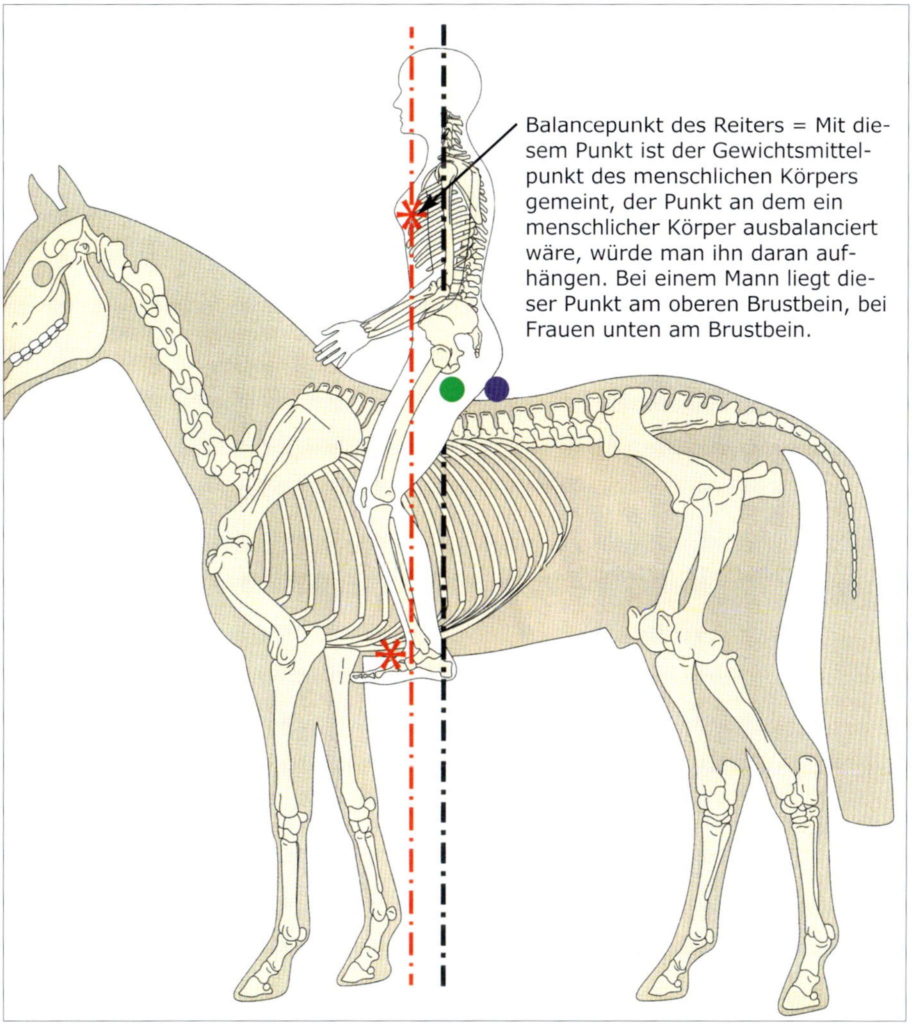

Die Reiterin sitzt im Gleichgewicht (schwarze Linie). Der Schwerpunkt des Sattels für diese Reiterin liegt vorn (grüner Punkt), während sich der Schwerpunkt des Pferdes weiter hinten befindet (blauer Punkt). Die Reiterin sitzt mit ihrem Balancepunkt über dem des Pferdes (rote Linie).

Schwerpunkt des Springsattels in die Mitte oder sogar nach vorn zu verlegen, könnte der Reiter nicht mehr bequem und ausbalanciert aussitzen und nicht mit kurzen Steigbügeln reiten.

Bei einem Dressursattel ist das anders. Der Dressursattel soll es dem Reiter/der Reiterin ermöglichen, permanent über dem Gleichgewichtspunkt des Pferdes einzusitzen und dabei eine lotrechte Linie von Ohr, Schulter, Hüfte und Absatz zu bilden. Das Bein des Reiters ist im Steigbügel nur leicht gewinkelt und der Reiter sitzt vor allem auf den Sitz-

Damit sich Pferd und Reiter in Balance befinden, muss der Reiter seinen Balancepunkt dem des Pferdes anpassen und je nach reiterlicher Disziplin und Situation verändern. In der Dressur befindet sich der Balancepunkt etwa in der Mitte, beim Springen und in der Vielseitigkeit liegt er weiter vorn, abhängig von Tempo und Hindernisart sowie -höhe.

beinhöckern. Diese Sitzposition erfordert einen Sattel mit einem in der Mitte oder vorn liegenden Schwerpunkt (tiefsten Punkt). Die Sitzposition im Dressursattel erfordert in der Regel auch eine andere Konstruktion des Sitzes für Frauen und Männer. Die unterschiedliche Beckenkonstruktion des weiblichen und des männlichen Beckens macht es erforderlich, dass das Becken der Frau im Sattel weiter nach vorn gekippt wird. Um das zu ermöglichen, muss auch der Schwerpunkt des Sattels weiter nach vorn gebaut werden. Das funktioniert allerdings nur optimal, wenn der Sattel auch die anderen anatomischen Unterschiede zwischen Frau und Mann in seiner Konstruktion berücksichtigt.

Das Westernreiten unterscheidet sich grundsätzlich von den englischen Reitweisen. Aus seinem Ursprung heraus ist es darauf ausgelegt, sehr schnelle Bewegungen und Wendungen zu ermöglichen. Dabei muss der Reiter rasche Drehungen, scharfe Stopps und einen rasanten Galopp ausbalanciert aussitzen und das Pferd einhändig führen. Für die Arbeit mit dem Lasso muss sich der Reiter im Sattel obendrein sehr gut bewegen können. Ein Westernpferd, wie das Quarter Horse, soll in kürzester Zeit eine hohe Geschwindigkeit erreichen, um das Vieh einzufangen oder es von der Herde zu trennen. Will der Reiter dann das Lasso nutzen, muss er einen Sattel haben, der ihm vorn und hinten

Halt gibt, damit er sein Gleichgewicht nicht durch die Bewegung verliert. Das Quarter Horse ist, um diese Sprintfähigkeit zu erreichen, meistens überbaut gezüchtet. Westernsättel sind für diese Art des Reitens mit einem hinten liegenden Schwerpunkt und auf diese Pferderasse abgestimmt konstruiert. Deshalb wird ein so konstruierter Westernsattel, der auf einem Quarter Horse in Balance liegt, beispielsweise auf einem Friesen nicht zum Liegen kommen, denn der Schwerpunkt und daher der Druck wird viel zu weit hinten sein. Es ist durchaus möglich, einen Westernsattel auch anderen Pferderassen anzupassen, aber es wird immer anspruchsvoll bleiben. Dieser Tatsache hat die Sattelindustrie Rechnung getragen, indem sie Satteltypen wie Western-Trail-Sättel oder Wanderreitsättel gebaut hat, die die Vorteile des bequemen Sitzes im Westernsattel mit den Anforderungen anderer Pferderassen an einen Sattel miteinander vereinen.

Das Ziel sollte sein, dass sich Reiter und Sattel so gut wie möglich dem momentanen Balancepunkt des Pferdes annähern können.

Gleichgewichtspunkt, Balancepunkt und Schwerpunkt beim Pferd verändern sich ständig sowohl durch die Bewegung als auch durch richtiges oder falsches Reiten.

Der Schwerpunkt des Sattels (Sitztiefpunkt) kann nicht hinten und vorn gleichzeitig sein, er ist entweder vorn, in der Mitte oder hinten. Wo er liegt, kommt ganz auf den verwendeten Satteltyp und, zumindest bei einem Dressursattel, auf das Geschlecht des Reiters an.

8

EXKURS IN DIE GESCHICHTE DER PFERDE

UNSERE REITPFERDE HEUTE

Eine Herausforderung für den Sattler

Aus dem Ur-Pferd, dem „Eohippus", entwickelte sich im Laufe der Geschichte der heutige Pferdetyp. Man geht davon aus, dass der „Eohippus" vor circa 50 Millionen Jahren lebte und zwischen 30 und 35 Zentimetern groß war. Er war hinten deutlich überbaut, wobei, wie bei unseren heutigen Hauspferden, der größte Teil des Körpergewichts auf der Vorhand lag. Als Steppenbewohner mussten die Tiere nahezu den ganzen Tag lang fressend umherziehen, um genügend Futter vom kargen Boden aufzunehmen. Sie verbrachten also viele Stunden mit tief gehaltenem Kopf und im Schritt gehend.

Obwohl sich Größe und Körperbau sehr geändert haben, sind die grundsätzlichen anatomischen Gegebenheiten geblieben. Auch unsere Pferde sollten im Idealfall ihre Nahrung vom Boden grasend aufnehmen und ihr Körperbau zeigt immer noch eine natürliche Haltung mit dem Schwerpunkt auf der Vorhand. Ein sich auf der Weide fortbewegendes Pferd trägt circa 60 Prozent seines Gesamtgewichts auf der Vorhand. Wird ein Pferd im Laufe seiner Ausbildung unter dem Sattel korrekt versammelt, verlagert sich der Schwerpunkt des Pferdes weiter nach hinten und der Anteil der Belastung der Vorhand verringert sich auf etwa 45 Prozent. Diese Verschiebung des Belastungsgewichtes ist nur möglich, weil wir die Muskulatur des Pferdes durch das Reiten (unnatürlich) verändern. Da die Ausbildung eines Pferdes einen langen Zeitraum in Anspruch nimmt, sich das Pferd auch altersbedingt im Körperbau verändert, kommt es zu einem Auf- und Abbau von Muskulatur. Ebenso wird es aus verschiedensten Gründen Phasen geben, in denen man weniger oder gar nicht mit dem Pferd arbeitet oder sehr intensiv – entsprechend reagiert die Muskulatur. Das heißt, dass die Muskulatur und der Körperbau des Pferdes einer ständigen Wandlung unterliegen, sodass eine Sattelanpassung immer nur den Zustand des Pferdes im Augenblick der Anpassung berücksichtigen kann. Ein Sattel passt in dieser Form niemals ein ganzes Pferdeleben lang! Ein guter Sattel aber lässt sich (meistens) ein Leben lang immer wieder anpassen!

Warum ist es so wichtig, das Belastungsgewicht auf der Vorhand zu verringern? Während der Evolution des Pferdes haben sich sein Körperbau und seine Größe durch die gezielten züchterischen Eingriffe des Menschen sehr verändert. In der Natur muss das Pferd nur grasen und sein eigenes Gewicht tragen – also ist es natürlich auf der Vorhand. Diese wird beim Grasen durch die Spannung des Nackenbandes entlastet, wobei die Dornfortsätze vom Widerrist nach vorn gezogen werden. Infolgedessen spannt sich auch das lange

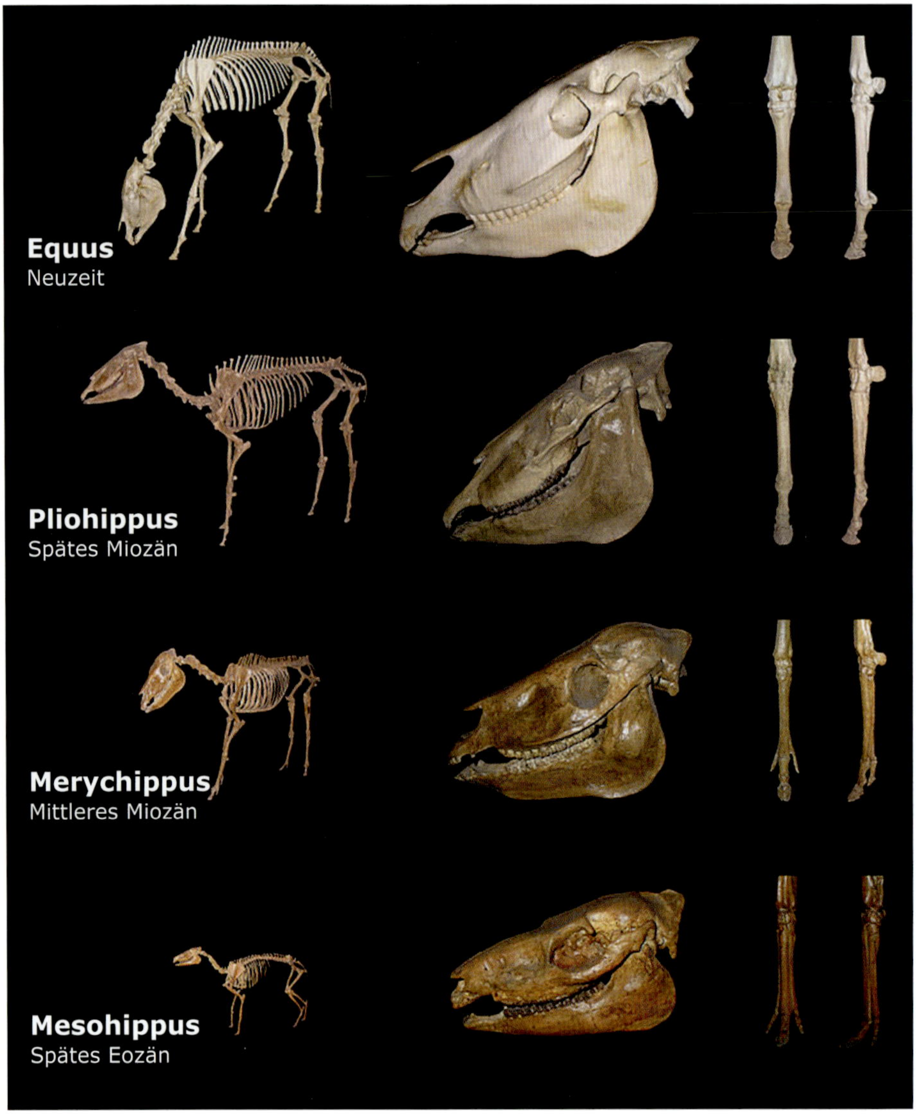

Über viele Millionen Jahre hat sich das Pferd von einem etwa fuchsgroßen Tier durch Evolution und Selektion durch den Menschen zur heutigen Form mit ihren vielen Rassen entwickelt.

Rückenband, sodass das Pferd ohne weitere Muskelanstrengung im Stehen vollkommen ausbalanciert und in der Lage ist, den gesamten Brustkorb sowie seine inneren Organe zu tragen. Setzt sich der Mensch nun unnatürlicherweise auf das Pferd und möchte er, dass es den Kopf zur Beizäumung hebt, können dabei Probleme für die Gesundheit des Pferdes entstehen, wenn es nicht gemäß einer anatomisch und biomechanisch begründeten Reitlehre (was für die Dressur die Klassische Reitlehre ist) ausgebildet wird. Die Frage, wie man durch gutes Reiten und eine Sattelanpassung den Rücken des Pferdes anheben sowie durch eine korrekte Versammlung die Vorhand entlasten kann, beschäftigt zahlreiche Hippologen, seitdem das Pferd als Reittier genutzt wird. Betrachtet man noch einmal die Entwicklung vom „Eohippus" bis zu unserem heutigen Pferd, so wird deutlich, dass der Mensch durch seine Selektion maßgeblich an dieser beteiligt war.

Das Pferd wurde zum Nutztier des Menschen und durch seine Hand zu einem großen, kräftigen, schnellen Tier, selektiert für die unterschiedlichen Sparten, in denen es eingesetzt wurde. Das Zuchtziel richtete sich nach der unterschiedlichen Nutzung, so wurden Pferde als Fleischlieferant, für den Arbeitseinsatz im Bergbau, für die Landwirtschaft, als Transportmittel oder für

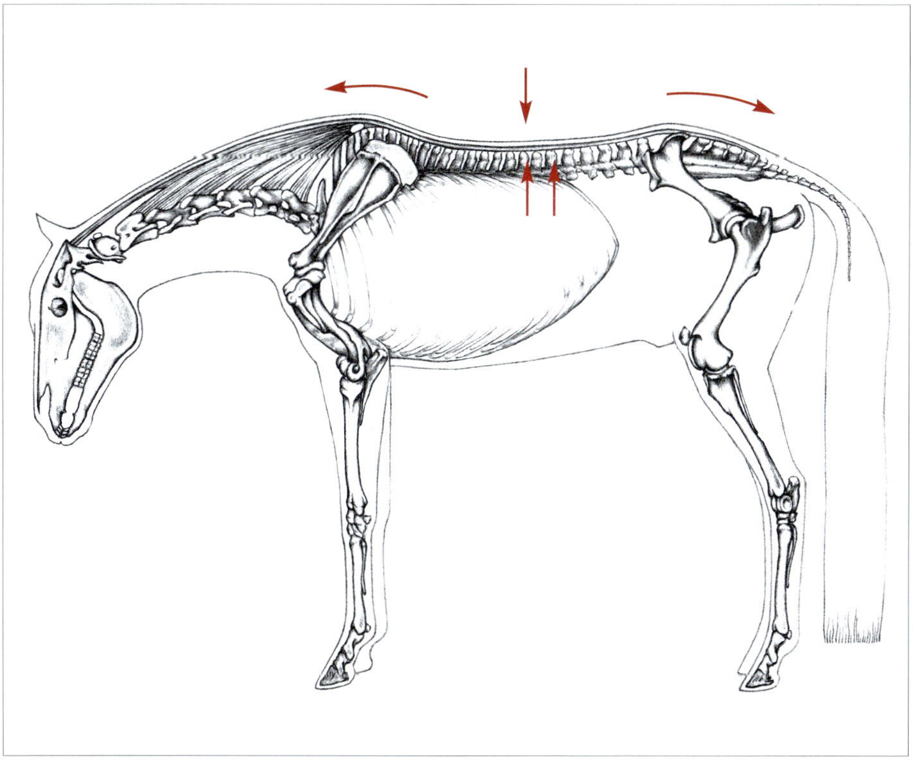

Senkt das Pferd den Kopf, spannt das Nackenband gleichzeitig das Rückenband an. So kann die Hinterhand weiter untertreten. Die Anspannung des Rückenbandes erleichtert dem Pferd das Grasen sowie die Lastaufnahme beim Reiten.

Beim jungen Pferd ist die Sattelauflagefläche relativ groß.

Natürlicherweise bewegt sich das Pferd bis zu 17 Stunden am Tag grasend im Schritt fo

den Einsatz beim Militär gezüchtet. Heute hat sich das Bild des Pferdes in Bezug auf Rassevielfalt und Nutzung enorm gewandelt. Das Pferd dient zum größten Teil unserem Freizeitvergnügen. Ganz wenige Pferde sind noch Arbeitstiere. Die meisten sind hauptsächlich für Sport und Freizeit im Einsatz.

In meiner täglichen Praxis begegne ich häufig Pferden, deren Sattelauflagefläche kleiner geworden ist, obwohl das Wachstum längst abgeschlossen ist. Diese Pferde haben dann auch ein in der Winkelung verändertes Schulterblatt. Durch die Muskelentwicklung im Rahmen der Ausbildung des Pferdes verändert sich der Winkel des Schulterblatts. Der gesamte Torso zwischen den Vorderbeinen hebt sich und der Winkel des Schulterblatts wird flacher, das heißt, die hintere Kante der Knorpelkappe dreht sich weiter nach hinten. Damit verschiebt sich die vordere Begrenzung der Sattelauflagefläche nach hinten, die hintere Grenze (18. Brustwirbel) bleibt aber gleich. Baut das Pferd diese Bemuskelung durch eine Trainingsveränderung wieder ab, senkt sich der Torso wieder und die Winkelung des Schulterblatts wird wieder steiler, was eine Verlängerung der Sattelauflagefläche nach sich zieht.

Wird das Pferd richtig trainiert beziehungsweise der Kopf durch die Beizäumung und Aufrichtung höher getragen und ist die Halsmuskulatur stärker ausgeprägt, steht der Oberarm steiler, das Schulterblatt liegt höher und positioniert

Beim ausgebildeten Pferd wird die Sattelauflagefläche vor allem durch die Veränderung in der Haltung der Vorhand kürzer. Dies muss beim Anpassen des Sattels berücksichtigt werden.

sich dadurch noch weiter nach hinten, wobei die Sattelauflagefläche vorn noch einmal um ein Weiteres verkürzt wird (wobei wir hier von Zentimetern sprechen!). Um mehr Schulterfreiheit und Raumgewinn für die Vorhand zu gewährleisten, darf der Sattel nicht gegen oder auf die Schulter gedrückt werden. Daher ist es sehr wichtig, auf die Sattellänge zu achten. Nur wenn die tragende Fläche am Unterteil des Sattels den Schulterknorpel und den Lendenbereich nicht beeinträchtigt, sind eine optimale Schulterfreiheit, eine größere raumgreifendere Vorhandaktion sowie eine aktive Hinterhand zu erreichen.

Der Sattelhersteller steht hier vor der Herausforderung, dass der Sattel weder hinter dem 18. Lendenwirbel, noch vorn auf der Schulter liegen darf, um die Schulterfreiheit nicht einzuschränken und so die vermehrte Gangmechanik des Pferdes zu erhalten. Das bedeutet, dass wir im Sattlerhandwerk für Veränderungen und wissenschaftliche Erkenntnisse offen sein sollten und müssen. Wir müssen weg von den heute immer noch für einen ganz alten Pferdetyp gebauten viel zu langen Sätteln, obwohl es natürlich immer noch einige Pferde gibt, die diesen langen Satteltyp tragen können. Es gilt zu bedenken, dass der Pferdekörper, trotz aller gezielter züchterischer Eingriffe, bis heute ein sehr sensibles System geblieben ist. Deshalb ist es unsere Aufgabe als Sattler und die des Reiters, das Pferd so auszubilden, dass es unser Gewicht ohne gesundheitliche Schäden tragen kann.

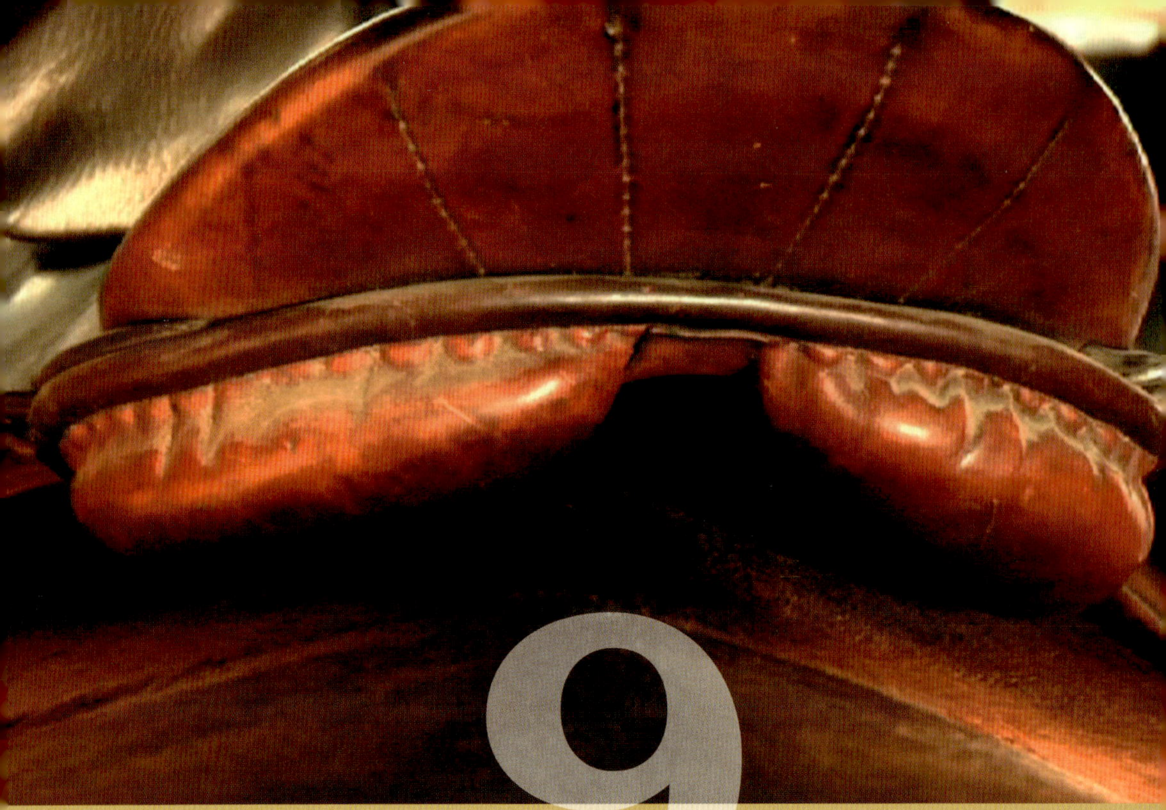

9

WENN DER SCHUH DRÜCKT

Pferde haben einen viel sensibleren Tastsinn als wir Menschen. Eine noch so kleine Fliege können sie auf ihrer Haut fühlen, jeden Hauch von Druck spüren – deshalb sind alle Pferde in der Lage, auf eine feine Hilfengebung ihres Reiters zu reagieren. Verweigert sich ein Pferd den Reiterhilfen, kann das unter anderem in einem unsachgemäßen Training und/oder einem unpassenden Sattel, welcher ständig auf die empfindlichen Reflexpunkte drückt (auf die später noch eingegangen wird), begründet liegen. An dieser Stelle beginnt dann der Kampf zwischen Mensch und Pferd – klopfende Schenkel, Gertenschläge oder permanenter Sporeneinsatz sind die Folge des reiterlichen Unverständnisses. Dabei ist kein Pferd von Natur aus stumpf oder faul, es will sich den Hilfen des Reiters nicht verweigern, vielmehr ist es irritiert, resigniert und voller Angst und Schmerz, ausgelöst durch den ständigen Druck des Sattels auf die Reflexpunkte oder/und das unsachgemäße Training seines Reiters.

EINE TRAURIGE GESCHICHTE AUS DEM ALLTAG EINES SATTLERS

Ich möchte Ihnen hier eine Geschichte erzählen, die leider kein Einzelfall in meiner Laufbahn als Sattler ist. Vor einiger Zeit wurde ich zu einem Pferd gerufen, das nach Auskunft des Besitzers Probleme unter dem Sattel zeigte: Ich sollte seinen Sattel kontrollieren. Besitzer und Trainer waren an diesem Tag nicht vor Ort. Ich erschrak, als der Pfleger mir dieses schöne, aber unglaublich traurig wirkende Pferd vorführte. Selten habe ich ein so erbärmliches Bild absoluter Niedergeschlagenheit gesehen, irgendetwas oder -jemand hatte aus diesem Pferd ein Bild tiefsten Elends gemacht. Wie sich herausstellte, ritt der Besitzer selbst nicht mehr als zweimal im Monat. So wurde das Pferd regelmäßig vom Trainer bewegt, der es mit seinem eigenen Sattel ritt. Der „Bereitersattel" war im Wirbelsäulenkanal deutlich zu eng, mit dem Er-

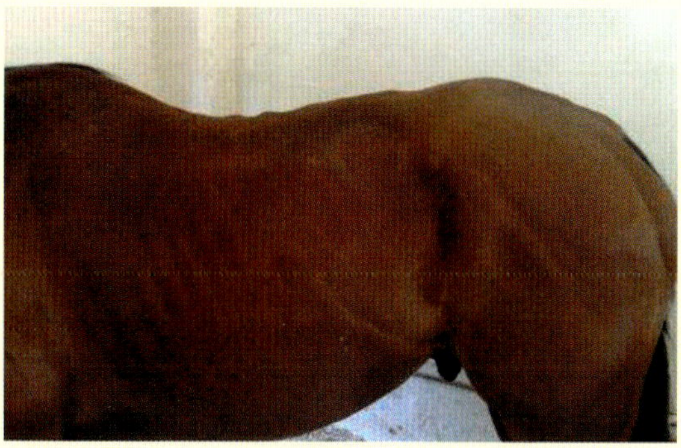

gebnis, dass der Sattel ständig auf die Wirbelsäule und gegen die Dornfortsätze drückte und Nervenschäden verursachte. Außerdem war der Sattel viel zu lang für dieses Pferd, denn die Auflagefläche ragte weit über den 18. Brustwirbel hinaus. Weiter rutschte er in der Bewegung auf die Schulter des Pferdes, was es mindestens in seiner Bewegungsfreiheit einschränkte, im schlimmsten Fall irreparable Knorpelschäden hinterlassen hatte. Einige Auswirkungen sind im schlimmsten Fall sogar ertastbar. Wie Sie erkennen können, sind die Hinterbeine gespreizt und stehen weit nach hinten heraus, dieses Pferd hat allein schon im Stehen unglaubliche Schmerzen!

Ich könnte noch viele Punkte zum schlechten Zustand dieses Pferdes mit seinen toten Augen anführen, was mich aber noch trauriger und zugleich wütender stimmte: Dieses Pferd sollte eigentlich verkauft werden, weil es für den Besitzer schlecht zu „händeln", weil es einfach „zu viel" Pferd für ihn war. Zu viel Pferd? Das Tier zeigte ein Verhalten, mit dem es versuchte, dem Schmerz zu entkommen oder ihn zu vermeiden. In meiner langjährigen beruflichen Laufbahn als Sattler und aus meiner Reiterzeit habe ich gelernt, dass ein Pferd immer versucht, sich uns verständlich zu machen, bevor sich eklatante auffällige Verhaltensweisen zeigen. Oft nur sind die Reiter oder Trainer zu unerfahren oder sie ignorieren die Signale, die das Pferd uns sendet. Sie ignorieren, manipulieren, strafen – dies endet sehr oft sogar in einem tierschutzrelevanten Bereich! Sich zur Wehr zu setzen ist für diese gepeinigten Pferde oft der letzte Versuch, ihrem Schicksal zu „entkommen". Wenn sich die Tiere aber wehren, unterstellen ihnen ihre Reiter Widersetzlichkeit und Ungehorsam und bestrafen die Tiere schmerzhaft durch den harten Einsatz von Sporen, Gerte oder Reiterhand. Das Pferd hat keine Chance und resigniert. Wenn Pferde unter Schmerzen schreien oder auch nur weinen würden, hätten sie es vielleicht ein wenig leichter mit uns Menschen. Die Verständigungsschwierigkeiten, vielfach geboren aus dem mangelnden Willen der Menschen, sich wirklich mit den Tieren auseinanderzusetzen, führen dann dazu, dass sich die Besitzer leicht dieser „unberechenbaren" Tiere entledigen und sie als marktfähiges Produkt verkaufen, ohne die Schuld und die Ursachen bei sich und nicht beim Pferd zu suchen.

In dieser traurigen, aber nicht selten vorkommenden Geschichte kommen viele unglückliche Faktoren zusammen: ein absolut unpassender Sattel, ein höchst unzureichendes Training des Ausbilders und ein großer Mangel an Sensibilität und Unwissenheit sowohl von Seiten des Trainers als auch des Besitzers. Diese Geschichte bestätigte mich jedoch darin, dass ich auf dem richtigen Weg bin und dass Aufklärung und die Zusammenarbeit mit Besitzern, Trainern, Tierärzten, Schmieden oder Pferdetherapeuten in höchstem Maße wichtig ist, wenn sich etwas in der Pferdeausbildung und in puncto korrekt passendem Sattel verändern soll.

DIE HAUT DES PFERDES ZEIGT UNS, OB ES SCHMERZEN HAT ODER NICHT

Von Dr. Carol Vischer

Dr. Carol Vischer hat eine zertifizierte Ausbildung in Akupunktur und Wirbelsäulenmanipulation am American College of Veterinary Medicine absolviert.

„Ich habe die Erfahrung gemacht, dass man als Tierarzt durch vorsichtige Palpation (Abtasten) wertvolle verwertbare Informationen über den Gesundheitszustand der Haut in der Thoracolumbal Region (Übergang zwischen Brust- und Lendenwirbelsäule) gewinnen kann. Die Haut ist die erste Abwehrzone gegen schmerzhaften Druck, sie ist in der Lage, ihre Bewertung von Schmerz verändern zu können. Es ist bekannt, dass die Faszien (vereinfacht: Muskelhüllen aus Bindegewebe) im Thoraxbereich, dem Brustkorb, also dort, wo der Sattel sitzt, wegen des hier vorhandenen, von Nerven durchzogenen und mit dem Rückenmark verbundenen, Bindegewebes extrem druck- und schmerzempfindlich sind. Im Gegensatz dazu sind die im Lumbal-Bereich (Bereich der Lendenwirbel) befindlichen Faszien im Allgemeinen flexibler sowie weniger schmerz- und druckempfindlich.

Es ist nicht immer leicht, den Zustand der Haut in der Thoracolumbal Region zu beurteilen. Gesunde Haut sollte geschmeidig sein, genügend Hautfeuchtigkeit aufweisen, von der darunter liegenden Hautmuskulatur unabhängig beweglich und in der Lage sein, auf Reizungen zu reagieren. Man kann sich leicht dadurch täuschen lassen, dass Pferde unempfindlich auf Reizungen reagieren und zu dem Schluss kommen, mit dem Pferd sei alles in Ordnung. Allerdings sind die Faszien der meisten Pferde weniger reaktionsfähig, weil die Pferde zu wenig bemuskelt, untergewichtig, sehr alt und/oder chronisch krank sind oder unter degenerativen Veränderungen wie Kissing Spines, den zusammenstoßenden Dornfortsätzen, leiden. Mit anderen Worten: Die Haut ist aufgrund chronischer Schmerzbelastung unempfindlich (taub) geworden.

Pferde die permanent unter einem schlecht angepassten Sattel leiden müssen, haben Hautveränderungen, die üblicherweise zu einer chronisch zu trockenen Haut und einer Rückbildung des Nervennetzes führen, was wiederum zur Reaktionsverzögerung führt.

Diese Veränderungen in der Wahrnehmung und Reaktion des Pferdes, die durch einen unpassenden Sattel entstehen, sind auch deshalb so negativ, weil sie die Diagnose von Schmerz sehr erschweren. Da viele Pferde unter schlecht sitzenden Sätteln leiden, sind viele Menschen wenig einsichtig, weil sie nicht glauben, dass die Pferde großen Schmerz empfinden, wenn sie das nicht direkt zeigen. Ich hoffe, dass sich immer mehr Pferdebesitzer durch Ausbildung und die Aneignung von Fachwissen der Schädigungen bewusst werden, die durch andauernden Druck zwangsläufig entstehen."

Es gibt leider immer noch viel zu viele Pferde, die durch Probleme mit einem unpassenden Sattel körperlich regelrecht verstümmelt werden. Dabei sind wir heute in der Lage, durch neueste wissenschaftliche Untersuchungsmethoden genau darzustellen, wo ein Sattel liegen darf und wo nicht. Wir sind also in der Lage, eine genaue Ursachenforschung zu betreiben, um unser Ziel zu erreichen.

Ein unpassender Sattel zieht oftmals negative Kettenreaktionen nach sich, deren Folgen selbst der beste Trainer, Osteopath oder Tierarzt ab einem bestimmten Punkt nicht mehr beheben kann.

> ***„Wer auch immer sich mit dem Pferd beschäftigt, übernimmt die Verantwortung für das ihm anvertraute Lebewesen."***
>
> *Deutsche Reiterliche Vereinigung: § 1 aus Die ethischen Grundsätze des Pferdefreundes der Deutschen Reiterlichen Vereinigung*

DIE THERMOGRAFIE IN DER DIAGNOSE VON RÜCKENPROBLEMEN

Von Dr. Joanna Robson

Dr. Joanna Robson ist Tierärztin in Kalifornien und unter anderem Partner von Saddlefit 4 Life®. 2009 veröffentlichte sie ihr Buch mit DVD: *Recognizing the Horse in Pain and What You Can Do About It*

„Thermographie ist eine sehr geeignete Technik, um die Sattelpassform auf Kontaktfläche, Platzierung des Sattels, Balance und Druckpunkte zu prüfen. Eine geeignete Umgebung ist für die Untersuchung genauso wichtig, wie die sorgfältige Vorbereitung des Pferdes (sauber und trocken). Der Einfluss des Reiters, vor allem seine Balance im Sattel, können das Ergebnis der Thermographie beeinflussen, verschiedene Untersuchungsschritte, wie beispielsweise das Longieren ohne Reiter und Videoaufzeichnungen, tragen dazu bei, zu einer richtigen Beurteilung zu kommen. Reibung und Druck erzeugen Hitze. Die Thermographiekamera misst Infrarot-Strahlung und bildet daraus ein für das menschliche Auge sichtbares Bild. Dieses Bild wird ähnlich wie bei einer Computer-Tomographie aufbereitet und erlaubt so eine diagnostische Auswertung. Ein Sattel, der Druckpunkte und Reibung verursacht, erzeugt auf dem Körper des Pferdes und auf der Unterseite des Sattelkissens sowie an den Schweißblättern die gleichen Abdrücke. Probleme wie Brückenbildung, zu enge, kneifende Sattelbäume, ungleichmäßig oder knotige Kissenfüllung, schlechte Balancierung, falsche Platzierung auf dem Rücken des Pferdes, Schäden durch falsche Sattelhalter und vieles andere, zeigen sich bei korrekter Handhabung der Kamera und fachgerechter Interpretation des Bildes. Die Beurteilung der seitlichen Aufnahmen, wie der Symmetrie von vorn nach hinten, macht Passformprobleme sichtbar."

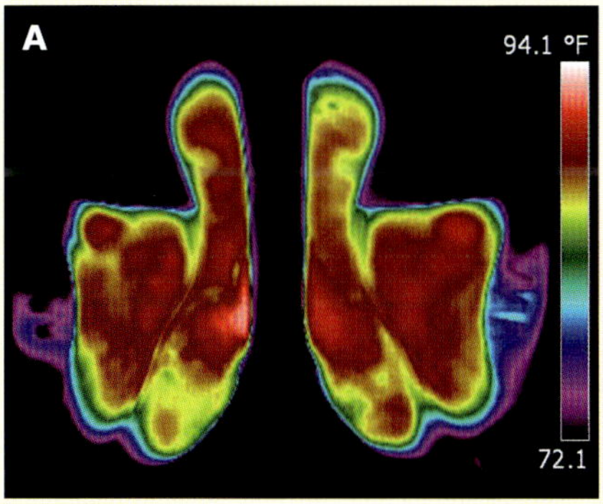

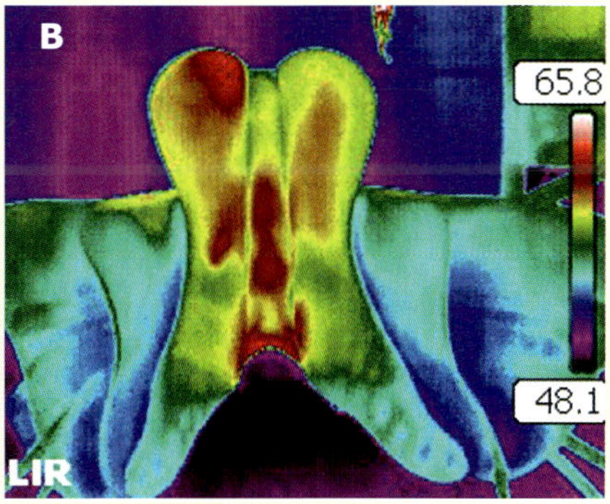

Bild A zeigt die Unterseite eines Close Contact Springsattels nach dem Reiten, der das Pferd im Bereich über der linken Schulter sowie dem linken Widerrist kneift (weißer Bereich) und dessen Kissen einen ungleichmäßigen Kontakt zeigt (mehr Kontakt auf der linken Seite, ungleichmäßig auf der rechten Seite).

Bild B zeigt einen Dressursattel mit ungleichmäßiger Druckverteilung. Die Widerristfreiheit ist ungenügend, der Sattel ist zu nah am Pferd (roter Bereich unter dem Vorderzwiesel und in der Mitte am Kammerleder). Er verdreht sich außerdem nach rechts (vermutlich durch eine stärker gebaute linke Schulter), sodass es im hinteren linken Bereich zu einer erhöhten Druckbelastung kommt.

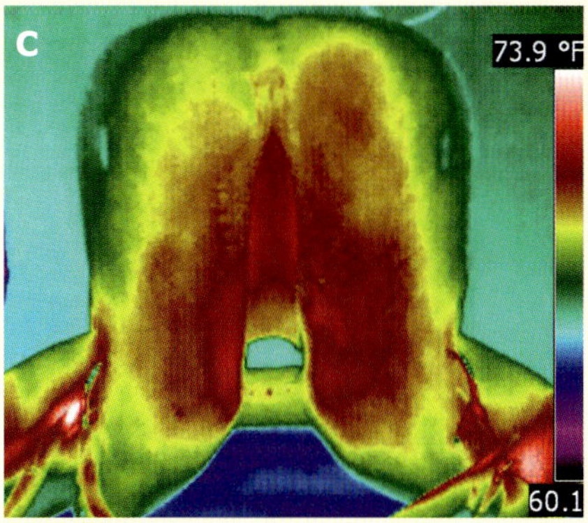

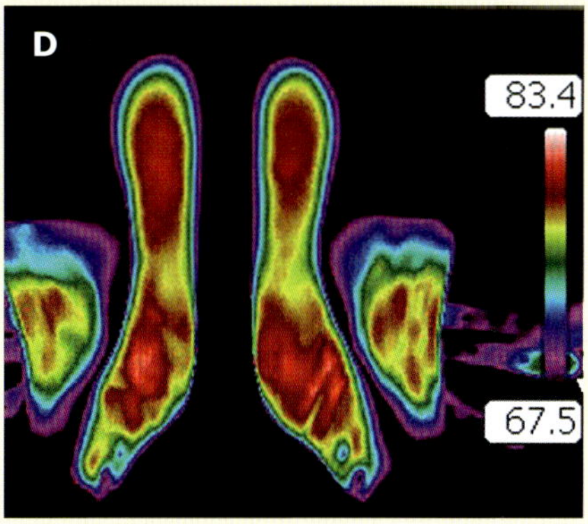

Bild C zeigt eine zu hohe Druckbelastung vorn links und im Bereich der Sattelkammer. Dies ist häufig bei Westernsätteln mit einer zu dicken Sattelunterlage der Fall.

Bild D zeigt einen Sattel mit Brückenbildung. Das hat zur Folge, dass sowohl im vorderen, als auch im hinteren Teil zu hoher Druck entsteht. Oftmals ist das bei Sätteln der Fall, bei denen die Sattelbäume kein verstellbares Kopfeisen haben. Dieser Druck ist häufig stärker – und schädigender – als ein leicht wippender Sattel.

Sie als Reiter tragen die Verantwortung für das Wohlergehen Ihres Pferdes! Dazu gehört auch eine Sorgfaltspflicht in puncto Sattel. Ignorieren Sie dauerhaft einen unpassenden Sattel, können dabei schwerwiegende irreparable Schäden entstehen.

Rittigkeitsprobleme, Zungenfehler, Lahmheiten, Widersetzlichkeiten, ein klammer Gang bis hin zur Unbrauchbarkeit als Reitpferd sind nur einige Folgen, die aus einem unpassenden Sattel resultieren können. In den Ethischen Grundsätzen heißt es auch, dass niemand einem Tier Schmerzen oder Leiden ohne Grund zufügen darf. Das heißt – jeder unpassende Sattel, der unnötiges Leiden verursacht, verstößt auch gegen diese Grundprinzipien, die sich die Reiter zum Wohle der Pferde selbst gegeben haben.

DIE REFLEXPUNKTE

Neben einigen Reflexen, die trainierbar sind (konditionierte Reflexe), gibt es beim Pferd, ebenso wie beim Menschen, viele willentlich nicht (!) beeinflussbare Reflexe, bei denen das Muskelsystem auf eine Stimulation bestimmter Nerven reagiert. Diese Reflexe dienen bei Mensch und Pferd beispielsweise zur Regulation der körpereigenen Funktionen oder um sich vor Verletzungen zu schützen. Erhält eine Nervenendigung einen Reiz, sendet diese eine Information über das Rückenmark ans Gehirn, wo sie dann weiterverarbeitet und eine entsprechende „Antwort" an den Muskel zurückgesandt wird – eine reflektorische Handlung ist die Folge. Im Humanbereich lässt sich dies anschaulich beim Kniesehnenreflex (Patellasehnenreflex) verdeutlichen, bei dem ein leichter Schlag auf die Patellasehne (unterhalb der Kniescheibe) eine Streckung des Beines im Kniegelenk auslöst. Wird die Nervenendigung aber überreizt, kommt es zu einer Abstumpfung oder Abwehrspannung, sodass die natürliche Reflex-Reaktion gestört ist.

Ein unpassender Sattel kann beim Pferd durch Druck auf bestimmte Reflexpunkte viele Probleme nach sich ziehen. Wie beim Menschen gibt es auch beim Pferd zwischen jedem Wirbel der Wirbelsäule heraustretende Nervenenden (Reflexpunkte). Je nach Länge der Sattelauflagefläche befinden sich hier zwischen vier und sechs Reflexpunkte auf jeder Seite der Wirbelsäule.

Sie können selbst die Reflexpunkte Ihres Pferdes „testen". Fahren Sie dazu mit einem Stück Kreide gegen den Fellstrich mit leichtem Druck neben der Wirbelsäule und dem Rückenband den Rücken entlang. Beginnen Sie am 18. Brustwirbel und enden Sie am Widerrist. Bei leichtem Druck können Sie dabei ein feines Muskelspiel beobachten, bei stärkerem Druck (der dem Gewicht eines Sattels mit einem sehr leichten Reiter annähernd gleicht), drückt das Pferd den Rücken weg. Würde das Pferd diese

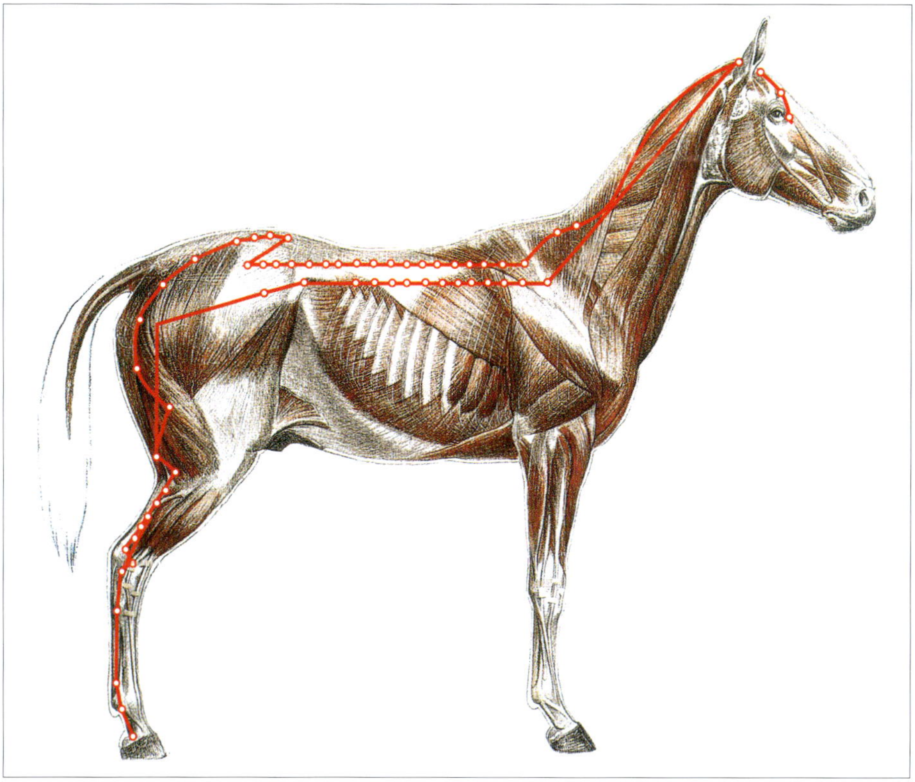

In der östlichen Medizin geht man davon aus, dass die Lebensenergie in Leitbahnen fließt. Diese nennt man Meridiane. Mensch und Pferd haben zwölf Meridiane. Über die Akupunkturpunkte kann man auf die Energie in den Meridianen Einfluss nehmen. Drückt der Sattel auf die Meridiane (rote Linien), wird der Energiefluss unterbrochen, was zu verschiedenen körperlichen Symptomen führen kann.

Haltung dauerhaft unter dem Sattel einnehmen, bestünde beispielsweise die Gefahr der Entwicklung von Kissing Spines. Drückt also ein Sattel durch einen zu engen Kissenkanal auf die Reflexpunkte oder verdreht er sich in der Bewegung des Pferdes und stößt dabei ständig an oder auf die Wirbelsäule, drückt das Pferd aus Reflex (!) den Rücken weg. Unser Ziel, dass das Pferd über den Rücken geht, wird so unerreichbar. Die treibenden Impulse kommen nicht mehr durch, Abwehrreaktionen, Anlehnungsschwierigkeiten oder ein schlecht sitzender Reiter sind nur einige weitere Folgen. Daraus resultierend entsteht eine sehr frustrierende Situation für das Pferd. Einerseits möchte es den Reiterhilfen folgen, andererseits verhindert der Druck auf die Reflexpunkte die Ausführung. Erinnern Sie sich hier noch einmal an den Patellasehnenreflex: Selbst, wenn Ihr Arzt sich direkt vor Sie stellen würde und Ihnen sagte, dass Sie ihn beim Auslösen des Reflexes auf keinen Fall vors

Schienbein treten dürften, es würde trotzdem passieren – aus Reflex – und Sie könnten nichts dagegen tun!

So leuchtet es ein, dass ein Sattel, welcher auf die Reflexpunkte drückt, in höchstem Maße „frustrierend" und schädlich für das Pferd ist. Auch folgendes Beispiel verdeutlicht die negativen Auswirkungen eines unpassenden Sattels sehr eindrucksvoll: Ein Reiter gibt seinem Pferd die Hilfe für „Vorwärts!": Drückt der Sattel beispielsweise auf den Cranial Nerv 11 (siehe folgendes Kapitel), kann das Pferd die Hilfe des Reiters noch so gut „verstanden" haben, es kann seinem Wunsch nicht Folge leisten, da der Sattel, der auf den Nerv drückt, ein Zulegen aus Reflex verhindert. Das heißt, in diesem Fall wird unter anderem der Rücken reflexartig weggedrückt, das Becken aufgedreht und das Schultergelenk festgestellt. Das Pferd kann also nicht mehr vorwärts gehen. Im Pferd kollidieren ständig die beiden Befehle, der vom Reiter „Geh vorwärts!" und der vom Reflexpunkt (CN 11) „Bleib stehen!" – eine ausweglose Situation für das Pferd. Stellen Sie sich vor, Sie möchten mit Ihrem Auto mit Vollgas anfahren, die Handbremse ist jedoch fest angezogen. Sie können also gar nicht anfahren, es quietscht, es raucht, aber richtig flüssig vorwärts kommen Sie nicht – ebenso geht es Ihrem Pferd.

HAUPTREFLEXPUNKTE IM BEREICH DER SATTELLAGE

Cranial Nerv 11 (CN11)

Seit über 50 Millionen Jahren beißen sich die Pferde gegenseitig in den Widerristbereich, um den Rivalen „in die Knie zu zwingen". Hengste, die eine Stute decken, beißen sich ebenfalls in diesem Bereich fest, um sie an der Vorwärtsbewegung zu hindern und decken zu können. Auch Raubtiere greifen Wildpferde dort an, um ihr Beutetier in seiner Vorwärtsbewegung zu blockieren und anschließend zu erlegen.

Der Reflexpunkt, der dafür verantwortlich ist, wird als Cranial Nerv 11 (CN11) bezeichnet. Ein klemmendes Eisen (Sattel, Longiergurt, Voltigiergurt, Fahrselett, Vorgurt) hat dann die gleiche Wirkung wie der Biss des Hengstes und wirkt auf den Reflexpunkt in der „Verteilerkappe" Widerrist wie eine Beißzange und die Vorwärtsbewegung wird blockiert. Die Natur hat den CN 11 so ausgestattet, dass er drei überlebenswichtige Signale senden kann: Wird die Stute oder der Gegner gebissen oder drückt das Kopfeisen des Sattels seitlich in den Widerrist, so signalisiert der CN11 dem Gehirn eine Blockierung im Schulter- und Oberarmgelenk. Das zweite Signal ist dafür verantwortlich, dass der M. longissimus angespannt wird, das Pferd seinen Rücken wegdrückt und die Dornfortsätze sich berühren (Kissing Spine). Drittens wird das Becken durch ein Anspannen der langen Rückenmuskulatur

SUBSCAPULAERER NERV UND THORACODORSALER NERV

Nervenzellen werden auch Neurone genannt. Jedes Neuron kann nur eine Aufgabe erfüllen: Entweder arbeitet es als sensorisches Neuron, das die Informationen sammelt und an das zentrale Nervensystem (Rückenmark und Gehirn) weiterleitet. Oder es leitet als motorisches Neuron umgekehrt die Signale vom zentralen Nervensystem in den übrigen Körper, um ihm zu sagen, was er tun soll. Ein einzelner Nerv besteht aus vielen Nervenzellen. Das können nur sensorische Neuronen sein, nur motorische Neuronen oder beide Arten von Nervenzellen.

Ein Nerv, der nur aus motorischen Neuronen besteht, ist der elfte Hirnnerv. Sie könnten diesen Nerv also drücken, ihn mit der Zange oder dem Hammer bearbeiten – das Pferd würde nicht reagieren, denn dieser Nerv fühlt überhaupt nichts!

Dieser elfte Hirnnerv innerviert den Trapezmuskel des Pferdes, dem häufig eine große Bedeutung zugemessen wird, wenn es um hohe Druckbelastung durch englische Sättel oder Westernsättel mit einem zu weiten Baumwinkel geht. Man glaubt, dass Druck in der Trapezmuskelregion Schmerzen und eine reflexive Reaktion beim Pferd hervorruft. Doch das ist nicht der Fall. Ein solcher Reflex würde bei allen Pferden auftreten. Sie können aber auf den Trapezmuskel eines gesunden Pferdes mit nicht schmerzenden Muskeln drücken und werden keinerlei Reaktion auslösen (außer vielleicht einen skeptischen Blick Ihres Pferdes). Nur bei einem Pferd mit Schmerzen bekommen Sie eine Reaktion.

Der Bereich um den Trapezmuskel ist besonders verletzlich, weil so wenig Muskelgewebe zwischen dem Sattel und den Dornfortsätzen liegt und der Druck auf dem Knochen lastet. Hier kann das Pferd sehr leicht Probleme bekommen und Sie sollten diesen Bereich regelmäßig kontrollieren. Achten Sie auf Wärme, Schwellung oder Schmerz – das sind die klassischen Entzündungszeichen – und langfristig auf Muskelschwund (Atrophie). Alle diese Anzeichen treten häufig auf.

In Anatomiebüchern wird der Verlauf des elften Hirnnervs nur schlecht beschrieben. Seine Funktion wird ausführlich diskutiert und man findet auch ein oder zwei Sätze darüber, dass sein im zentralen Nervensystem gelegener Teil selten verletzt wird, doch wenig anderes. Es gibt ein Sektionsbild der Cornell Universität, das sensorische Nervenäste zeigt und etwas, das wie der elfte Hirnnerv aussieht (aber auch Faszie sein könnte). Die wenigen weiteren Bilder sind Zeichnungen, die das Ende des Nervs entweder in oder kurz vor dem Brustteil des Trapezmuskels darstellen. Bilder, die belegen, wo dieser Nerv tatsächlich verläuft und endet, sind nicht verfügbar.

Ein „Reflexpunkt" existiert definitiv bei allen Pferden über dem Trapezmuskel, direkt hinter und etwa eine Handbreit unter dem Widerrist. Das ist eben jene Stelle, an der der Hengst die Stute während des Deckakts beißt, um sie an der Vorwärtsbewegung zu hindern.

In der Vergangenheit dachte man, dies wäre der Reflexpunkt des elften Hirnnervs, doch wenn es sich tatsächlich um einen Reflex handelt, beginnt der Reflexbogen mit einem sensorischen Signal, nicht mit einem motorischen. Das weist darauf hin, dass der Druck auf die sensorischen Fasern der spinalen Brustnerven den Impuls liefert und vielleicht der motorische elfte Hirnnerv antwortet. Jedoch lässt sich das bisher nicht beweisen und es gibt keine Literatur, die es untermauert, obwohl auch Experten sich häufig darauf beziehen.

Viele Autoren berichten über starke Atrophien des Trapezmuskels durch einen schlecht sitzenden Sattel. Doch welcher Mechanismus ist hier wirklich am Werk? Ist es eine Myositis (Entzündung und Degeneration von Muskelgewebe), die schließlich zum Absterben von Muskelzellen durch Mangeldurchblutung führt? Löst der Druck eine neurogene Atrophie aus (Schädigung der motorischen Nervenzellen), weil der hintere Teil des Trapezmuskels die Schulter nach hinten-oben zieht und das Pferd bei einem drückenden Sattel die Schulter nach vorne-unten fallen lässt? Ist es ein Schaden, den wir direkt dem elften Hirnnerv zuschreiben können? Die tierärztliche Meinung scheint eine mangelhafte Durchblutung, die letztlich zum Absterben der Nervenfasern führt, zu belegen, die in einer neurogenen Muskelatrophie endet.

Vieles in unserer Diskussion über den elften Hirnnerv lässt sich noch nicht beweisen. Mit der Zeit und der Veröffentlichung neuer Forschungsergebnisse sind wir zu dem Schluss gekommen, dass hauptsächlich die sensorischen Rückenmarksnerven (thorakale Spinalnerven) für die Reaktion verantwortlich sind, und dass der Druck auf den motorischen elften Hirnnerv allein kein Problem darstellen würde, wenn er nicht zuerst durch die sensorischen Nerven aktiviert würde.

Der elfte Hirnnerv ist die motorische Nervenversorgung des Trapezmuskels und der Literatur nach endet er im zuvor beschriebenen Dreieck. Es ist nachvollziehbar, dass Druck auf diese Region zu einer motorischen Reaktion führt, doch gibt es noch keine anatomischen Darstellungen, die den wirklichen Verlauf des elften Hirnnervs belegen.

Die neuen Erkenntnisse zum elften Hirnnerv wurden mit Dank an Tierärztin Dr. Joanna Robson, Autorin von „Recognising the Horse in Pain and What You Can Do About It", Tierarzt Dr. Pedro Rivera vom American College of Functional Neurology in Wisconsin und Tierärztin Dr. Denise Nikkel (im Ruhestand) ergänzt.

nach vorn gekippt und aufgedreht, sodass die Hinterhand nach hinten heraussteht. In allen drei Fällen wird die Vorwärtsbewegung des Pferdes blockiert. Diese Reflexe sind in der Natur äußerst wichtig, denn so wird im Machtkampf der Gegner bewegungsunfähig gemacht oder der Hengst kann die Stute decken.

Aber genau diese Bewegungsunfähigkeit (Immobilisation) wollen wir als Reiter ja gerade nicht! Wir möchten ein Pferd mit einem losgelassenen Rückenmuskel reiten, es soll den Rücken aufwölben und die Gelenke der Hinterhand so beugen, dass die Hinterbeine vermehrt unter seinen Balancepunkt treten und somit die Vorhand mit allen Bändern, Gelenken, Knochen und Sehnen entlastet wird, damit es uns als Reiter ein Leben lang ohne körperliche Schäden tragen kann. Das genaue Gegenteil wird jedoch erreicht, wenn ein Kopfeisen den CN11 einquetscht.

Der Bockreflexpunkt

Der Bockreflexpunkt liegt über der Sehnenplatte hinter dem 18. Brustwirbel. Ist der Sattel zu lang und drückt auf diese Sehnenplatte und den darunter liegenden Querfortsatz, ist die erste Instinktreaktion des Pferdes, diesem äußerst unangenehmen Druck durch Bocken sofort zu entkommen. In weiteren extremen Fällen geht das Pferd im Schritt Pass, schleift die Hinterbeine im Trab durch den Sand und kann fast gar nicht galoppieren oder es verfällt in einen Viertaktgalopp.

Reflexpunkt in der Bauchgurtlage

Es besteht die Gefahr, dass die Gurtschnallen des Kurzgurtes auf die Muskelkante zwischen dem M. pectoralis und dem M. triceps brachii, die des Langgurtes auf die Muskelkanten zwischen dem M. latissiumus und dem M. triceps brachii drücken, wenn sie an entsprechender Stelle verschnallt sind. Die Schnallen üben einen starken punktuellen Druck aus. Als Reaktion ziehen sich die Muskelfasern des Trizeps reflexiv zusammen, um den Druck und daraus resultierende Scheuerstellen zu vermeiden. Ein weites, freies Vorgreifen der Vorderbeine wird dadurch verhindert und kurze, abgehackte Gänge sind die Folge. Um große, weite, natürliche Bewegungen zu erhalten, müsste sich der M. triceps brachii anspannen und strecken können, nur so ist eine lockere, runde Bewegung in der Gangmechanik zu erhalten.

Subscapularer Nerv und Thoracodorsaler Nerv

Drücken Kissenspitze oder Strippen auf den Nervus subscapularis und den Nervus thoracodorsalis, spannen ihre Reflexpunkte den M. triceps brachii an und verhindern sein Strecken, sodass eine raumgreifende, freie Vorhandbewegung nicht mehr möglich ist. Das Pferd geht dann quasi wie eine „Nähmaschine", auch Stolperreaktionen können die Folge sein. Ein Sattel, der korrekt angepasst ist, wird fast sofort die Schmerzreflexe eliminieren und damit auch vermeintlich schlechte Benehmen des Pferdes abstellen.

FATALE FOLGEN UND IRREPARABLE LANGZEITSCHÄDEN

Die folgenden Bilder veranschaulichen in erschreckender Weise, welche oftmals irreparablen Langzeitschäden ein unpassender Sattel nach sich ziehen kann. Knorpelschädigungen, Nervenabklemmungen, verschobene Wirbel, Zungenprobleme, um nur einen kleinen Teil zu nennen, provozieren Rittigkeits- und Verhaltensstörungen, die die von uns angestrebte symbiotische Verbindung zwischen Reiter und Pferd unmöglich machen. Deshalb die Bitte:

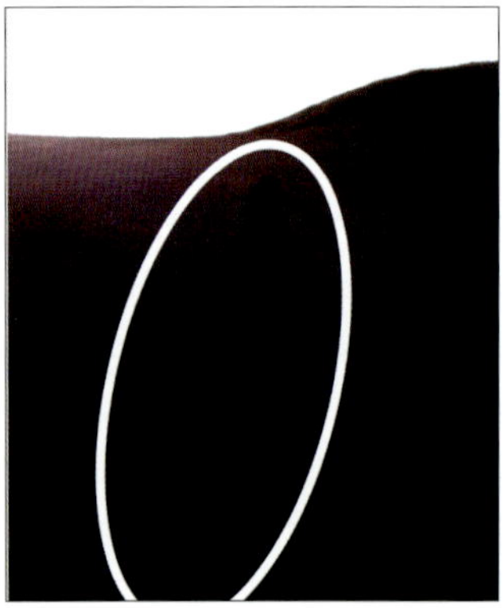

Diese Schweißflecken sind die Folge zerstörter Schweißdrüsen, hervorgerufen durch ein unpassendes Gurtsystem.

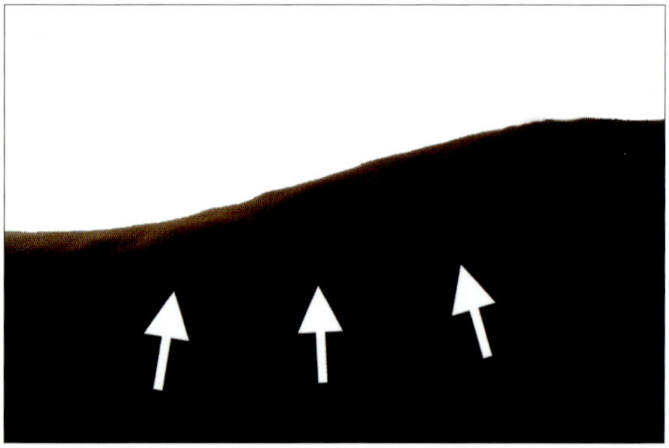

Wirbel- oder Rückenbandverletzung durch zu hohen Druck auf die Wirbelsäule

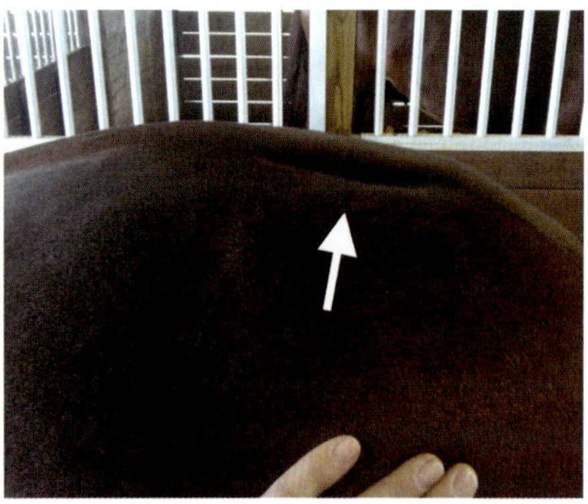

Hier war ein zu langer Sattel und falsches Training der Grund für die fehlerhafte Ausbildung der Kruppenmuskulatur.

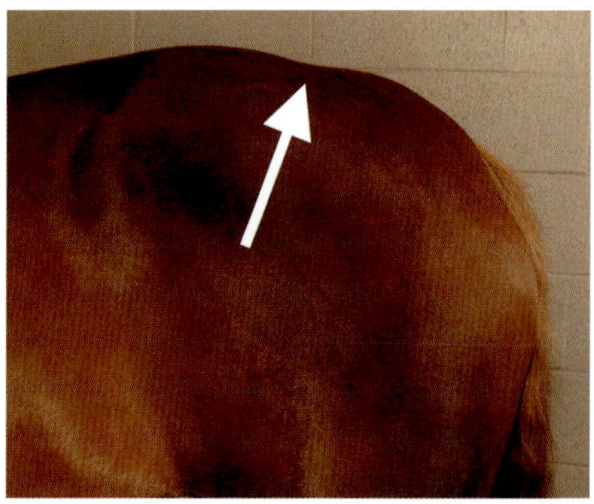

Die Ursache dieser falsch ausgeprägten Kruppenmuskulatur war hier eine zu enge Kissenkammer.

Hören Sie auf Ihr Pferd! Pferde wollen es Ihnen als Reiter immer recht machen, nur in den meisten Fällen können sie es einfach nicht! Seien Sie daher wachsam, wenn Ihr Pferd über mehrere Tage hinweg Rittigkeitsprobleme oder eine Verhaltensänderung zeigt und betreiben Sie rechtzeitig (!) Ursachenforschung, damit die folgenden Bilder bei Ihrem Pferd gar nicht erst entstehen.

KURZ ERKLÄRT

Der Musculus subscapularis ist der Unterschulterblattmuskel, der Nervus subscapularis der „Unterschulterblattnerv". Der Begriff thoracodorsal setzt sich aus dem lateinischen Thorax, dem Brustkorb, sowie Dorsum, dem Rücken, zusammen und beschreibt damit die Lage des Nervus thoracodorsalis.

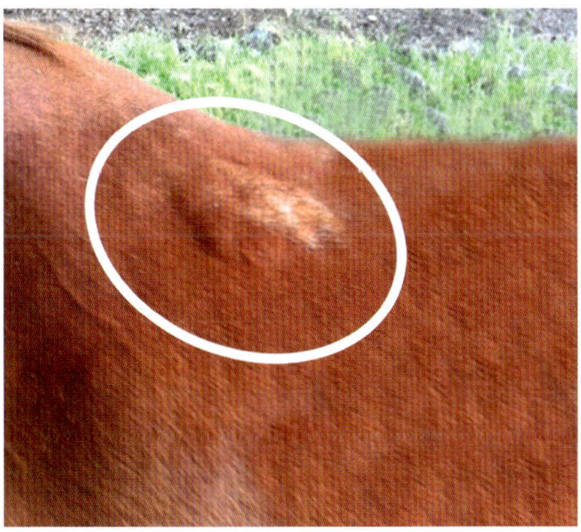

Die Folge übermäßigen Drucks durch eine zu dicke Satteldecke oder eine Kunststoffdecke

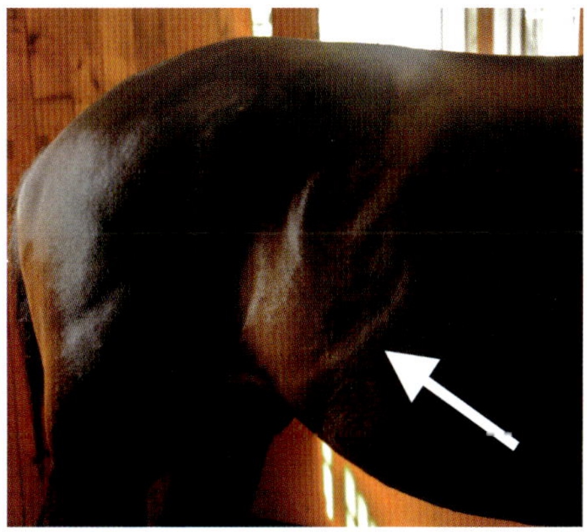

Eine verspannte Flanke ist oft die Folge, wenn der Sattel auf Widerrist oder Wirbelsäule drückt.

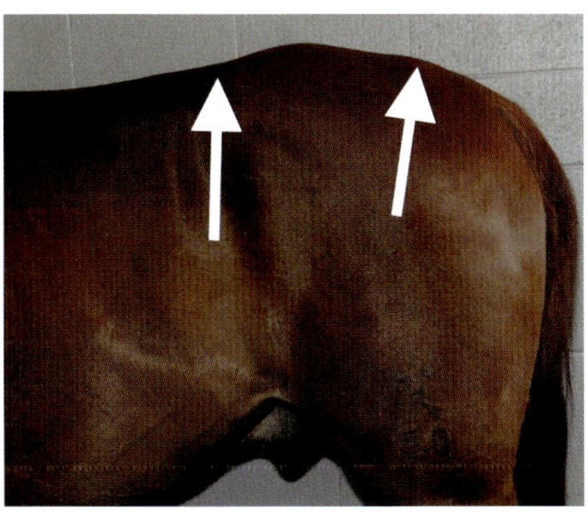

Hier sieht man die Folgen eines Sattels, welcher einen zu hohen Druck am 18. Brustwirbel ausgeübt hat.

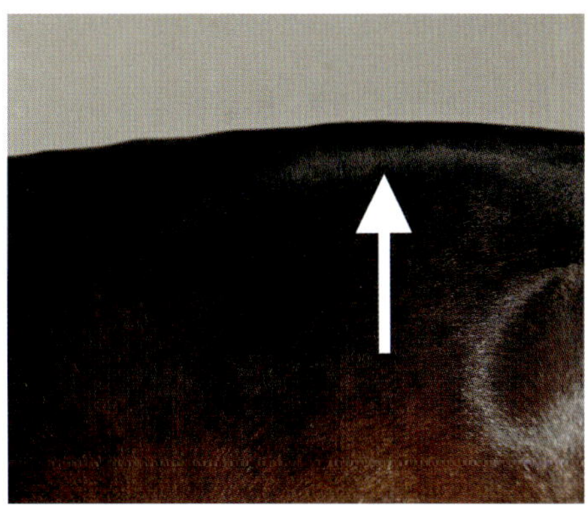

Aufgewölbte Lendenwirbel können die Folge davon sein, wenn der Sattel auf den CN 11 drückt und das Pferd reflexiv blockiert, es jedoch vom Reiter weiter vorwärts getrieben wird.

WAS BEDEUTET MUSKELATROPHIE?

Übt ein Sattel durch eine Inbalance einen zu hohen Druck auf einen Muskel aus, möchte das Pferd diesem Druck ausweichen, infolgedessen nimmt es eine Schonhaltung ein, verändert sein Gangbild und verspannt seine Muskulatur. Diese bildet sich zurück, da sie unter dem Druckpunkt weniger durchblutet wird und somit die Versorgung mit wichtigen Nährstoffen nicht mehr gegeben ist. Eine Muskelatrophie – Muskelrückbildung – entsteht. Nur wenn die Ursache (der unpassende Sattel) behoben wird, kann diese aufgehalten werden. Nun ist der Muskel mit der Zeit, gutem Training und natürlich einem optimal angepasstem Sattel in der Lage, sich zu regenerieren.

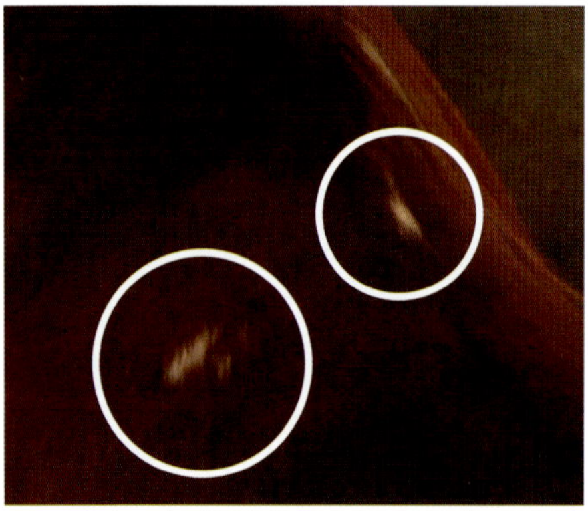

Die stärker ausgeprägte linke Schulter wurde hier beim Sattelanpassen nicht berücksichtigt, sodass eine Druckstelle durch das Kopfeisen vorn links entstanden ist.

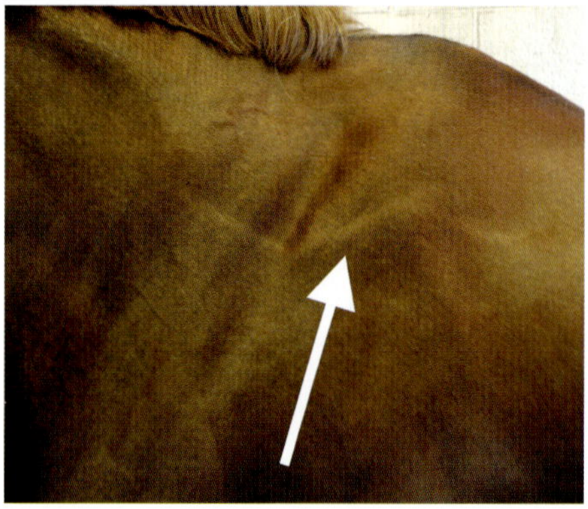

Übt ein Sattel ständigen Druck seitlich des Widerristes aus, können eine verspannte Schultermuskulatur sowie eine Definitonslinie die Folge sein.

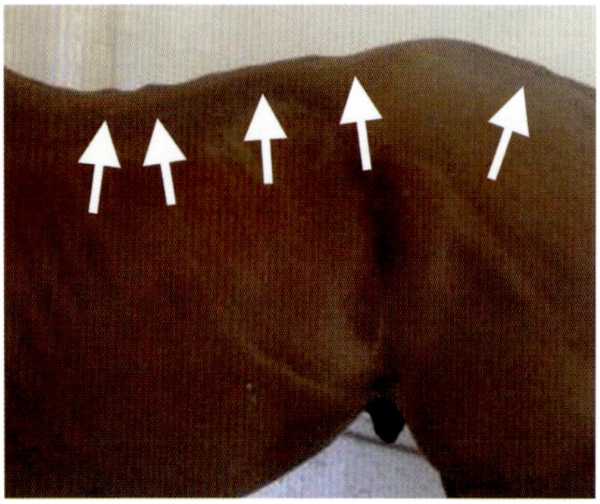

Diese verkrüppelte Wirbelsäule ist das Resultat langjährigen Reitens mit unpassendem Sattel.

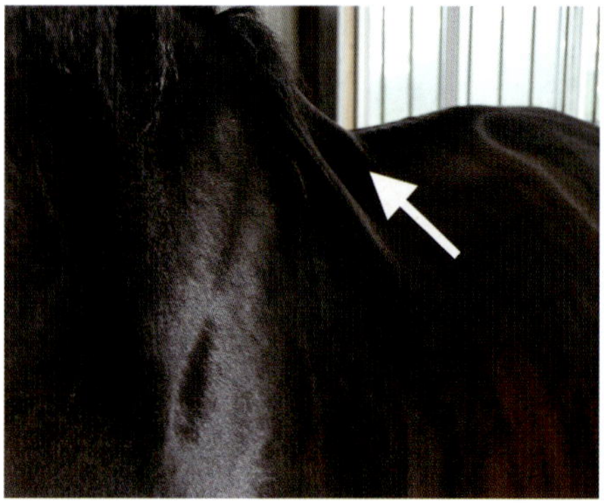

Ein zu enger oder zu weiter Baumwinkel führt oft zu einer Schwellung im Bereich des Trapezmuskels, welcher unter dem Sattel verläuft.

WAS BEDEUTET MUSKELDEFINITION?

Eine Muskeldefinition ist eine deutliche Herausbildung eines oder mehrerer Muskeln. Sie kann sowohl positiv als auch negativ sein. Dies richtet sich danach, ob ein Pferd durch gutes Training Muskulatur aufbaut und sie dadurch deutlicher zum Vorschein kommt oder ob es durch unsachgemäßes Reiten oder einen unpassenden Sattel eine Schonhaltung und dadurch „falsche" Muskulatur entwickelt. Diese „falsche" Muskulatur ist oftmals hypertonisch, was bedeutet, dass der Muskeltonus (die Muskelspannung) hier meist unphysiologisch (unnatürlich) hoch ist. Eine feste, verkrampfte, oftmals schmerzhafte Muskulatur ist die Folge.

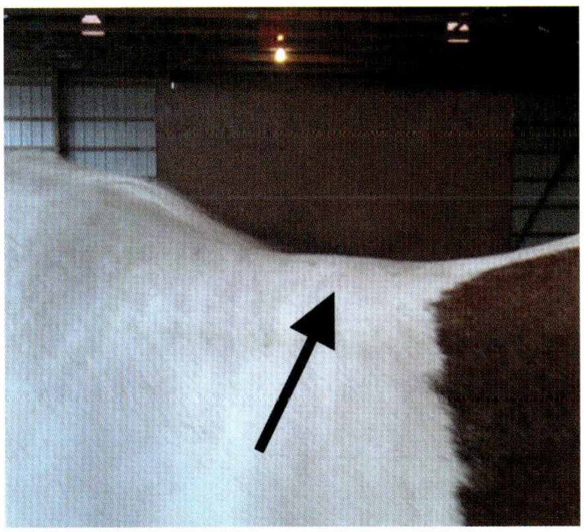

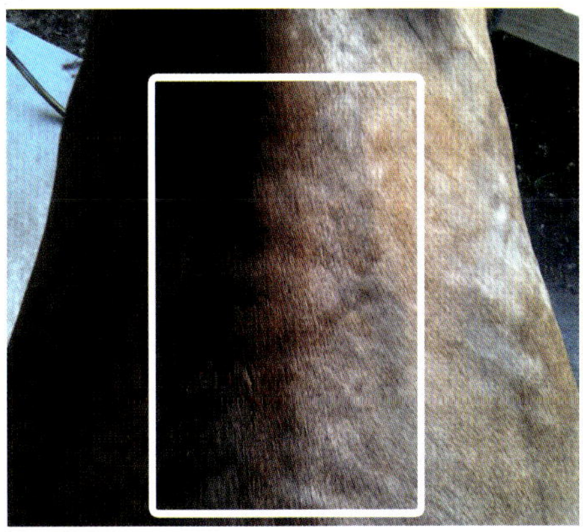

Eine zu enge Kissenkammer und ein baumloser oder flexibler Sattel verteilt das Reitergewicht oftmals nicht gleichmäßig. Verletzungen des Rückenbandes können die Folge sein.

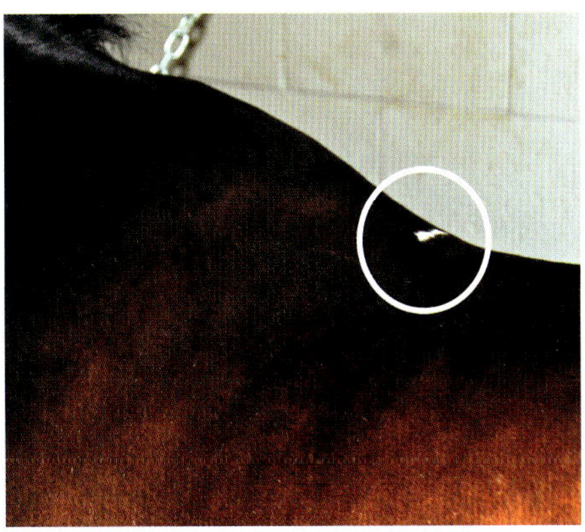

Satteldecken sollten dem Verlauf der Rückenlinie folgen und besonders den Widerrist berücksichtigen, da es hier sonst leicht zu Druckstellen kommen kann.

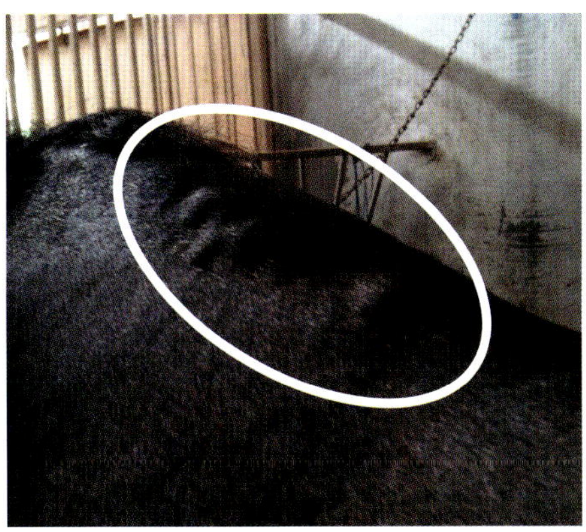

Wasserblasen können durch falsche Kopfeiseneinstellung, einen Sturz des Pferdes mit Sattel und drückende (rutschende) Sattelunterlagen hervorgerufen werden.

10

WER KANN SÄTTEL ANPASSEN?

Pferdebesitzer, Ausbilder, Tierärzte, Physiotherapeuten, Schmiede und auch Sie selbst: Alle können lernen, zu erkennen, ob ein Sattel einem Kundenpferd oder ihrem eigenen passt oder nicht. Dazu muss man kein Sattler sein. Wenn Sie das folgende Kapitel genau lesen und am Pferd nachvollziehen, werden Sie ebenfalls in der Lage sein, einen wirklichen Sattelfachmann am Pferd zu erkennen und ihn von einem selbsternannten „Experten" zu unterscheiden, der zwar etwas von „Kissenfüllen" versteht, jedoch über wenig Fachwissen in den Bereichen Anatomie und Physiologie von Pferd und Reiter(in) verfügt. Mit der Zeit werden Sie ein immer sichereres Gespür bekommen und „ein Auge dafür entwickeln", wie ein gut passender Sattel aussieht und was absolute Ausschlusskriterien in Bezug auf den Sattel für Sie und Ihr Pferd sind.

Ein ausgebildeter Sattler, egal ob Geselle oder Meister, ist leider nicht immer ein guter Fachmann, wenn es um die Beurteilung und Anpassung von Sätteln geht. Eine Sattlerausbildung ist auch gar nicht unbedingt Voraussetzung dafür. Auch Tierärzte, Reitlehrer oder Physiotherapeuten, die entsprechendes Wissen über die Biomechanik und die Anatomie von Reiter und Pferd erworben haben, können einen Sattel statisch und dynamisch vor Ort anpassen, sofern der Sattel die Möglichkeit der Anpassung hergibt.

BERUFSBEZEICHNUNGEN FÜR SPEZIALISTEN RUND UM DEN SATTEL

Sattler: In Deutschland ist der Beruf des Sattlers ein Handwerksberuf mit einer dreijährigen Ausbildung bis zur Gesellenprüfung, danach ist eine Meisterausbildung möglich. Es gibt folgende Sparten: Polsterer, Autosattler, Orthopädischer Sattler, Feintäschner und Reitsportsattler. Die Gesellenausbildung zum Reitsportsattler beinhaltet nicht immer das Fachgebiet Sattelbau. In der Meisterausbildung gibt es zusätzlich die Möglichkeit der Spezialisierung auf den Reitsport (Sättel) oder Fahrsport (Geschirre). Dabei beinhaltet die Meisterausbildung die Themenbereiche „Reitlehre" und „Funktionale Anatomie des Pferdes und des Menschen" nicht oder nur marginal, auch die korrekte Sattelanpassung eines Sattels an ein Pferd wird kaum oder wenig vermittelt.

Sattelverkäufer: Sattelverkäufer sind Menschen mit den verschiedensten Hintergründen, sie müssen nicht zwangsläufig Sattlergesellen oder -meister sein. Es gibt keine Berufsausbildung zum Sattelverkäufer, insofern liegt keine verbindliche Qualifizierungsgrundlage vor. In Deutschland werden

Sättel im Wesentlichen durch Reitsportfachgeschäfte vertrieben, deren Inhaber und Mitarbeiter dann die Sattelverkäufer sind. Sie verfügen oftmals über sehr gute Marktkenntnisse, beispielsweise über das vielfältige Angebot an Sätteln, und viele haben selbst einen reitsportlichen Hintergrund. Eine Qualifikation bezüglich der „Funktionellen Anatomie des Pferdes und des Menschen" kann nicht grundsätzlich vorausgesetzt werden, ein entsprechendes Fortbildungsangebot wird gerade erst eingeführt.

Sattelberater: Sattelberater oder auch Sattelanpasser gibt es im englischsprachigen Raum (Großbritannien und Nordamerika) schon lange (saddle fitter). Diese Personen prüfen die Passform von Sätteln und passen diese an. Sie sind oft auch Sattelverkäufer, aber nicht unbedingt. Sattelberater verfügen meist über Kenntnisse bezüglich der Anpassung eines Sattels, wobei sie sich diese bisher aufwendig selbst aneignen mussten, ein Standard bezüglich fundierter Kenntnisse ist nicht gegeben. Einige Sattelberater sind auch in der Lage, einfache Sattlerarbeiten selbst auszuführen, um einen Sattel anzupassen (Kissen füllen, Kopfeisen wechseln oder verstellen) und müssen nicht zwangsläufig Sattlergesellen oder -meister sein. Es gibt keine Berufsausbildung zum Sattelberater, insofern liegt keine verbindliche Qualifizierungsgrundlage vor. Seit 2011 bietet die Deutsche Reiterliche Vereinigung (FN) eine Fortbildung zum FN anerkannten Sattelberater an, in der sowohl die Funktionelle Anatomie, die korrekte Anpassung von Sätteln als auch wichtige grundlegende Kriterien der Reitlehre vermittelt werden.

Sattelergonom: Die Ausbildung zum Sattelergonomen wird derzeit ausschließlich von Saddlefit 4 Life® angeboten. Sattelergonome lernen während ihrer Ausbildung, einen Sattels auf dem Pferd sowie die Überprüfung und Bewertung der körperlichen Voraussetzungen des Reiters, sowohl in der statischen als auch in der dynamischen Situation, zu beurteilen. Sie besitzen umfangreiche Kenntnisse über die Funktionelle Anatomie von Mensch und Pferd und sind in der Lage, einen Sattel optimal an ein Pferd anzupassen sowie fast alle Änderungen durchzuführen.
Sattelergonome arbeiten nach einem standardisierten, für den Kunden nachvollziehbaren Verfahren. Der Sattelergonom ist mit dem Sattelberater vergleichbar, allerdings sind die Anforderungen und die Arbeitsweise nach der Saddlefit 4 Life® Philosophie für den Verbraucher durch entsprechende Veröffentlichungen im Internet nachvollziehbar und -prüfbar. Sattelergonome arbeiten innerhalb eines Netzwerks aus Tierärzten, Therapeuten, Trainern, Sattlern und Hufschmieden.

WIE ERKENNE ICH EINEN GUTEN SATTELBERATER?

Da der Beruf des Sattlers keine Auskunft über seine Fähigkeiten zum Sattelanpassen gibt, sind die bereits genannten verschiedenen Bezeichnungen für Fachleute entstanden, die sich mit dieser Thematik beschäftigen. Der Begriff des Sattelberaters hat sich hier in Deutschland bisher vor allem etabliert. Das kann jede Person sein, die im Reitsportgeschäft angestellt ist (eine gelernte oder angelernte Verkäuferin, ein Sattler, ein Vertreter für eine Firma, ein Geschäftsinhaber). Hier lässt sich nicht überprüfen, über wie viel Fachwissen der- oder diejenige verfügt. Dann gibt es den Begriff des Sattelergonoms, den Saddlefit 4 Life® eingeführt haben und der mittlerweile eine geschützte Bezeichnung ist. Der Sattelergonom hat bei Saddlefit 4 Life® eine Ausbildung zum zertifizierten Fachberater absolviert. Üblicherweise arbeiten diese Sattelergonome mit anderen Pferdeexperten zusammen, um eine wissenschaftlich fundierte Beratung anzubieten. Zumindest aber verwehren sie sich nicht der Zusammenarbeit mit Therapeuten, Hufschmieden, Tierärzten und Ausbildern. Der Sattelergonom selbst verfügt über genaue Anatomiekenntnisse von Pferd und Reiter und ist mit der Biomechanik im Zusammenhang mit dem Reiten vertraut. Er kann einen Sattel verändern, weil er in der Lage ist, Kopfeisen fachgerecht einzustellen, Sättel zu polstern und notwendige andere einfache Sattlerarbeiten vorzunehmen. So kann er direkt vor Ort erklären, aufpolstern, einstellen und anpassen. Ein Saddlefit 4 Life® Sattelergonom wird Anpassarbeiten an einem Sattel weitestgehend vor Ort am Pferd vornehmen. Muss ein Sattel komplett umgebaut werden, geschieht das dann in einer Werkstatt. Sattelergonome gibt es derzeit in Asien, Australien, Amerika und Europa.

Der Sattelergonom misst und überprüft die Maße von Reiter, Pferd und Sattel. Notwendige Änderungs- und Anpassungsarbeiten bespricht er mit dem Kunden und führt sie direkt vor Ort aus.

Der Sattelergonom vermisst die Reiterin, um Taschenlänge und -winkel, Bügellänge und Sturzfederposition festzustellen,

... ändert den Baumwinkel auch direkt vor Ort, um die Passgenauigkeit zu garantieren,

Ihr Sattelberater oder -ergonom sollte eine offene, kompetente Fachperson sein, die mit den anatomischen und physiologischen Zusammenhängen von Pferd und Reiter sehr gut vertraut ist. Das Wissen, beispielsweise welche Muskulatur und welche Körperteile des Pferdes vom Sattel beeinflusst werden können, ist nötig, um einen Sattel fachgerecht anzupassen.

Der Sattelberater oder -ergonom sollte ebenso wissen, dass der Sattel weder im Lendenbereich, auf den Schultern oder auf der Wirbelsäule des Pferdes drücken darf. Ihm ist bewusst, dass ein Sattel mit seiner Sattelauflagefläche hauptsächlich auf dem M. longissimus und der Rippenfläche aufliegt. Er ist weiter fachlich dazu in der Lage, Ihnen zu verdeutlichen, dass sich der Abstand zwischen den Schultern verbreitert und die Schultern sich in ihrer Lage weiter nach hinten verändern, wenn ein Pferd im Sinne der klassischen Ausbildung trainiert wird und es eine korrekte Muskulatur aufbaut. Auch in der Reitlehre ist er so weit fortgebildet, dass er weiß, dass ein Pferd in der Lage ist, seinen Schwerpunkt Stück für Stück nach hinten zu verlagern und so mehr Last auf der Hinterhand aufzunehmen. Vorausgesetzt (!), der Sattel wird der sich ständig verändernden dreidimensionalen Sattellage in regelmäßigen Abständen angepasst. Als Sattelberater sollte er bestrebt sein, Ihnen als Kunde ein Produkt anzubieten, das dem sich verändernden Pferd immer wieder an-

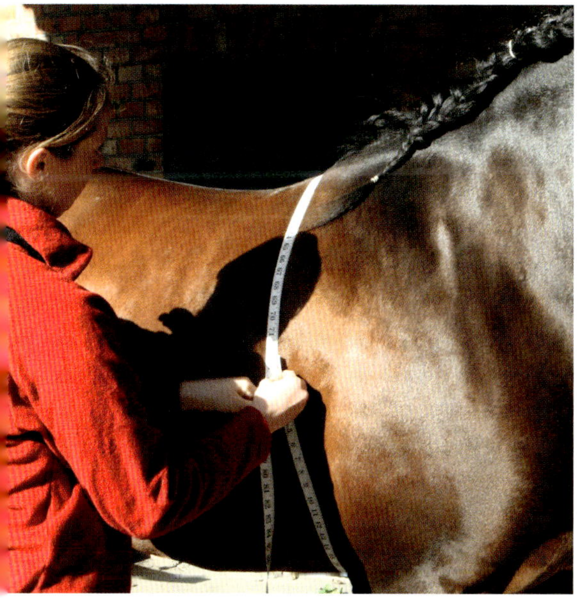

… misst den Umfang des Pferdes, um die optimale Gurtschnallenposition zu finden,

… und bearbeitet/füllt das Kissen, damit der Sattel anschließend optimal passt.

gepasst werden kann. Der Baum muss am Kopfeisen im Winkel und in der Breite verstellbar, die Strippenlage, die Sattelkammer (Kissenkanal) und das Sattelkissen an sich müssen ebenfalls veränderbar sein.

Die Grundvoraussetzung für einen guten Sattelberater oder -ergonom ist, dass er die „Reitersprache" versteht. Dies bedeutet, dass er selbst möglichst Reiter sein sollte, damit er sich auch einmal auf ein Pferd setzen kann, um eventuelle Probleme aus der Sicht des Reiters erfühlen zu können. Versteht er die reiterlichen Fachtermini, wie „lässt die Parade nicht durch", „fällt auf die äußere Schulter", „springt den Fliegenden Wechsel nach", lässt sich die Ursache eines Problems schneller finden und eine einvernehmliche Lösung gestaltet sich viel leichter.

Dass ein Sattel einem Pferd möglichst gut passen muss, ist bekannt, aber natürlich muss der Sattel auch dem menschlichen Kunden, dem Reiter oder in den meisten Fällen der Reiterin, passen. Es ist Aufgabe des Sattelberaters, auch für den Reiter einen Sattel zu empfehlen, in dem er locker und ausbalanciert sitzen kann sowie in der Lage ist, korrekte Hilfen zu geben. Nur dann kann die erforderliche Ruhe in das Team von Pferd und Reiter kommen. Ein dem Pferd noch so gut angepasster Sattel wird auf die Dauer nicht funktionieren und für das Pferd wenig komfortabel sein, wenn der Reiter nicht richtig darin sitzen kann.

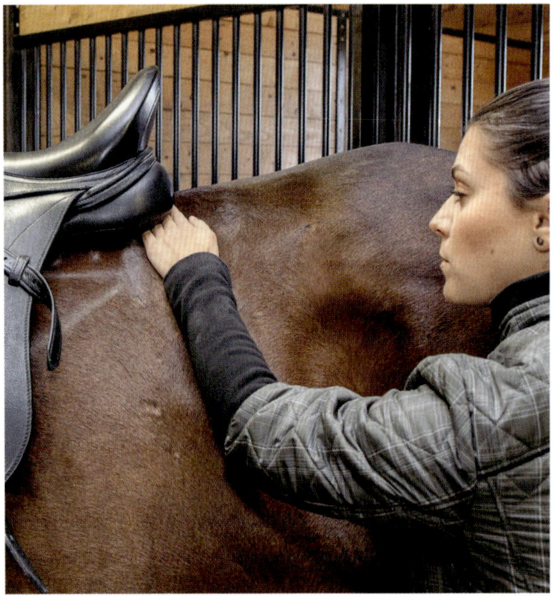

Der Sattelergonom überprüft auch die Sattellänge, um Druck auf den Lendenbereich zu vermeiden,

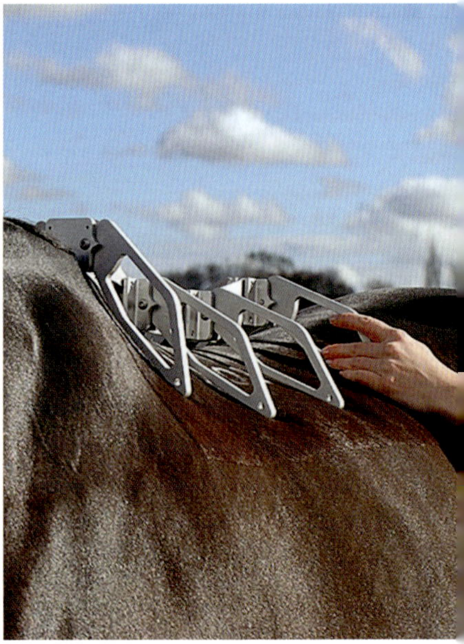

... er misst die dreidimensionale Sattelauflagefläche sorgfältig mit dem Arc Device®,

Der Sattelberater oder -ergonom muss auch über Grundkenntnisse in der Anatomie und Biomechanik des Menschen verfügen, so sollte er beispielsweise den Unterschied zwischen einem Männer- und einem Frauenkörper in Bezug auf Muskulatur, Knochenbau, Sehnen, Bänder und die Balance verstehen, um die Reiterin oder den Reiter korrekt zu positionieren.

Er sollte wissen, wie diese korrekte Sitzposition aussieht und warum sie zielführend ist.

Natürlich sind handwerkliche Geschicklichkeit, um Korrekturen am Sattel (direkt vor Ort!) ausführen zu können, für einen guten Sattelergonom unabdingbar. Er stellt den Sattel immer vor Ort ein, polstert auf, wechselt die Strippen, weitet die Kammer und ist sich darüber im Klaren, dass etwas, was statisch, also am stehenden Pferd, gut aussieht, in der Bewegung noch lange nicht gut sein muss, weshalb er sich das Pferd sowohl an der Longe als auch unter dem Sattel zur Vor- und Nachkontrolle ansehen wird.

Ein Sattelberater oder -ergonom kann und sollte ein Verkäufer sein, der seinem Kunden bei einer Entscheidung helfen soll, ohne ihn dabei unter Druck zu setzen oder ihn zu überrumpeln – da sonst früher oder später die Vertrauenswürdigkeit leiden wird. Viel Einfühlungsvermögen und Zeit im Umgang mit dem Pferd und dem Kunden sind Serviceleistungen, die in diesem Bereich, wo es oftmals um sehr kleine Nuancen geht, unabdingbar sind.

... überprüft die Sattelpolsterung auf Unebenheiten und verändert die Strippenlage,

... er verändert, falls erforderlich, mit der Baumeinstellmaschine die Baumbreite.

Eine gute Übersicht über das auf dem Markt befindliche Sattelangebot ist wünschenswert, um den Kunden über die Vor- und Nachteile der unterschiedlichen Systeme aufklären zu können. Welche Bäume oder Füllungen werden beispielsweise verwendet und welche Philosophien vertreten die Hersteller. Um eine herstellerunabhängige Beratung geben zu können, sollte der Sattelberater neutral und keiner Marke in besonderer Weise verbunden sein.

Ein guter Sattelberater/-ergonom sucht darüber hinaus die Zusammenarbeit mit anderen Fachspezialisten, wie Tierärzten, Schmieden, Reitausbildern, Osteopathen oder Akupunkteuren. Er ist in der Lage, Probleme aus den anderen Bereichen, wie beispielsweise Rittigkeitsprobleme wegen eines nicht optimalen Reitersitzes, zu erkennen und den Kunden gegebenenfalls an andere Fachpersonen, wie in diesem Beispiel an einen Trainer, welcher eine sehr gute Sitzschulung anbietet, weiterzuleiten.

Ein Sattelberater oder -ergonom weiß, dass das Lernen rund um das Pferd niemals aufhört. Wissensdurstige Menschen, die Fortbildungen besuchen, sich mit Fachliteratur weiterbilden, sich Gedanken über die Biomechanik des Pferdes und die Anatomie des Reiters machen und verstehen wollen, was die dreidimensionale Sattelauflagefläche beeinflusst, sind gegenüber den Sattlern klar im Vorteil, die meinen: „Das ist so, denn das wurde schon immer so gemacht!"

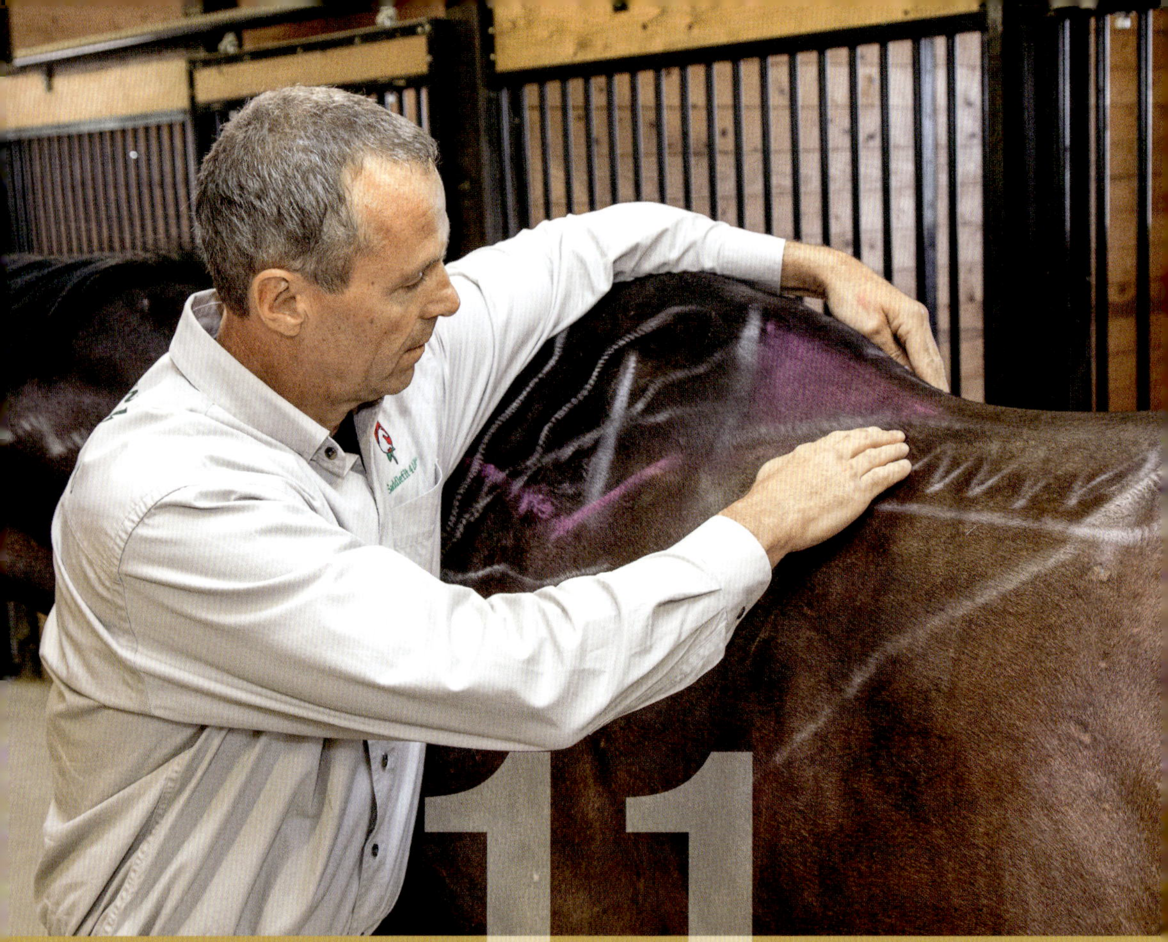

11

SATTELANPASSEN IST NICHT SCHWER ODER:

Wie funktioniert eine Sattelanpassung?

Als Sattler oder Sattelergonom muss ich herausfinden, wo ein Sattel liegen darf, ohne das Pferd zu behindern oder Reiter und Pferd gar körperliche Schäden zuzufügen. Deshalb muss ich bei der Anpassung ganz genau hinsehen. Dafür gibt es einige Kriterien, die allgemein zu beachten sind und für jedes Pferd und jede Sattelanpassung gelten: Zum einen ist das die Vorgehensweise – es klingt simpel, aber wenn man sich keine logische Reihenfolge zurechtlegt, vergisst man leicht einen Punkt. Aus diesem Grund geht man bei der Betrachtung wie bei der Pferdebeurteilung vor: Man beginnt auf der linken Seite, betrachtet das Pferd zunächst ohne, dann mit Sattel, von vorn nach hinten, dann von oben nach unten. Die gleiche Vorgehensweise erfolgt auf der anderen Seite. Dabei ist das Betrachten ohne Sattel von großer Bedeutung. Hier kann ich feststellen, wie die Rückenmuskulatur des Pferdes beschaffen ist, welche Form der Widerrist hat, wie der Allgemeinzustand ist und ob es unterschiedliche Bemuskelungen gibt, die eventuell Rückschlüsse auf die Lage des bisherigen Sattels oder die Reitweise ermöglichen. Dieser sogenannte statische Sattelcheck umfasst außerdem die Überprüfung der Sattelbalance, der Sattellänge, der Widerristfreiheit, des Baumwinkels sowie der Baumbreite. Daneben sehe ich mir natürlich auch

Streckt das Pferd das Vorderbein nach vorn, rotiert das Schulterblatt im Stand circa zehn Zentimeter nach hinten.

das Exterieur des Pferdes an und überprüfe den Sattel auf seinen Zustand (Nähte, Gurtstrupfen, Bügelriemen und so fort).

Hat man sich so eine erste Übersicht verschafft, so sind zweitens in den einzelnen Bereichen folgende Punkte zu beachten:

1. Der Sattel darf nicht auf dem Knorpel der Schulter beziehungsweise des Schulterblatts liegen und weder an den Seiten noch oben auf dem Widerrist drücken oder klemmen.
2. Er soll nicht auf der Wirbelsäule liegen – weder auf den Dornfortsätzen noch auf dem langen Rückenband und ebenfalls nicht im Lendenbereich.
3. Die Auflagefläche des Sattels endet Richtung Hinterhand am 18. Brustwirbel des Pferdes (auf der letzten Rippe).
4. Das Kissen der Sattelauflagefläche darf nicht zu breit sein. Die äußeren leicht ertastbaren Kanten des M. longissimus bilden hierbei am Übergang zum M. intercostalis internus (dem Inneren Zwischenrippenmuskel) den Endpunkt der Auflagefläche, um Beeinträchtigungen des Rippengerüstes in der Atmung und in der Bewegung zu vermeiden.

Erst wenn ich diese Details im Stand überprüft habe, lasse ich das Pferd reiten und prüfe, ob sich das, was ich im Stand gesehen habe, in der Bewegung widerspiegelt, sowohl in der Lage des Sattels als auch im Verhalten des Pferdes und des Reiters. Dabei beobachte ich beim dynamischen Sattelcheck den Reiter, der (möglichst) ohne Satteldecke reitet, im Schritt, Trab und Galopp. Wie ist dabei die Bewegung des Sattels auf dem Pferderücken in jeder Richtung? Was sagen mir die Augen, die Ohren, der Schweif, die Bewegungen des Pferdes und vor allem die Muskulatur vor und hinter dem Sattel? Wie ist der persönliche Eindruck des Reiters?

Oft, vor allem bei wenig erfahrenen Reitern, ist es auch hilfreich, eine Person hinzuzuziehen, die Reiter und Pferd gut kennt und Hinweise bezüglich des Trainingsstandes geben kann.

GECHECKT! WARUM LIEGT MEIN SATTEL SCHIEF?

Es gibt grundsätzlich drei verschiedene Ursachen, die für die Schieflage des Sattels auf dem Pferd verantwortlich sind: das Pferd, der Reiter oder der Sattel selbst! Um herauszufinden, ob ein Sattel aufgrund der Schiefe des Reiters oder des Pferdes schief liegt oder ob die Ursache im Sattel selbst zu finden ist, benötigt der Sattelberater eine Reihe von Kenntnissen, sowohl bezüglich der Beurteilung des Exterieurs eines Pferdes als auch in der Reitlehre und nicht zuletzt auch sattlerisches Wissen, bei dem wir aber davon ausgehen kön-

Überprüfung des Schulterwinkels mit dem Sprengermaß

Ein Laser zur Rückenvermessung der Firma Horse Shape

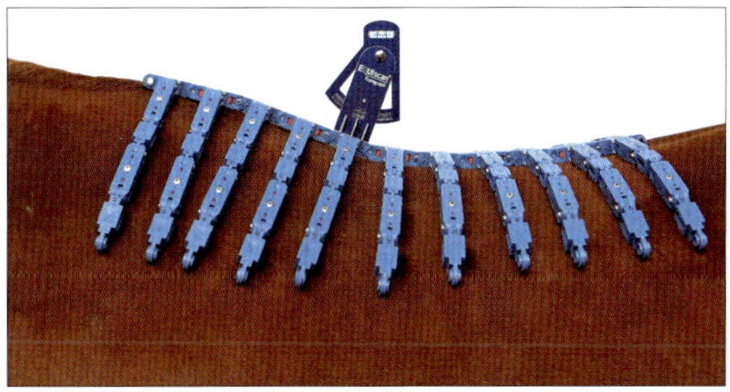

Topograph von Equi Scan

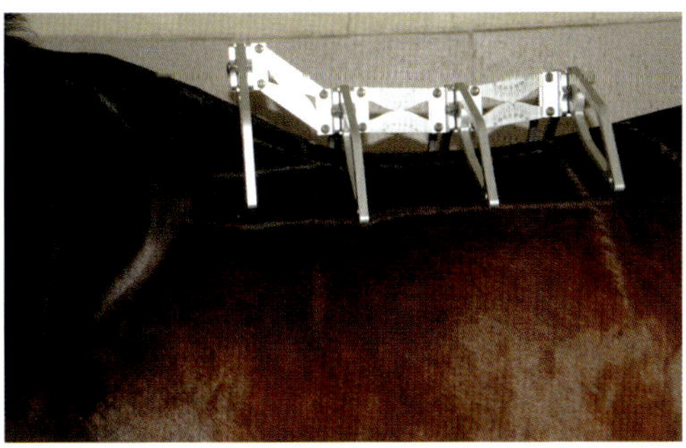

Arc Device von Saddlefit 4 Life®

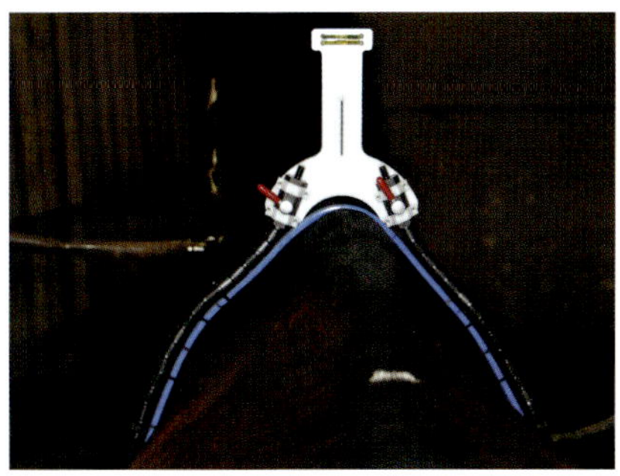

Dieses Gerät misst die Ausprägung der Schultermuskulatur

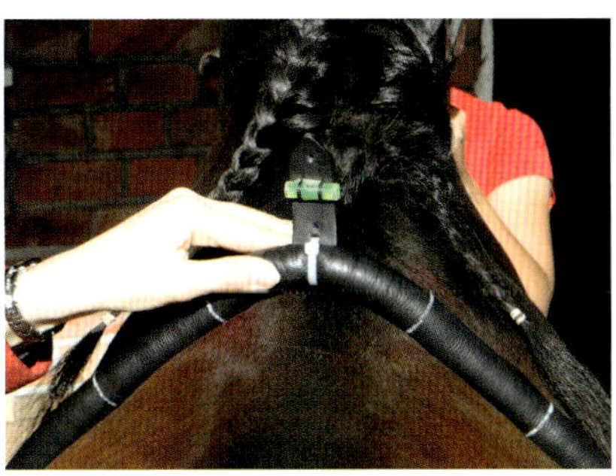

So lässt sich der Widerrist- und Schultermuskel vertikal gut vermessen

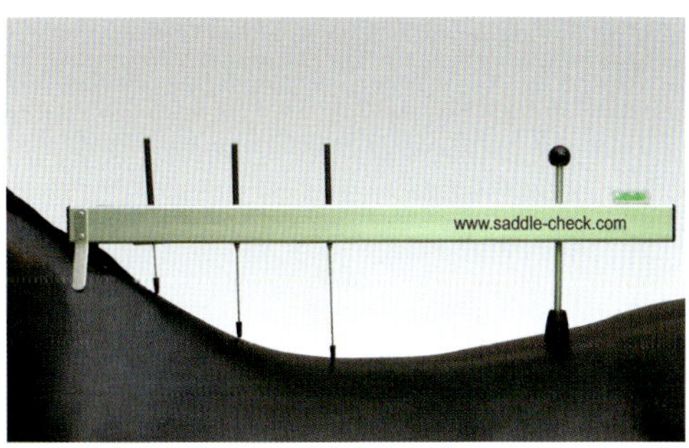

Messwerkzeug für das Bundeseinheitliche Mess-System für den Pferderücken des BVFR (Bundesverband der Fahrzeug- und Reitsportsattler)

nen, dass dies meist vorhanden ist. Bei einer fachkompetenten Vermessung werden unter anderem die Schulterbreite, -höhe, der Schulterwinkel und die Breite und Form der Widerristmuskulatur ermittelt, die sich aus dem Querschnitt von M. spinalis, M. trapezius, M. longissimus dorsi und M. latissimus zusammensetzt, die sich hinter(!) der Schulter befinden.

Für die wichtigsten Vermessungen gibt es mittlerweile mehrere dreidimensionale Pferderückenmessgeräte, die die natürliche Schiefe des Pferderückens vermessen und so die Form der Sattelauflagefläche bestimmen können. Ein flexibles Widerristmessgerät, aber ebenso die Beurteilung von Pferd und Reiter mit dem bloßen Auge im Stand sowie in der Bewegung, sind Voraussetzung für eine fachgerechte und später nachvollziehbare Beurteilung eines Pferd-Reiter-Paares bezüglich der Passform des Sattels. Dazu können ebenso die auf der vorigen Seite vorgestellten Messgeräte genutzt werden.

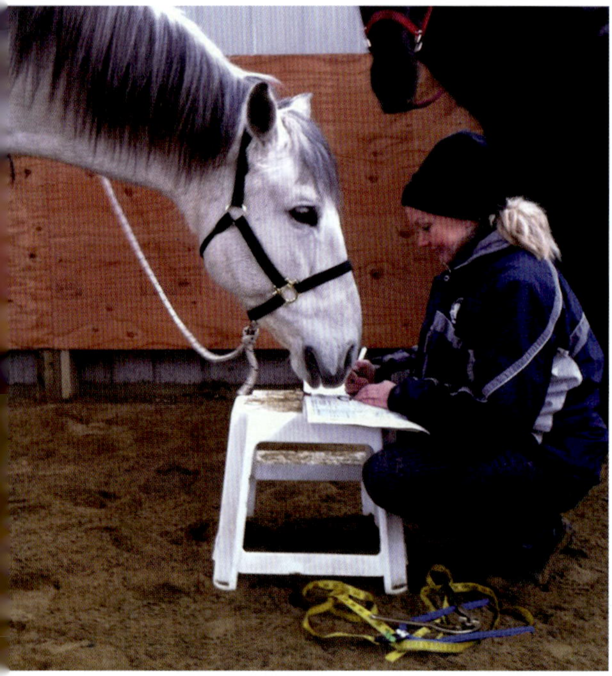

Alle Messergebnisse werden schriftlich festgehalten.

Erst nachdem der Sattelergonom alle Fakten gesammelt hat, kann er sich ein Bild über die tatsächliche Ursache der Schiefe machen. Nun kann er mit der Problemlösung am Pferd, am Sattel oder am Reiter beginnen. Die schriftliche Dokumentation aller Messdaten, Beurteilungen und Zeichnungen sollte dabei selbstverständlich sein, genauso wie die Aushändigung einer Kopie dieses Protokolls an den Kunden mit einer ausführlichen Erklärung des Ergebnisses sofort im Anschluss an die Analyse.

Die Erfahrung hat mich gelehrt, dass der Reiter meistens ausbalanciert und der Sattel symmetrisch ist. Eine Asymmetrie liegt dann in der natürlichen Schiefe des Pferdes begründet. Nur wenn man dieser Schiefe bei der Sattelanpassung Rechnung trägt, hat das Pferd eine Chance, seine Schultermuskeln sowie sämtliche anderen parallel und diagonal liegenden Muskeln gleichmäßig zu entwickeln. In solchen Fällen ist das Kopfeisen zu der Seite weiter einzustellen, auf der das Schulterblatt und die Muskulatur stärker ausgeprägt sind. So hat die Schulter auf beiden Seiten genug Platz, locker am Kopfeisen „vorbeizurutschen", die Bewegungsmechanik bleibt ungestört.

AUFZEICHNEN DER SATTELAUFLAGEFLÄCHE

Um zu überprüfen, ob der Sattel korrekt auf dem Pferd liegt oder nicht, müssen Sie kein Sattelexperte sein. Die folgenden Abbildungen zeigen, wie Sie mit dem Einzeichnen von ganz einfachen Markierungen erkennen können, ob Ihr Sattel auf Ihrem Pferd in der richtigen Position liegt. Kontrollieren Sie dies vor, während und nach dem Reiten.

VONEINANDER LERNEN

Ein Sattler, Sattelberater oder Sattelergonom sollte in der Lage sein, die Sattelauflagefläche am Pferd genauestens aufzuzeichnen. Dann ist es möglich, mit Ihnen, Ihrem Tierarzt und Ihrem Reitlehrer gemeinsam die optimale Sattelauflagefläche Ihres Pferdes zu definieren. Nur so kann vermieden werden, dass der Sattel auf Reflexpunkte drückt und unerwünschte Reaktionen auslöst.

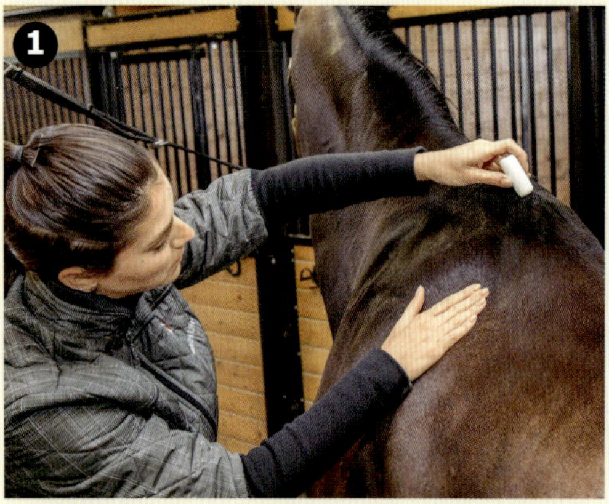

Sie nehmen sich ein Stück Kreide und markieren zuerst die breiteste Stelle der Schulter mit einem vertikalen Strich.

Am tastbaren oberen Ende des Schulterblatts ziehen Sie einen zweiten vertikalen Strich.

Heben Sie ein Vorderbein an, dann rotiert die Schulter nach hinten. Dort – am oberen hinteren Ende des Schulterblatts – zeichnen Sie einen dritten Strich.

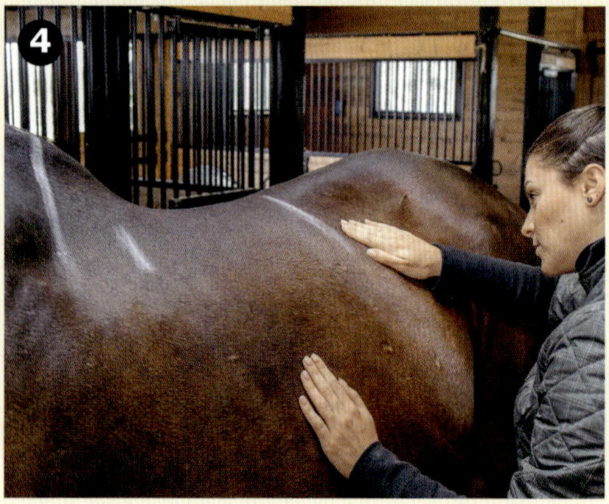

Erfühlen Sie den 18. Brustwirbel und markieren Sie diese Stelle mit einem vierten vertikalen Strich.

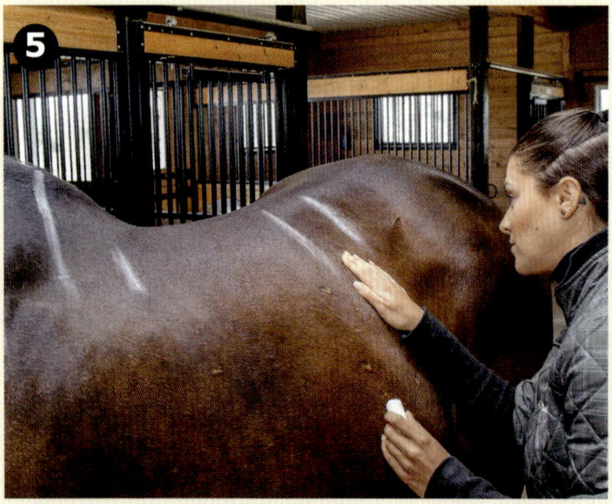

Ziehen Sie zehn Zentimeter hinter dem vierten Strich nochmals einen fünften vertikalen. In diesem Bereich, dem Lendenbereich, liegt der Bockreflexpunkt. Ist der Sattel zu lang und liegt in diesem Bereich auf, kann dies die Ursache für Pass, Vierschlaggalopp, Nachspringen bei den Fliegenden Wechseln, Verhalten oder Bocken sein.

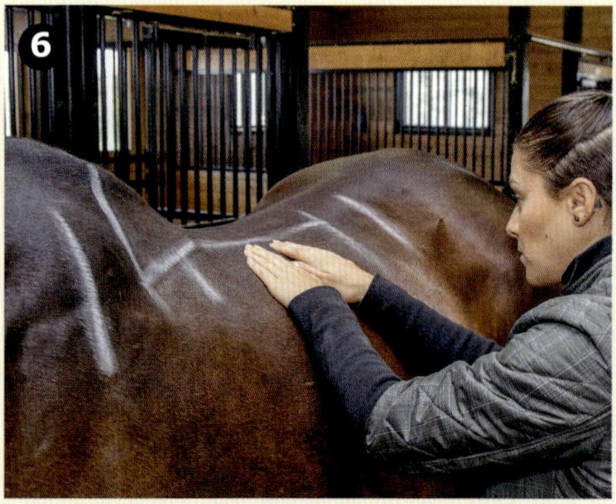

Jetzt gehen Sie wieder zurück zum dritten und vierten Strich und fahren hier mit dem Daumen vorsichtig nach oben zur Wirbelsäule des Pferdes. Hier ertasten Sie die Wirbelsäule! Markieren Sie auf beiden Seiten die äußere Begrenzung des Wirbelsäulenstranges mit einem langen horizontalen Strich.

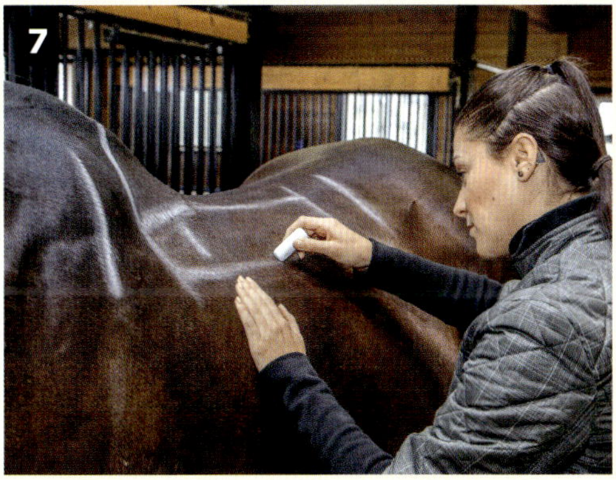

Von dieser Linie aus fahren Sie mit den Fingerspitzen unter festem Druck hinunter und erfühlen, wo der M. longissimus zu Ende ist und eine mehr oder weniger starke Einbuchtung den Übergang zum Zwischenrippenmuskel markiert. Hier ziehen Sie eine zweite horizontale Linie, vom zweiten bis zum vierten vertikalen Strich.

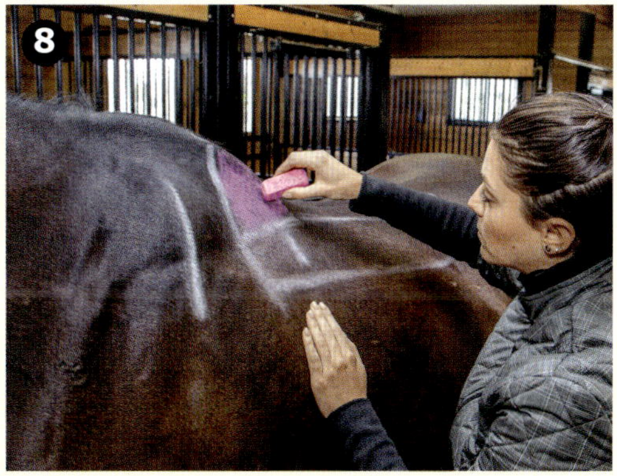

Gehen Sie nun zehn Zentimeter am zweiten vertikalen Strich von oben nach unten und verbinden Sie den zweiten und dritten Strich mit einer Diagonalen nach oben und zeichnen weiter zurück zum zweiten Strich am oberen Teil des Widerrists. In diesem nun entstandenen Dreieck darf kein Druck ausgeübt werden, da hierunter der M. trapezius, der M. rhomboideus sowie der M. spinalis liegen. Weiter befinden sich hier viele Nervenenden sowie das Nacken- und Rückenband (Sehnen). Dieses Dreieck bezeichnet man oft als Widerristkappe oder als die hoch empfindliche „Verteilerkappe".

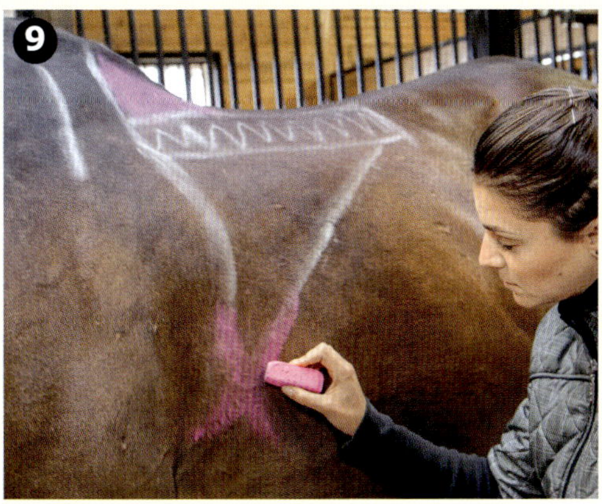

Skizzieren Sie überall rote Kreuze, wo der Sattel oder der Gurt nicht liegen und drücken dürfen, also zwischen dem ersten und zweiten sowie zwischen dem vierten und fünften vertikalen Strich, im Dreieck beim Widerrist und dort, wo die Wirbelsäule sowie die Kante des Tricepsmuskels verläuft.

Der Sattel soll auf dem M. longissimus zum Liegen kommen (weiß markierter Bereich).

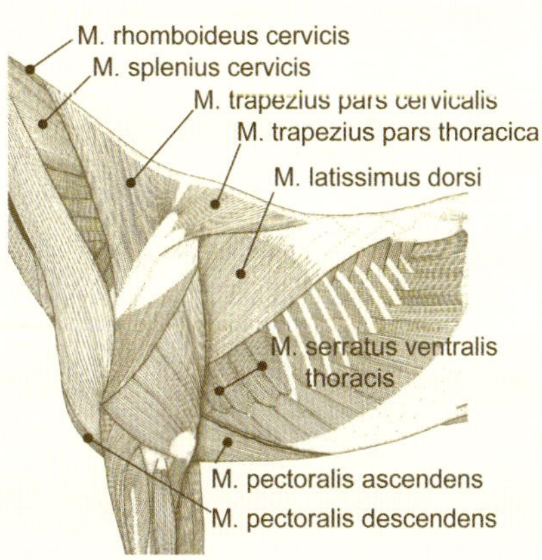

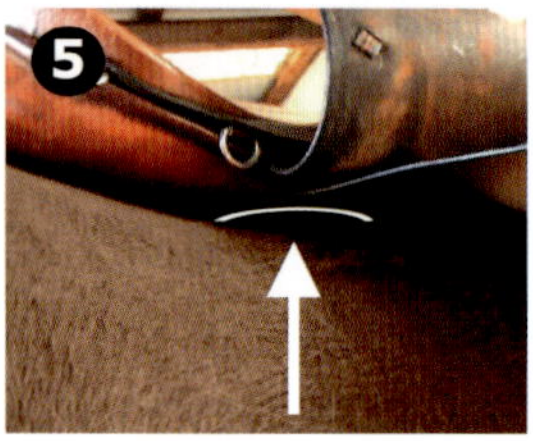

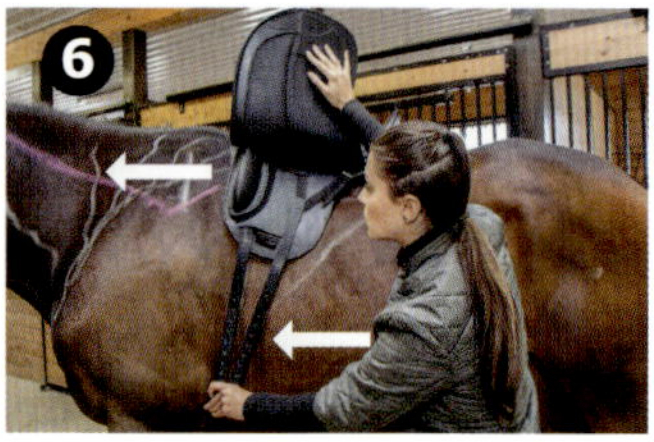

Anhand dieser Markierungen können Sie nun auf dem Pferd im Stand prüfen, ob …

1 … Ihr Sattel die gleiche Kammerbreite von hinten nach vorn hat, wie es Ihre Markierung auf dem Pferd zeigt, es sollte mindestens eine Handbreit sein.

2 … Ihr Sattel über den vierten vertikalen Strich hinausreicht, was zu vermeiden ist. In einigen Fällen macht das Licht den Lendenbereich deutlich sichtbar.

3 … das Kopfeisen parallel zum Schulterwinkel ist. Dies kann man gut erkennen, wenn man eine Gerte an den ersten Strich, und eine zweite gegen die Kissenvorstoßrolle (runde vertikal verlaufende Abschlussnaht des Sattelkissens) legt und diese zwei Linien von vorn gesehen parallel sind. Ist dies der Fall, kann die Schulter des Pferdes gut unter dem Kopfeisen „durchrutschen".

4 … die Widerristfreiheit nicht nur oben, sondern auch an den Seiten ein bis drei Zentimeter beträgt. Hat der Widerristknochen hier zu wenig Platz, so wird vor allem in den Seitengängen und Wendungen der Vorderzwiesel gegen den Knochen drücken.

5 … die horizontale Kissenauflagefläche gleichmäßig ist, wenn Sie mit der Hand oder einem Stift dort entlangfahren. Sie können das Schweißblatt auch leicht anheben, um zu überprüfen, ob der Sattel hohl liegt.

6 … die Gurtstrippen korrekt positioniert sind. Die Gurtstrippenlage ist deshalb so wichtig, weil sie wesentlich dafür verantwortlich ist, ob der Sattel an der Stelle liegen bleibt, wo er liegen soll, oder ob er nach vorn oder nach hinten gezogen wird. Liegt der Sattel – egal ob Dressur- oder Springsattel – hinter dem zweiten Strich, kann man sicher sein, dass der Sattelbaum mit dem steifen Kopfeisen hinter dem zweiten Strich, also hinter der Schulter bleibt. Das bedeutet nicht, dass nicht Teile des Sattels nach vorn über den Strich hinausragen dürfen. Das Sattelblatt eines Springsattels wird immer über der Schulter des Pferdes liegen. Das ist aber ungefährlich, weil dort kein permanenter starker Gewichtsdruck entsteht und die Schulter sich unter dem Sattelblatt unproblematisch bewegen kann. Den Verlauf des Kopfeisens kann man an der Positionierung des Vorderzeugfallringes erkennen. Diese klappbare Öse, über die fast jeder Sattel verfügt, ist immer vor dem Kopfeisen angebracht. Ist dieser Ring am Vorderzwiesel des Sattels in derselben Höhe wie der zweite Strich, liegt der Sattel mit dem Kopfeisen hinter der Schulter. Wenn der Sattel hinter dem zweiten Strich liegt, muss der Sattelgurt in der richtigen Lage bleiben, damit der Sattel durch den Gurt nicht in eine andere Position (meist nach vorn) gezogen wird.

Der Gurt wird sich immer an die engste Stelle des Brustkorbes des Pferdes bewegen. Daher ist dort auch die korrekte Gurtlage. Die Gurtstrippen müssen also möglichst gerade nach unten hängen und sollten dabei auf die engste Stelle des Brustkorbes des Pferdes zeigen. Um wenn nötig hier sicherzugehen, schnallen Sie den Sattelgurt locker an und prüfen, ob er über der engsten Stelle des Brustkorbs verläuft, ohne dass man die Gurtstrippen nach vorn ziehen muss (siehe Bild 6).

In der Bewegung

Für die Überprüfung der Sattelpassform in der Bewegung legen Sie den Sattel möglichst ohne eine Sattelunterlage auf den leicht geputzten Rücken des Pferdes und gurten Sie korrekt an.

Reiten Sie nun circa 15 Minuten und arbeiten Sie mit Ihrem Pferd. In dieser Zeit reiten Sie mindestens jeweils zwei Zirkel im Schritt, Trab, Galopp auf beiden Händen (links und rechts herum) und reiten ebenfalls zweimal durch einen Zirkel (20 Meter Durchmesser) Reiten Sie außerdem eine Acht im Trab im Leichttraben und Aussitzen.

Beim Abnehmen des Sattels überprüfen Sie nun, ob die Haare in der Sattellage überall glatt sind. Der Staubabdruck, den der Sattel ohne Unterlage auf dem Pferd hinterlässt, darf zudem nicht vor dem zweiten vertikalen Strich sein, dann würde der Sattel auf dem Schulterblatt aufliegen oder hinter dem vierten Strich, das heißt, hinter dem 18. Brustwirbel.

Der Staubabdruck sollte im Stand von hinten gesehen links und rechts der Wirbelsäule symmetrisch sein.

Um zu überprüfen, ob die Wirbelsäule genügend Platz hat, muss der Kissenabstand von hinten gesehen gleichmäßig weit von der Wirbelsäule entfernt sein.

Der Sattel darf sich nicht nach links oder rechts verschoben haben, was man an einem aufgerauten Fell oder dem Staubabdruck erkennen kann. Dies sieht man gut, wenn man hinter dem Pferd auf einem Stuhl steht.

12

SATTELANPASSUNG „EN DETAIL“

DIE SATTELLÄNGE

Die Sattelauflagefläche endet beim 18. Brustwirbel. Es gibt zwar verschiedene Sättel, die länger als die Sattelauflagefläche sind, jedoch über diesen Punkt hinaus keinen Druck verursachen.

Zum Beispiel kann ein Westernsattel, auch wenn er länger scheint, im hinteren Bereich „schweben" und trägt hier demzufolge nicht. Bei einem guten Westernsattel gibt es im hinteren Bereich keinen Dauerdruck. Auch hier gelten die gleichen Prinzipien der Druckverteilung des Reitergewichts wie bei einem englischen Sattel.

DIE RIPPE GESUCHT UND GEFUNDEN

Es gibt mehrere Möglichkeiten, den 18. Brustwirbel beziehungsweise die letzte Rippe zu finden. In der Flankengegend treffen die verschiedenen Fellrichtungen aufeinander, diese Region wird auch als Regenlinie bezeichnet. Schwitzt ein Pferd, läuft hier das Wasser entlang. Folgt man dieser Linie nach oben in Richtung Wirbelsäule, trifft man automatisch auf den 18. Brustwirbel. Zusätzlich lässt sich die letzte Rippe gut erfühlen. Folgt man ihr in ihrem bogenförmigen Verlauf, trifft man ebenfalls auf den 18. Brustwirbel.

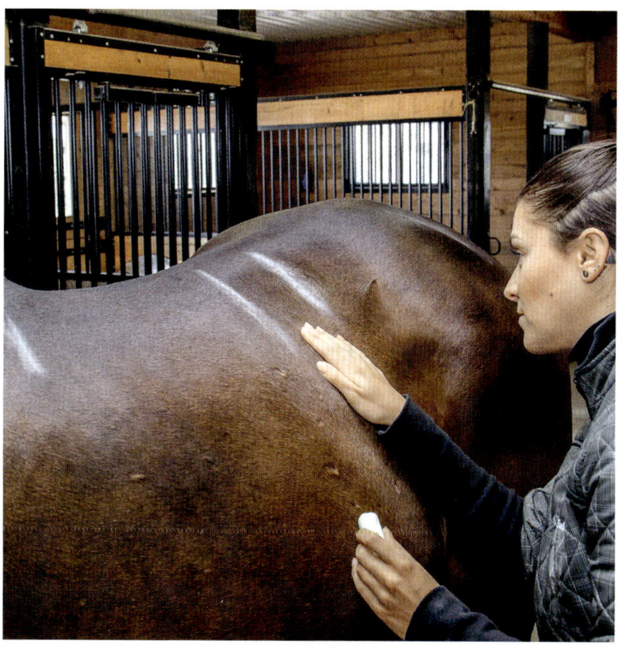

Nach dem Aufzeichnen der Sattelauflagefläche lässt sich leicht erkennen, ob der Sattel innerhalb dieser Fläche liegt (oben rechts) oder ob er zu lang ist (unten rechts).

DIE AUFLAGEFLÄCHE

Die Auflagefläche des Sattels ist das sogenannte horizontale Kissen des Sattels, also das Kissen, das unter dem Sattelbaum über die gesamte Länge von vorn nach hinten verläuft.

Der Gleichgewichtspunkt des Reiters sollte ungefähr am Ende des Widerrists positioniert sein. Das Ziel ist, dass der vordere Teil des Sattels 30, der mittlere 40 und der hintere 30 Prozent des Reitergewichts trägt. Der mittlere Bereich ist der, der über dem Gleichgewichtspunkt des Pferdes direkt hinter dem Widerrist liegt. Dort findet die geringste Bewegung im Pferderücken statt, wohingegen im vorderen Bereich durch die im Widerrist verlaufende Muskulatur und durch die Schulter sowie im hinteren Bereich wieder viel Bewegung in der Wirbelsäule ist. Damit der Sattler dem Verhältnis gerecht werden kann, haben alle Sattelbäume eine leichte Kurve. So wird es möglich, im vorderen und hinteren Teil, also dort, wo Bewegung unter dem Sattel ist, vermehrt Wolle einzufüllen, um hier einerseits eine gute Polsterung zu bekommen und andererseits im mittleren Teil, also dort, wo der Reiter sitzen soll, den Abstand zwischen Reiter und Pferderücken so gering wie möglich zu halten.

Betrachtet man das Pferd in der Bewegung mit einer Hochgeschwindigkeitskamera, so wird deutlich, dass sich der Rücken als erstes aufwölbt, danach fußt die Hinterhand unter, das Pferd hebt das Brustbein an, der Schwerpunkt verlagert sich nach hinten und entlastet die Vorhand. Die Vorhand tritt nun vor und die Schulter fällt nach hinten gegen und unter den Sattel. Der Sattel wird also aus der Mitte heraus angehoben, was bedeutet, dass der Sattel in dem Moment, in dem das Pferd den Rücken anhebt, für einen Sekundenbruchteil im hinteren und vorderen Teil entlastest

Die Sattelauflagefläche befindet sich in der Mitte des Langen Rückenmuskels (M. longissimus).

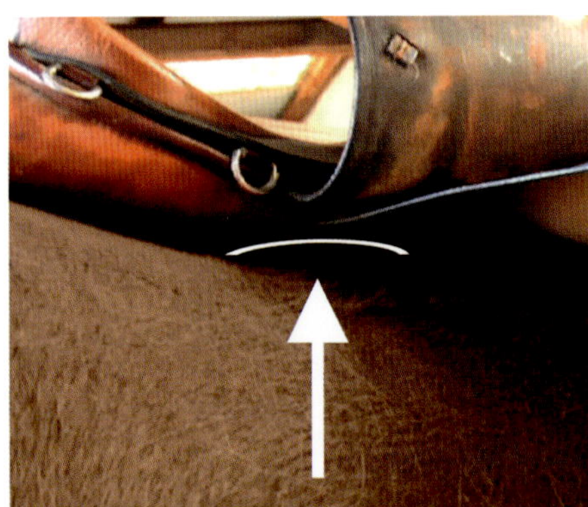

Damit der Lange Rückenmuskel beim Reiten unverspannt bleiben kann, darf der Sattel nicht brücken.

ZU VIEL ODER ZU WENIG BEWEGUNG?

Die meisten Reiter wünschen sich eher einen Sattel, der nicht wippt. Um jedoch die lockeren Bewegungen des Pferdes zu erhalten und eine positive Körperspannung beim Reiter zu erreichen, sollte der Sattel im letzten Drittel leicht wippen. Wippt der Sattel zu viel, schlägt er unter das Gesäß des Reiters (nicht auf den Pferderücken). Bewegt sich der Sattel im hinteren Teil nicht, sondern drückt er in den Muskel oder liegt in der Mitte hohl, dann drückt und schlägt er in den Pferderücken, was zu Muskelatrophien unter dem hinteren Teil des Sattels führen kann.

Bei der Umstellung von einem klemmenden zu einem passenden Sattel kann es sich für den Reiter durchaus ungewohnt anfühlen, da das Pferd auf einmal mehr Rückendynamik zeigen kann als bei dem Sattel, der dies vorher verhinderte und den Reiter ruhiger sitzen ließ. Den vermehrten Schwung empfindet der Reiter als Unruhe und muss sich daran erst gewöhnen. Manchmal bekommt der Reiter Muskelkater in der Bauch- oder Rückenmuskulatur, weil er diese anspannen muss (positive Körperspannung), um den vermehrten Schwung auszusitzen.

wird. In diesem Moment kann das Pferd den hinteren Teil des Rückens aufwölben und das Schulterblatt kann zur gleichen Zeit, bei einem korrekt angepassten Kopfeisen, an diesem vorbeirutschen.

Es ist sehr wichtig herauszufinden, ob der Sattel auf der gesamten Auflagefläche gleichmäßig aufliegt oder ob er an einer Stelle – meist in der Mitte des horizontalen Kissens – hohl liegt (brückt). Um dies zu überprüfen, fahren Sie mit der Hand oder einem Stift das gesamte Sattelkissen von vorn nach hinten entlang. Dabei beginnen Sie unter der Sturzfeder und kontrollieren, ob der Sattel gleichmäßig aufliegt. Benutzen Sie die Hand, ist der Handrücken dabei dem Pferderücken zugedreht und die Hand wird steif gehalten. Mit der anderen Hand üben sie dabei leichten Druck auf den Sattelsitz aus.

Wenn der Sattel hinten leicht wippt, das Kissen also im hinteren Bereich keinen permanenten Kontakt zum Pferderücken hat, ist das nicht unbedingt bedenklich. Wippt er jedoch zu viel, verhindert er einen ruhigen Sitz des Reiters und das Pferd erfährt einen zu hohen punktuellen Druck unter der Sattelmitte, ebenso wie bei einem baumlosen Sattel. Natürlich kann ein Sattel auch nach vorn wippen. Das bedeutet aber fast immer, dass er dann unter dem Reitergewicht aus der Balance gerät, nach vorn kippt und hinten zu hoch kommt. In diesem Fall ist sehr genau zu prüfen, ob das Nach-vorn-Wippen nur durch ein ungleich gepolstertes Kissen hervorgerufen wird oder ob der Sattel (die

Baumweite) nicht insgesamt zu weit ist. Entsteht in der Polsterung unter den tragenden Teilen des Sattelkissens ein Loch, hat sich die Polsterung dort ungleichmäßig entwickelt und die Stelle ist hohl. Dann ist eine gleichmäßige Gewichtsverteilung des Reitergewichts nicht mehr gegeben und um die hohle Stelle herum entsteht starker Druck, der häufig mit Schmerzen für das Pferd verbunden ist. Deshalb ist dies genau zu überprüfen! Derartige Hohlstellen im Kissen fühlt man auch, wenn man mit den Handballen mit gleichmäßigem Druck von hinten nach vorn über das Sattelkissen streicht.

SCHWEISSSTELLEN

Pferde schwitzen, wie auch der Mensch, um sich abzukühlen und ihre Temperatur gleichmäßig zu halten. Auf dem Pferderücken befinden sich wenige Schweißdrüsen. Die meisten liegen an der Seite des Pferdes, am Hals, an der Flanke, also an einer breiten Fläche, wo der Wind die Körpertemperatur mithilfe des Schweißes wieder senken kann. Aus diesem Grund werden die seitlichen Lederlappen, die unter dem Sattelblatt sozusagen direkt am Pferd liegen, Schweißblatt genannt.

Schweiß kann sich dann unter einem Sattel bilden, wenn Reibung und Luftzirkulation stattfinden, also nur dort, wo kein oder nur gelegentlicher Druck des Sattels auf den Pferdekörper ausgeübt wird. Die meiste Reibung findet vorn und hinten unter dem Sattel statt.

Vorn bewegt sich die Schulter in der Bewegung acht bis vierzehn Zentimeter unter dem Sattel entlang. Das hintere Drittel des Sattels soll leicht auf die Rückenbewegungen beziehungsweise -schwingung eingehen. Dort, wo die Gurtstrippen den Sattelbaum arretieren und Kopfeisen und Sturzfeder einen festen Halt haben müssen, damit der Sattel nicht auf der Wirbelsäule zum Liegen

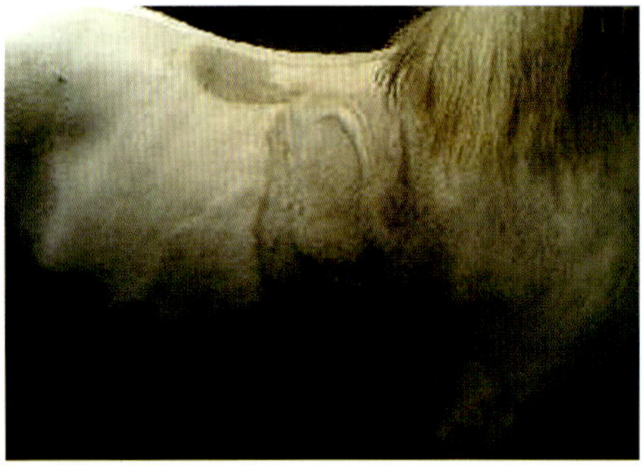

Schweißstellen entstehen durch Reibung und Luftzirkulation.

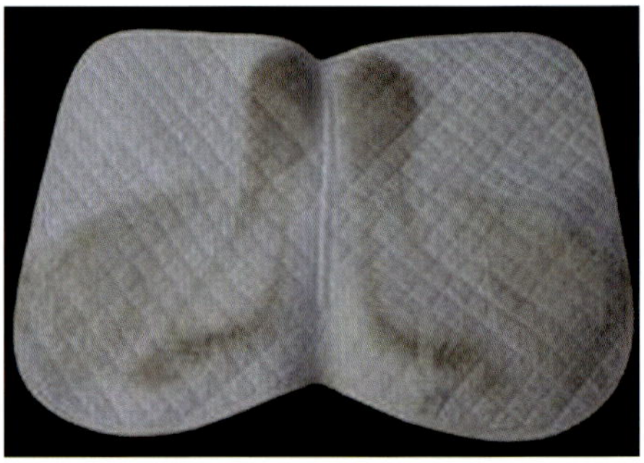

Wie bei der Kragenkante eines weißen Hemdes ist auch die Satteldecke dort am schmutzigsten, wo die Reibung am größten ist.

kommt (und diese zerstört), darf es keine Bewegung oder Verdrehung geben. Da es unter den Sturzfedern und dem Kopfeisen also keine Reibung gibt, entsteht an dieser Stelle eine nierenförmige Trockenstelle und das Pferd schwitzt dort häufig als letztes. Ob ein Pferd hier mehr oder weniger schwitzt, ist aber auch von der Jahreszeit, dem Lebensraum, dem Pferdetyp, dem Konditionszustand sowie der Reitweise abhängig.

Trockenstellen in der Sattelauflagefläche, die einen Zirkeldurchmesser von ein bis zwei Zentimeter haben, sind oft Zeichen einer punktuellen Druckstelle.

KISSENSPITZE ODER VERTIKALES KISSEN

Das vertikale Kissen oder die Kissenspitze verläuft im vorderen Bereich des Sattels aus dem horizontalen Kissen in das Schweißblatt und schützt den Pferdekörper vor Druck durch den Sattelbaum mit dem Kopfeisen, mit Schrauben und Nägeln. Dieses Polster trägt auch zur seitlichen Stabilisierung des Sattels auf dem Pferderücken bei, darf das Pferd dabei jedoch nicht in der Bewegung blockieren. Die Kissenspitze kann unterschiedlich lang geschnitten sein: extrem lang, dreiviertel lang oder kurz, der Sattler spricht dann von ganzen, dreiviertel oder halben Kissen. Abhängig von Pferdetyp und Reiter beziehungsweise der Kombination aus beiden, eignen sich die verschiedenen Ausführungen. Beim Dressursattel bietet sich eine lange Kissenspitze für schmalrippige Pferde und im Sitz noch unsichere Reiter an. Eine lange Kissenspitze liegt verstärkt auf dem Trizeps und kann bei gewissen Pferdetypen eine freie Bewegung des Muskels behindern. Die lange Kissenspitze wird auch mit den Stützrädern am Fahrrad verglichen. Der Reiter hat damit eine Stütze am Oberschenkel, die ihm ein Gefühl der Sicherheit gibt.

Bei Spring- oder Vielseitigkeitssätteln gibt es oft lange Kissenspitzen, die das Reiterbein und den Trizeps nicht blockieren, da sie aufgrund des nach vorn geschnitten Sattelblatts leicht auf dem Schulterblatt (nicht klemmend!) und nicht auf dem Trizeps liegen. Außerdem reichen die Kissenspitzen wegen des kürzeren Sattelblatts auch nicht so weit am Pferd herunter wie bei einem Dressursattel.
Reiter, die einen zügelunabhängigen, ausbalancierten Sitz anstreben, sei es in der Dressur, im Gelände oder auf Distanzritten, bevorzugen oftmals ein dreiviertel langes Kissen, das vorn zurückgeschnitten ist und eine extreme Schulterfreiheit bietet. Durch dieses Kissen wird der Sitz nicht blockiert, es bietet jedoch eine leichte Unterstützung bei jungen oder schmalen Pferden.

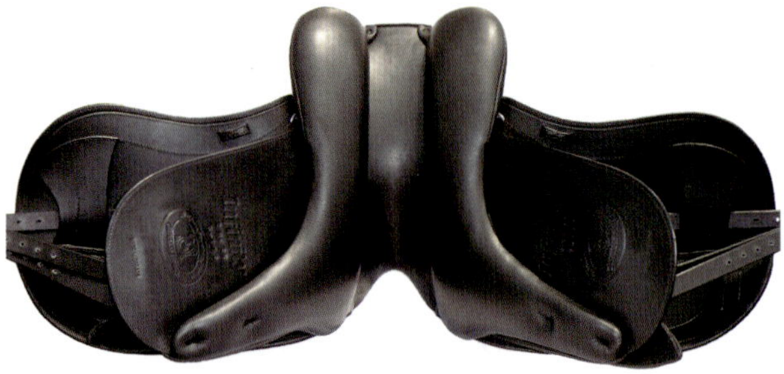

a) Französisches Sattelkissen mit 3/4 langer Kissenspitze mit Schulterfreiheit

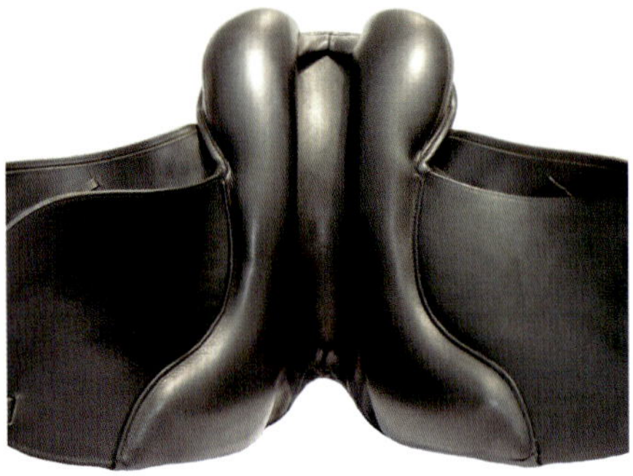

b) Verbundenes Sattelkissen mit 1/2 Kissenpitze

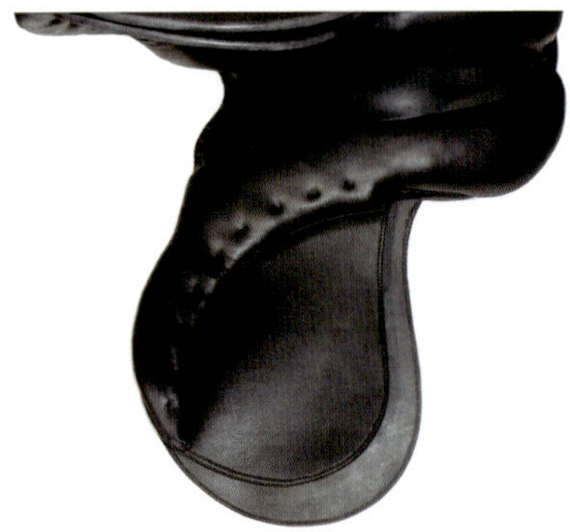

c) Verbundenes Sattelkissen mit langer Kissenpitze

Die kurze Kissenspitze ist eine der ältesten Bauweisen, die man heute noch bei Westernsätteln oder bei einigen Militär-, Trachten- und Dressursätteln sehen kann. Das kurze oder halbe Kissen ermöglicht vollkommene Beinfreiheit. Der Nachteil ist, dass das kurze Kissen keine halbmondförmige Schulterfreiheit haben kann, da sonst eine spitze, punktuelle Druckgefahr am unteren Teil der Kissenspitze entstehen kann. Bei schmalen Pferden ist die Stabilisierung des Sattels auf dem Pferderücken schwierig und unsicheren Reitern fehlt die Unterstützung für den Schenkel.

Sattelkissen werden auch nach ihrer Befestigung am Sattelsitz und Schweißblatt unterschieden. Wir unterscheiden zwischen verbundenen und unabhängigen Kissen, auch als französische Kissen bekannt. Das verbundene Kissen ist rundherum fest mit dem Schweißblatt vernäht, also fest verbunden. Das Kissen ist Bestandteil des Schweißblatts. Das unabhängige oder französische Kissen wird unabhängig vom Sattelblatt gefertigt und nur vorn und hinten am Sattel angebracht. Es hat unter dem Sattelbaum keine feste Verbindung mit dem Schweißblatt. Der Vorteil liegt darin, dass man das Kissen erstens unabhängig von den anderen Bauteilen am Sattel befestigen und damit individueller auf die Rückenform des Pferdes eingehen und zweitens auch die Füllung individueller gestalten kann.

KEILKISSEN JA ODER NEIN?

Wir unterscheiden beim Sattel zwischen runden Kissen und Keilkissen. Gemeint ist dabei die Ausformung des Kissens unter dem Efter. Die traditionelle Form ist das Rundkissen, bei dem der Kissenabschluss aus dem Kissenleder in einem Stück geformt wird. Beim Keilkissen wird im hinteren Teil des Kissens ein keilförmiges Lederstück eingesetzt, sodass das Sattelkissen nach hinten flach auslaufen kann. Der Vorteil dieses Kissens liegt in der verbesserten Druckverteilung und darin, dass die Auflagefläche vergrößert wird. Der hintere Bereich des Sattels lässt sich dann, je nach Rasse oder Leistungsstand des Pferdes, unterschiedlich stark füllen.

Durch Größe und Ausformung des Keils können verschiedene Wirkungen erreicht werden. Zum einen kann die Sattelauflagefläche verlängert, sie kann aber auch verbreitert oder verkürzt werden.

WIDERRISTFREIHEIT

Die Widerristfreiheit ist von wesentlicher Bedeutung für das Wohlbefinden des Pferdes unter dem Reiter. Deshalb wird ihr bei der Sattelanpassung von je her und von allen Personen, die Sättel anpassen, auch viel Aufmerksamkeit geschenkt – nur leider immer noch nicht in ausreichendem Maße! Oftmals wird von den zwei Fingern Platz nach oben hin gesprochen, was ohne jeden Zweifel richtig ist. Jedoch berücksichtigen die Wenigsten den so wichtigen Platz an den links und rechts abfallenden Seiten des Widerrists. Es sollten sowohl oben unter dem Vorderzwiesel (der vorderste Bereich des Sattels) und an jeder Seite über dem Kissenansatz des Sattels zwei bis

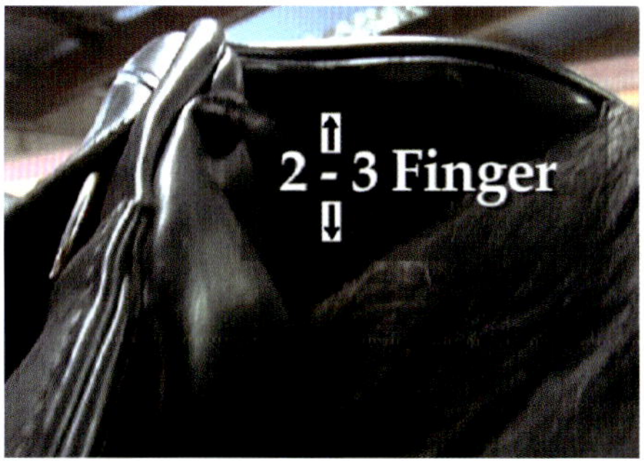

Der Abstand zwischen Widerrist und der vorderen Kante des Vorderzwiesels sollte zwei bis drei Finger betragen.

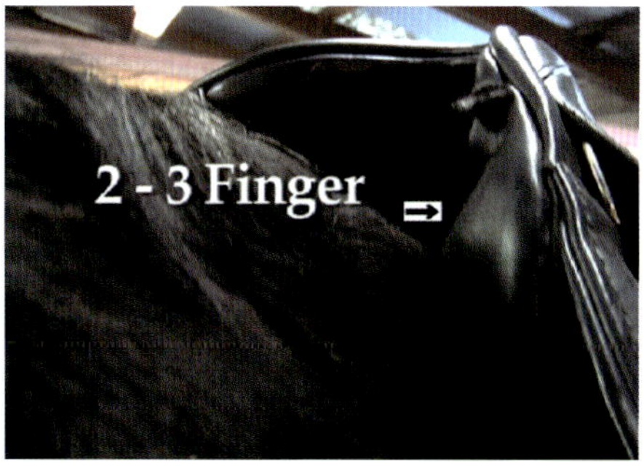

Zwischen dem Widerrist und seitlich des Vorderzwiesels sollten ebenfalls zwei bis drei Finger Platz finden.

drei Finger Widerristfreiheit sein. Die seitliche Widerristfreiheit wird heute aber nur von sehr wenigen Sattelverkäufern berücksichtigt. Viele Pferde haben die Unwissenheit darüber mit Verkrüpplungen der Schulter oder des Widerristes bezahlt.

Bewegt sich das Pferd, wird – gerade von hinten betrachtet – das sogenannte Bauchpendeln deutlich. Dabei bewegen sich die Dornfortsätze der Wirbelsäule leicht nach links und rechts mit. Reitet man durch eine Ecke oder trainiert Seitengänge, bei denen sich das Pferd biegen soll, biegt sich der Sattel in seiner horizontalen Achse natürlich nicht mit. Damit die Biegung des Pferdes nicht durch den Sattel behindert oder der Widerrist verletzt wird, ist die Widerristfreiheit nach links und rechts genauso wichtig, wie die Widerristfreiheit nach oben.

DAS KOPFEISEN

Das Kopfeisen und manchmal zusätzlicher Federstahl dienen als zentrale Stütze für den Sattel hinter der Schulter. So kann der Sattelbaum nicht brechen, nicht rutschen oder gar Widerrist und Wirbelsäule verletzten. Zusätzlich verleiht das Kopfeisen dem Sattel Stabilität, damit der Reiter ausbalanciert und harmonisch mit dem Pferd arbeiten kann. Außerdem muss es stabil sein, um den Widerrist seitlich und nach oben hin zu entlasten (eine Brücke über den Widerrist bilden).

Breite und Winkelung des Kopfeisens links und rechts sind für die ausreichende Entlastung des Widerristes maßgebend, genauso wie für den Raum, den das Schulterblatt des Pferdes braucht, um in der Bewegung unter dem Sattel hindurchzugleiten.

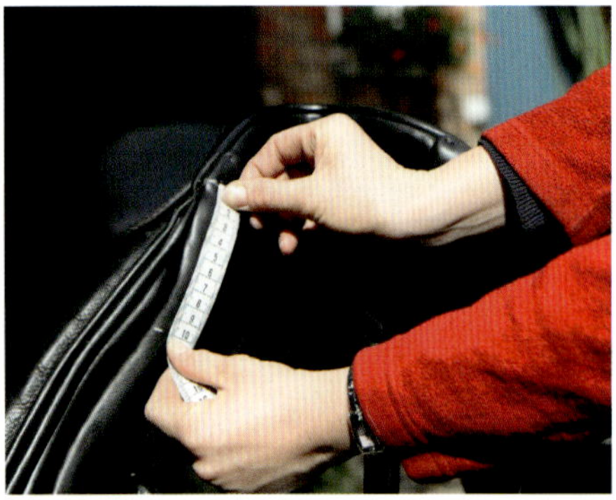

Hier misst der Sattelergonom zunächst vom Kissenansatz zehn Zentimeter nach unten ab (entlang der Kissenspitze) und markiert den Endpunkt „L".

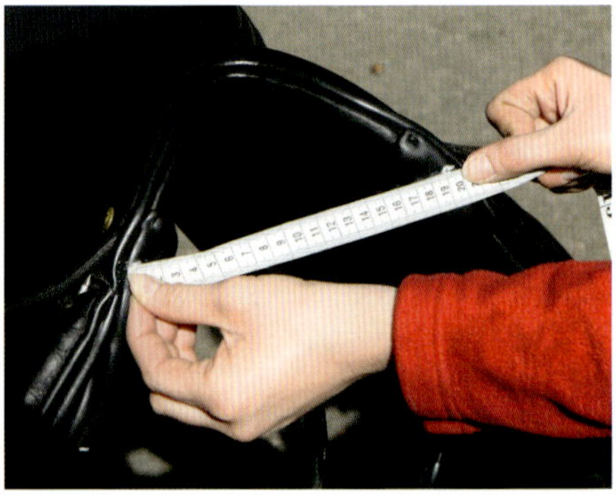

Misst man den Bereich zwischen den Kissenansätzen, erhält man „T".

Kopfeisenwinkel (W) und Kopfeisenbreite (B)

Das Kopfeisen wird im Winkel und in der Breite gemessen

- Ganz unten links und rechts an der Kopfeisenspitze (L)
- Zehn Zentimeter höher von dieser Stelle von links nach rechts (T).

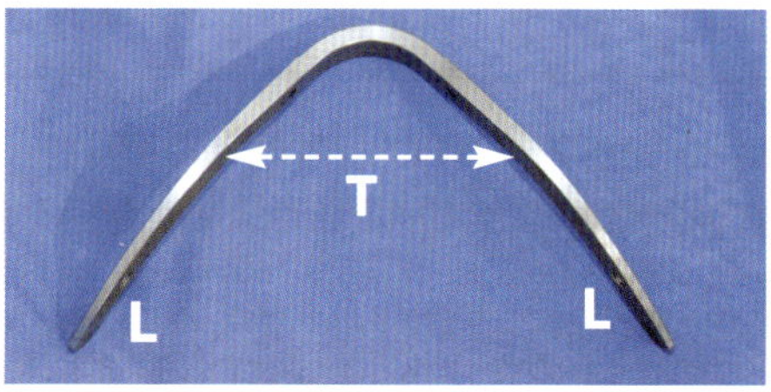

Je enger das Maß von T und von L beieinanderliegen, desto steiler ist der Kopfeisenwinkel (Schulterwinkel), je weiter sie auseinander sind, desto flacher ist der Winkel.

Es gibt in der Sattelindustrie keine verbindliche oder einheitliche Skalierung für diese beiden Maße. Die meisten verstellbaren Sättel sind nur im Baumwinkel, nicht aber in der Baumbreite verstellbar. Welche Veränderungen durch die Verstellung des Kopfeisens stattfinden, zeigt die folgende Tabelle:

AKTION		T	L	EFFEKT
Baum weiter machen	die Schenkel des Kopfeisens werden gleichmäßig auseinander gedrückt	wird weiter	wird weiter	Baumwinkel wird flacher
Baum enger machen	die Schenkel des Kopfeisens werden gleichmäßig aneinander gedrückt	wird enger	wird enger	Baumwinkel wird spitzer
Baum steiler machen	durch Druck an T an der Innenseite des Kopfeisens, deren Winkel steiler werden muss	bleibt unverändert	wird enger	Baumbreite bleibt
Baum flacher machen	durch Druck an T auf der Außenseite des Kopfeisens, deren Winkel flacher werden muss	bleibt unverändert	wird weiter	Baumbreite bleibt

Die Tabelle zeigt, dass jede Veränderung der Baumbreite nicht unbedingt eine automatische Veränderung des Baumwinkels nach sich zieht. Dieser Effekt ist aber nicht immer richtig, weil Pferde mit einem breiten Widerrist- und/oder Schultermuskel automatisch nicht auch eine flache Schulter haben. Daher reicht es nicht aus, wenn das Kopfeisen nur in dem Winkel verstellbar ist, sondern es muss immer auch der Schulterbreite anpassbar sein.

Der Kopfeisenwinkel (Baumwinkel) ist wichtig, um die Orte des Sattelbaumes flächig auf dem Rückenmuskel aufliegen zu lassen und einen Druck durch den Sattel an der Seite des Widerristes zu vermeiden. Zusätzlich muss der Kopfeisenwinkel dem Winkel der Schulter gleichen, damit eine harmonische, gleitende Bewegung (Schulterfreiheit) des nach hinten rotierenden Schulterblatts unter dem Kopfeisen hindurch möglich ist.

Die Baumbreite ist immer in Relation zur Breite der Pferdeschultern zu betrachten, je breiter die Schultern, desto breiter die Baumbreite. Gerade Vielseitigkeits- und Springpferde benötigen eine große Baumbreite, damit sie über dem Sprung, bei dem beide Schultern gleichzeitig nach hinten gehen, genügend Platz haben.

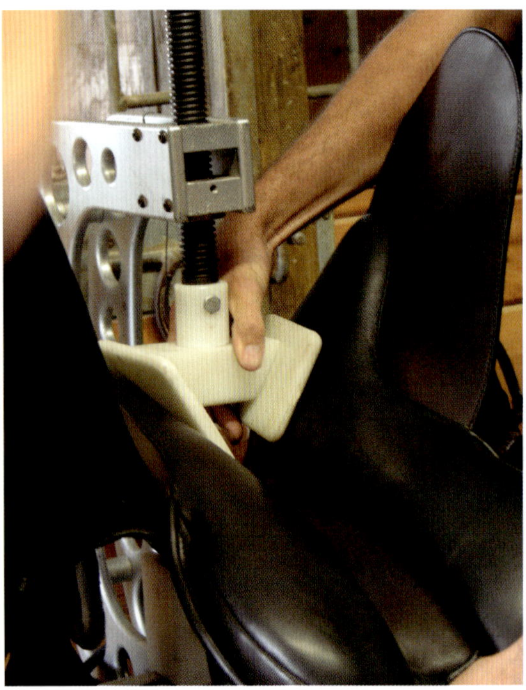

Mit der Baummaschine lassen sich Baumwinkel und -breite vor Ort verstellen.

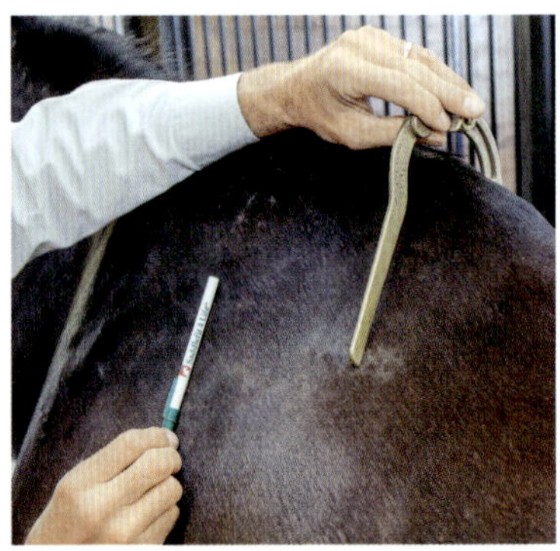

Hier wird der Schulterwinkel ermittelt.

Der Sattelergonom stellt die Baumbreite ein.

Es wurden von verschiedenen Firmen Messgeräte entwickelt, mit denen man den Widerrist- und Schulterwinkel messen kann. Der Sattel muss der dreidimensionalen Sattelauflagefläche des Pferdes passen und sich den Schulterwinkeln, die rechts und links unterschiedlich sein können, angleichen. Der Schulterwinkel ist der Winkel, welcher den Abstand zwischen dem linken und rechten Schulterblatt sowie der vertikalen Mittellinie des Pferdes bemisst. Wie viel Freiheit ein Pferd dann tatsächlich benötigt, lässt sich nur herausfinden, indem man den Schulterwinkel misst.

Das Ergebnis der Messung vom Schulterwinkel können Sie beispielsweise auch mit in ein Reitsportgeschäft nehmen, um zu überprüfen, ob die Kissenvorstoßkante eines Sattels Ihrer Wahl dazu parallel ist.

Genauso, wie ein Hufschmied den Beschlag vor Ort an die individuelle Hufform jedes Hufes und jedes einzelnen Pferdes anpasst, so sollte auch der Sattel, hier speziell das Kopfeisen, vor Ort individuell an das Pferd angepasst werden. Ein auf einer Seite zu enger Schulterwinkel (nicht paralleler Schulterwinkel) wird dazu führen, dass der Sattel durch das sich bewegende Schulterblatt und die Schultermuskulatur nach hinten zu einer Seite weggeschoben wird. Dabei besteht die große Gefahr, dass der Knorpel auf dem Schulterblatt irreparabel beschädigt wird.

DIE KISSENKANALBREITE

Die Kissenkanalbreite muss der Wirbelsäule von vorn nach hinten genügend Raum geben. Ein breiter Kissenkanal geht immer zu Lasten der Auflagefläche, was bedeutet: Je breiter der Kissenkanal, desto schmaler die tragenden Sattelkissen. Man kann einen Kissenkanal aber nicht einfach so breit machen, wie man will. Der Sattler muss sehr gut darauf achten, dass der Sattelbaum noch genügend Auflagefläche auf dem Sattelkissen hat, um zu vermeiden, dass der Baum selbst in den Kissenkanal rutscht. Die ideale Kissenkanalbreite liegt bei mindestens sechs bis maximal zehn Zentimetern, nur selten ist er noch breiter. Ein etwas zu weiter Kissenkanal ist jedoch immer einem zu engen vorzuziehen. Es wird zwar auch die Ansicht vertreten, dass zu breite Kissenkanäle (über acht Zentimeter) dem Pferd Atembeschwerden verursachen können, eine entsprechende Erklärung für diese Argumentation kenne ich jedoch nicht. Sämtliche Western- und Militärsättel, die damals und heute noch mit zehn Zentimeter Kissenkanalbreite gebaut werden, müssten den Pferden nach dieser These große Atemnot bereiten, was aber nicht der Fall ist, da sonst alle diese Pferde keine Höchstleistungen bringen könnten – was sie aber tun. Deshalb kann ich diese Theorie nicht unterstützen.

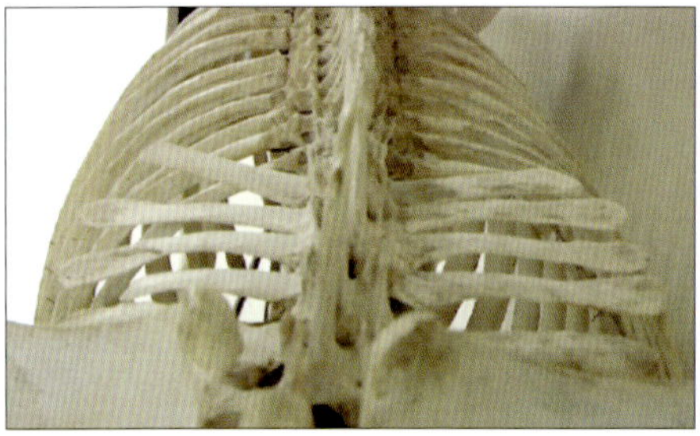

Hier sehen Sie deutlich die Breite der Wirbelsäule sowie der Dornfortsätze. Beachten Sie den Höhenunterschied zwischen der letzten Rippe und den Lendenwirbeln.

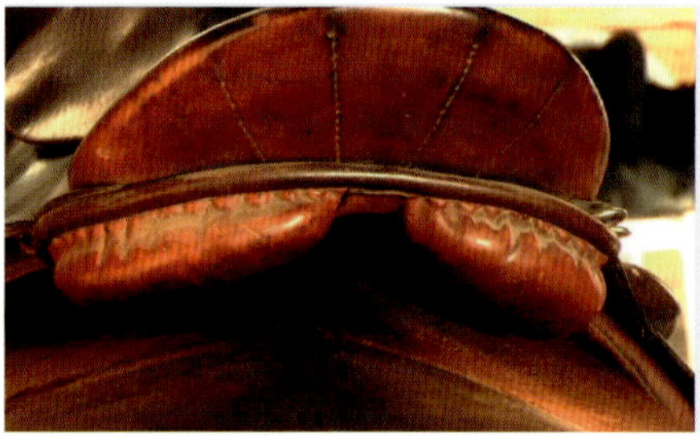

Dieser Sattel ist nach rechts gerutscht und liegt hinten links auf der Wirbelsäule.

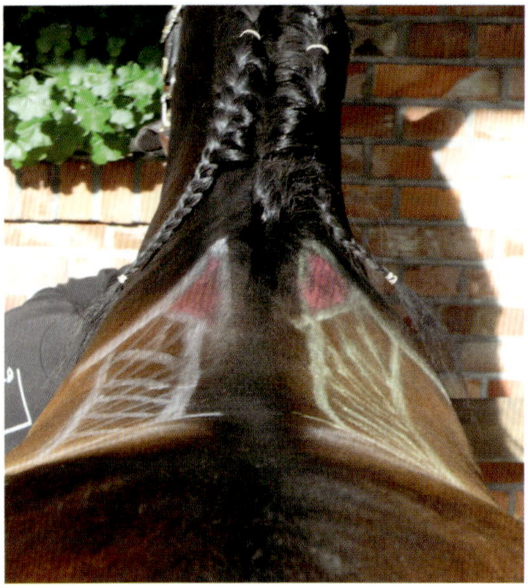

Hier noch einmal die weiß gekennzeichnete Sattelauflagefläche

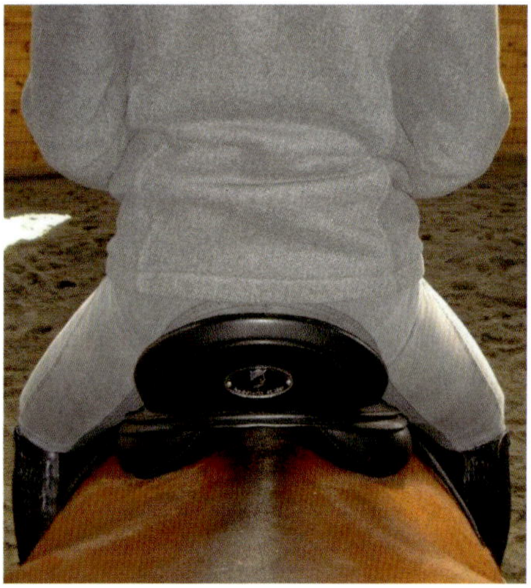

Passender, gerade liegender Sattel mit einer genügend breiten Kissenkammer

Sehr viele Reiter kommen, wenn Sie Druckstellen oder Überempfindlichkeiten an der Wirbelsäule des Pferdes bemerken, auf die durchaus nachvollziehbare Idee, diese empfindlichen Stellen mit einer weichen und dicken Satteldecke zu schützen. Das ist dann ein typischer Fall von: „Gut gemeint ist noch lange nicht gut gemacht!" Einen zu engen Kissenkanal mit einer Satteldecke (Lammfelldecke oder anderen Spezialdecken) ausgleichen zu wollen, verschlimmert die Situation leider nur, weil der ohnehin zu geringe Platz durch das zusätzliche Material noch weniger wird. Wer käme auf die Idee, ein weiteres Paar Socken anzuziehen, wenn ein Schuh zu eng ist?

Ein ausreichend breiter Kissenkanal sorgt für genügend Wirbelsäulenfreiheit und schützt das Pferd vor Langzeitschäden. Der Sattel darf nicht auf die Dornfortsätze, die Ligamente (Rückenband) oder auf den Nervenenden, die zwischen den Wirbeln hervortreten, drücken. Nur wenn der Kissenkanal breiter ist als die Wirbelsäule mit ihrem Rückenband, kann sich das Pferd frei bewegen und wird selbst beim Reiten von Biegungen, Wendungen oder über dem Sprung keinem unangenehmen Druck durch den Sattel ausgesetzt.

DER SATTELGURT

Satteldecken und -gurte haben der Erfahrung nach einen rund 20-prozentigen Einfluss darauf, ob ein Sattel gut passt und ob er stabil auf dem Pferd liegt oder verrutscht.

Heute kennen wir viele verschiedene Ausführungen von Sattelgurten. Sie unterscheiden sich hinsichtlich des Materials, der Form und natürlich – analog zu den Gurtstrippen – auch in der Länge. Bei der Wahl des Sattelgurtes spielen die Form sowie die Elastizität eine besonders große Rolle. Die Aufgabe des Gurtes ist es, den Sattel stabil auf der Sattellage zu halten. Dabei übt er starken Druck auf den Pferdekörper aus. Es gilt, diesen Druck möglichst gleichmäßig zu verteilen. Idealerweise verläuft der Gurt über dem Brustbein des Pferdes. Diese Lage und die Position des Sattels kurz hinter der Schulter haben zur Folge, dass der Sattelgurt relativ nah am Ellenbogengelenk des Pferdes verläuft und bei einigen Pferden in das Gelenk kneifen kann. Um dies zu verhindern, gibt es die anatomisch geschnittenen Gurte, die im Bereich des Ellenbogengelenks bogenförmig ausgeschnitten sind.

Der Gurt sollte am Ellenbogengelenk schmal gehalten sein und sich dann bis auf ungefähr zehn Zentimeter maximal in der Mitte über dem Brustbein verbreitern. Die große Auflagefläche ermöglicht dann eine gute Druckverteilung. Heute findet man auch Dressurgurte, die im Bereich des Brustbeins bis zu 20,32 Zentimeter (8 Zoll) breit sind und so den Druck auf das Brustbein verteilen.

Viel häufiger aber sieht man immer noch Gurte, die weder lang noch breit genug sind, viel zu lange Elastikbänder an den Gurtschnallen haben und damit den Brustmuskel regelrecht einschneiden. Im Englischen spricht man deshalb auch von „Messer-Gurt" („knife girth").

Ein breiter Gurt ist immer von Vorteil, da er eine gute Druckverteilung über das Brustbein und den Brustmuskel ermöglicht, ohne dabei auf die Reflexpunkte zu drücken oder Scheuerstellen zu provozieren. Für die Ellenbogenfreiheit sollte er an den Seiten schmaler geschnitten sein. Ob elastische Gurte besser oder schlechter sind, darüber gehen die Meinungen weit auseinander. Fest steht jedoch, dass ein wenig Elastizität für das Pferd beim Ausatmen angenehmer ist,

Je großflächiger die Druckverteilung über dem Brustbein, desto angenehmer für das Pferd

da der Druck an den Schnallen gleichmäßig verteilt wird. Pferde werden in ihrer Rippenfläche von vorn nach hinten gesehen breiter, deshalb verteilt sich der Druck auf die Gurtschnallen rechts und links immer unterschiedlich. Zu viel Gummiband (zu lange Gummigurteinsätze) am Gurt führen dazu, dass der Reiter den Gurt leicht viel zu stramm anzieht und damit die Atmung (besonders die Einatmung) des Pferdes beeinträchtigt. Das zu lange Elastik zieht den Gurt immer wieder fest und erlaubt nur flache Atemzüge, sodass das Pferd dadurch schneller ermüdet.

Am Langgurt sollte das Elastik nicht mehr als fünf, am Kurzgurt nicht mehr als zweieinhalb Zentimeter betragen, solange die im Sattelbau üblichen Elastikbänder verwendet werden, die bezüglich der Dehnbarkeit alle eine ähnliche Beschaffenheit haben. Ist das letzte Loch der Strippe zwei Zentimeter von der großen Satteltasche entfernt, sollte nach dem Nachgurten bei langen Strippen nur noch zwei bis drei Löcher nach oben hin frei sein. So wird sichergestellt, dass die Ellenbogenfreiheit nicht behindert wird und kein Druck auf der Kante des Brustmuskels entsteht.

DIE GURTSTRIPPEN

Es gibt kurze und lange Gurtstrippen. Beide Systeme haben ihre Vor- und Nachteile. Die langen Strippen bieten vor allem den Vorteil, dass die Gurtschnalle nicht unter dem Sattelblatt liegt, was einen Druck auf die Innenseite des Oberschenkels vom Reiter vermeidet, während kurze Gurtstrippen eine lagenstabilere Verschnallung des Sattels ermöglichen. Welche Art der Begurtung man auch immer vorfindet: Es ist unbedingt darauf zu achten, dass der Druck der Gurtschnalle niemals auf einer Muskelkante (Übergang des M. trapezius zum M. pectoralis oder Übergang dieses M. pectoralis zum M. latissimus) des Pferdes liegt und drückt oder den Reiter stört und in der Bewegung gar scheuert. Wir wissen, dass sich die Sattelauflagefläche durch die sich ständig verändernde Lage des Schulterblatts in der Bewegung ebenfalls immer verändert und damit auch die Strippenposition beeinflusst wird.

Die Strippen und der Gurt müssen immer senkrecht am Pferd herunterhängen und sollten genau auf dem Brustbein (Gurtlage) zu liegen kommen. Unterschiedliche Pferderassen, der Trainingszustand sowie Gewichtsab- oder zunahme, die Rippenwölbung – all diese Kriterien entscheiden über die Gurtlage und verändern diese. Schon lange hat man erkannt, dass man Scheuerstellen vermeiden und schwere Lasten, wie Packsättel oder auch schwerere Reiter, optimal transportieren kann ohne den Gurt zu überlasten, wenn die Strippen mit den Muskelfasern verlaufen. Das kann sowohl bei einer korrekten

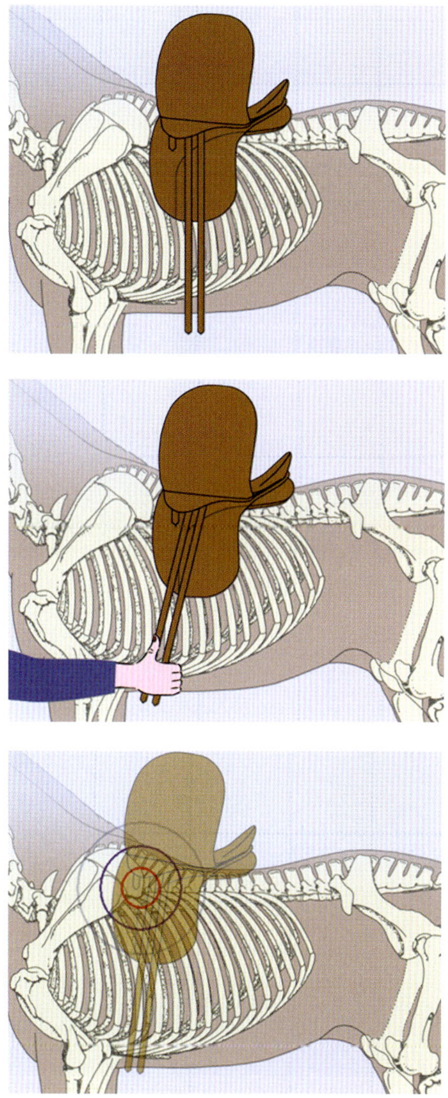

Sind die Gurtstrippen nicht korrekt über der Gurtlage positioniert, wird der Sattel nach vorn gezogen, was zu Schäden an der Schulter führen kann.

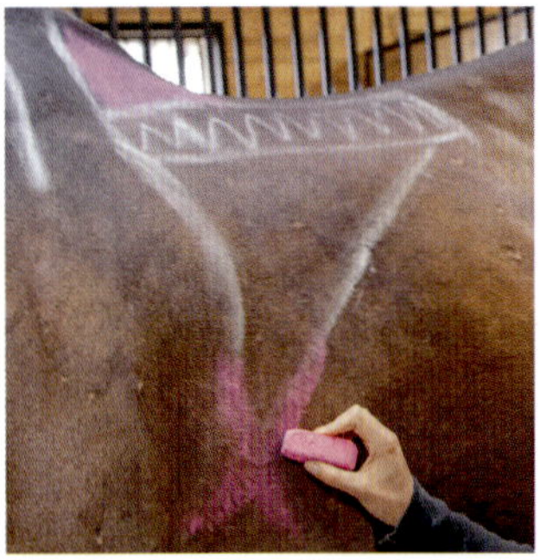

Das rote Kreuz markiert den Bereich, in dem sich der M. triceps und der M. latissimus dorsi kreuzen.

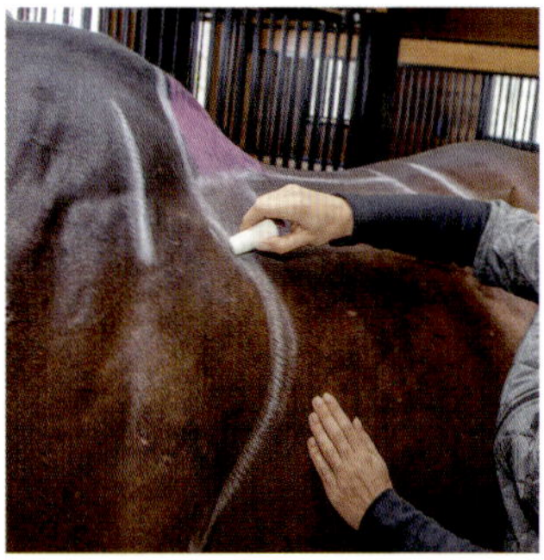

Der Verlauf der Kante des M. triceps

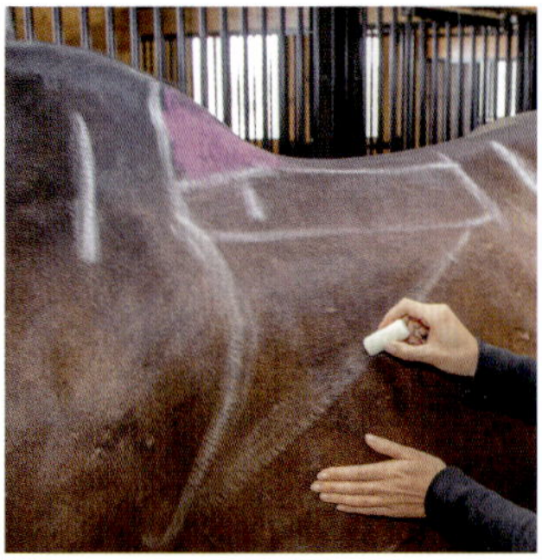

Verlauf der Kante des M. latissimus dorsi

Die Strippen liegen nicht an der richtigen Stelle. Der Sattel würde in der Bewegung nach vorn gezogen.

Hier wurden die Strippen gekreuzt, damit sie an der richtigen Stelle, parallel zu den Muskelfasern des M. triceps und des M. latissimus, verlaufen.

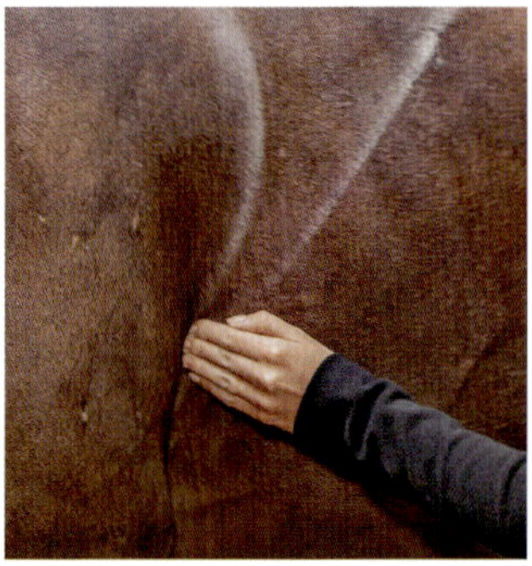

An dieser Stelle kreuzen sich M. triceps und M. latissimus dorsi.

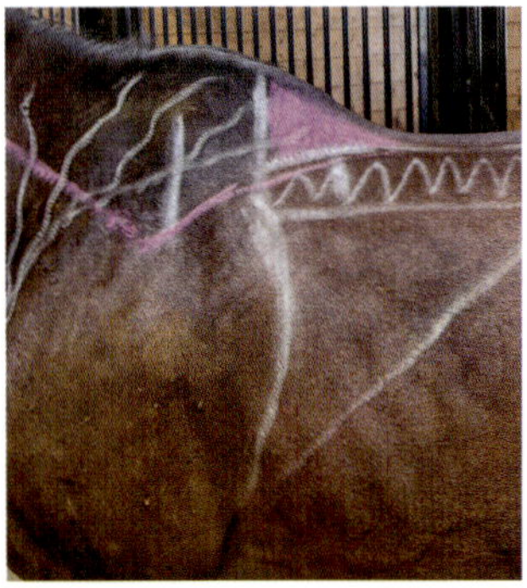

Darstellung der verschiedenen Muskelgruppen am Pferd (Sattelauflagefläche, empfindliche Widerristkappe, Trizeps, Latissimus, Trapezius).

Dieser Sattelgurt ist zu kurz, die Schnallen drücken an der Muskelkante des M. pectoralis.

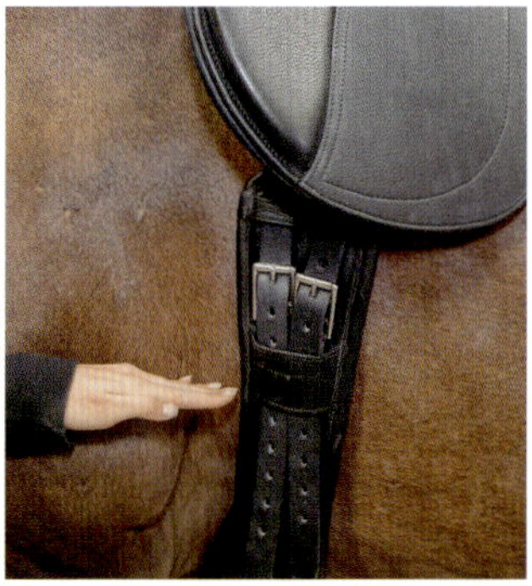

Hier liegen die Schnallen an der richtigen Stelle.

Kreuz-, V- als auch bei einer Zirkelbegurtung erreicht werden.
Grundsätzlich gilt: Der Gurt findet immer die schmalste Lage am Pferd – wird die Gurt- und die Strippenlage ignoriert, rutscht der Sattel unweigerlich nach vorn auf die Schulter, da er sich über der Gurtlage ausrichtet.

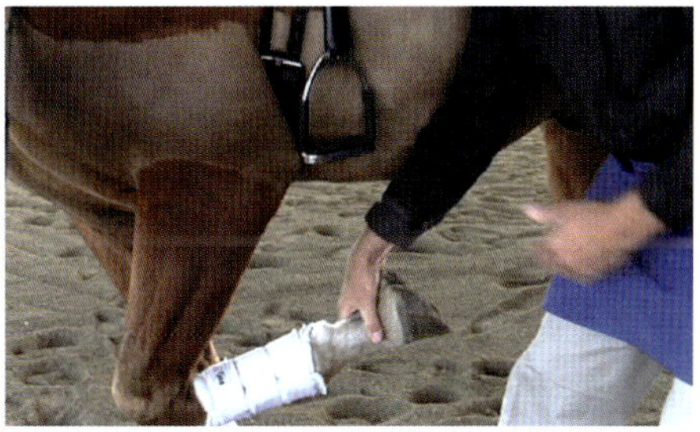

Ist der Gurt zu kurz, drücken die Schnallen und verhindern eine raumgreifende Bewegung der Vorhand.

DIE SATTELUNTERLAGE

Über das Thema Sattelunterlagen ließe sich ein ganzes Buch schreiben. Es gibt eine Vielzahl von verschiedensten Sattelunterlagen, denen auch die unterschiedlichsten Funktionen zugeordnet werden. Es gibt Sattelunterlagen, die Wärme ableiten, die Schweiß aufsaugen, die Druck verteilen, die den Sattel ausbalancieren, die für einen tollen Reiterkomfort sorgen und so weiter und so weiter. Sattelunterlagen sind einer der Umsatzträger im Pferdesportfachhandel und stehen bei den verkauften Stückzahlen ganz weit vorn! Für die große Nachfrage nach Satteldecken sorgen neben den modischen und den optischen Aspekten vor allem auch schlecht passende Sättel. Fast überall wird versucht, die Fehler am Sattel mit einer Satteldecke auszugleichen. Das geht sogar so weit, dass nagelneue Sättel gleich mit einer entsprechenden Sattelunterlage und mit diversen Einlagen verkauft werden, um den Sattel für das Pferd „passend" zu machen. Als wirklich nur sehr kurze Übergangslösung können Sattelunterlagen als zeitweilige Anpassungshilfen dienen. Hierbei dürfen sie jedoch weder Kopfeisen noch die Baumbreite beeinträchtigen (kneifen, verengen und die Wirbelsäulenfreiheit verringern).

Die eigentliche Funktion von Sattelunterlagen

Die Funktion von Sattelunterlagen richtet sich zunächst nach der Bauart der Sättel. Der Vereinfachung halber sprechen wir von zwei Bauarten, den

Die Satteldecke soll der natürlichen Rückenlinie des Pferdes, einschließlich dem Widerrist, folgen.

Westernpad mit Widerristfreiheit

Bocksätteln und den Pritschensätteln. Bei Bocksätteln, wie den Armee- oder Westernsätteln, deren Sattelbaum direkt mit dem Pferderücken Kontakt hat, ist eine Sattelunterlage zur Abpolsterung des Baumes gegen den Pferderükken unbedingt notwendig. Üblich waren ursprünglich sogenannte Woilachs, Wolldecken, die entsprechend gefaltet unter den Sattel gelegt wurden, oder breite Filzunterlagen. Heute kennen wir auch Unterlagen aus anderen Materialien für diese Art von Sätteln.

Die zweite Sattelart, die sogenannten Pritschensättel, haben einen flächig durchgehenden Sattelbaum mit einem Sattelkissen, das mit Wolle, Filz, Schaumstoff oder synthetischer Wolle gepolstert ist. Diese Sättel benötigen im Normalfall keine Unterlage, um den Pferderücken gegen den Sattel abzupolstern. Hier dienen sie nur dem Schutz des Pferdes vor Scheuerstellen durch Schmutz oder Schweiß und ebenso bilden sie gegenüber dem Leder einen Schutz vor Verschmutzung.

Sicher kann eine Sattelunterlage auch benutzt werden, um Passformprobleme eines Sattels kurzfristig auszugleichen. Jedoch kann selbst die beste Sattelunterlage niemals die regelmäßige Anpassung eines Sattels ersetzen.

Wichtig ist es, darauf zu achten, dass die Satteldecke die positiven Eigenschaften des Sattels nicht wieder einschränkt. Sie darf weder die Kissenkammer enger machen, sodass die Wirbelsäule ihre Freiheit verliert, noch darf sie über dem Widerrist spannen. Sie sollte generell spannungs- und faltenfrei aufliegen.

Viele Sattelunterlagen sind an sich sehr dick und verändern die dreidimensionale Sattelauflagefläche des Pferdes. Die Verwendung einer solchen Sattelunterlage kann die Arbeit des Sattelergonomen zunichtemachen, deshalb sollte man beim Sattelanpassen auch die Decke mit probieren, die man nachher verwenden möchte.

Es gibt durchaus Pferde, die extrem empfindlich reagieren, wenn sie ohne die gewohnte Sattelunterlage gesattelt werden. Wenn es sich aber nicht um krankhafte, beispielsweise durch Hautveränderungen hervorgerufene, Überempfindlichkeiten handelt, kann man jedes Pferd auch wieder an dünne Sattelunterlagen gewöhnen, die die Passform des gut angepassten Sattels nicht verändern.

ACHTEN SIE BEI SATTELUNTERLAGEN AUF FOLGENDE WICHTIGE PUNKTE:

- **Ihre Sattelunterlage sollte eine anatomische Rückennaht besitzen. Diese befindet sich in der Mitte der Satteldecke und zeichnet sich dadurch aus, dass sie der Rückenlinie des Pferdes, einschließlich dem Widerrist, folgt.**
- **Korrekt liegende Gurtschlaufen dürfen nicht zu weit hinten positioniert sein, da die Strippen die Decke ansonsten nach vorn ziehen. Sie sollten über der Gurtlage des Pferdes platziert sein, sodass die Strippen beziehungsweise der Gurt beim Angurten leicht hindurchgeführt werden können.**
- **Die Decke sollte möglichst aus Natur- und nicht aus Kunstfasern bestehen. Oft sind die Innen- und Außenseite einer Sattelunterlage aus unterschiedlichen Materialien, achten Sie hier darauf, dass die Pferdeseite aus Naturfasern besteht.**
- **Funktionsdecken wie Gel- oder Schaumpads (wenn sie denn schon nötig sind) sollten von einer Naturfaserdecke umhüllt sein, alternativ dazu sind auch moderne wärme- und schweißabsorbierende technische Fasern gut.**
- **Ziehen Sie die Decke beim Satteln immer in Vorderzwiesel und Kissenkammer hinein. Durch dieses „Einkammern" vermeiden Sie Spannungen und Druck auf den Widerrist.**
- **Waschen Sie Ihre Decken nie mit Waschmitteln, die Weichspüler enthalten. Viele Pferde reagieren extrem empfindlich auf Weichspüler, außerdem können diese technische Fasern zerstören.**
- **Bei gesteppten Decken ist darauf zu achten, dass sie mit Nylonwolle und nicht mit dünnem Schaumstoff gefüllt sind, denn dieser geht schnell kaputt, vor allem, wenn die Decke regelmäßig gewaschen wird.**
- **Bitte waschen Sie die Satteldecken regelmäßig, denn Verschmutzungen können Knötchen und raue Stellen bilden, die das Fell und die Haut des Pferdes schädigen.**
- **Bei Satteldecken gilt wirklich oftmals: Was teurer ist, ist meistens auch besser, denn in preisintensiveren Decken sind häufig tatsächlich hochwertigere Materialien verarbeitet.**
- **Viel hilft nicht immer viel: Die Verwendung von mehr als einer Satteltunterlage (Baumwolldecke, Wollpad und noch ein Gelpad) führt leicht zur Instabilität des Sattels und setzt den Reiter weiter weg vom Pferd. Wenn so viele Unterlagen nötig erscheinen, stimmt etwas mit dem Sattel nicht!**

13

PASST DER SATTEL DEM REITER?

DER SATTELSITZ

Unter dem Sattelsitz verstehen wir den Bereich des Sattels, in dem der Reiter mit seinem Gesäß sitzt. Er besteht aus dem matratzierten und (meist mit Leder) überzogenen Sattelbaum. Ebenfalls gehören die sogenannten kleinen Satteltaschen zum Sattelsitz. Das sind die „Lederlappen", die den Übergang von der Sitzfläche zu den großen Satteltaschen, den Sattelblättern, bilden und die Sturzfedern abdecken. Form, Größe, Verarbeitung und Matratzierung des Sat-

IHR GANZ PERSÖNLICHER SATTELCHECK

Probieren Sie unterschiedliche Sättel. Die folgende Checkliste kann Ihnen helfen, herauszufinden, ob Ihnen als Reiter der Sattel passt:

- **Können Sie Ihr Bein lang und locker herunterhängen lassen?**
- **Sitzen Sie im Spalt (Schritt) bequem oder haben Sie das Gefühl, dort auseinandergezogen zu werden?**
- **Können Sie Ihre Sitzbeinhöcker fühlen?**
- **Ist die Steigbügelaufhängung so angebracht, dass Sie lotrecht sitzen können?**
- **Liegt das Knie an oder steht es ab?**
- **Haben Sie hinter Ihrem Bein noch Platz auf dem Sattelblatt, wenn Sie die Steigbügel aufnehmen?**
- **Können Sie Ihr Becken nach vorn und hinten „kippen", ohne unangenehmen Druck im Schambereich (oder zwischen den Sitzbeinhöckern) zu fühlen?**
- **Schränkt die Pausche die Bewegung des Hüft-, Knie- und Fußgelenks ein? Ist sie zu lang, zu groß oder zu klein? Behindert oder unterstützt sie?**
- **Können Sie bequem im leichten Sitz sitzen?**
- **Haben Sie genügend Freiheit vor und hinter dem Becken, sodass Sie beim Leichttraben nicht vorn anstoßen oder bei im Aussitzen nicht von hinten aus dem Sattel geworfen werden?**
- **Ist das Sattelblatt lang genug, sodass sich Ihre innere Stiefelkante weit genug darüber befindet?**
- **Drückt die Unterhosennaht unangenehm?**
- **Bleiben Sie im Schritt im Gleichgewicht? Haben Sie genügend Unterstützung im Schritt, um gerade zu sitzen?**

Wenn Sie diese Fragen für sich beantwortet haben und sich danach gut im Sattel fühlen, haben Sie wahrscheinlich den für sich passenden Sattel gefunden. Ist noch einiges unklar oder nicht so wie beschrieben, dann sollten Sie Rat bei Ihrem Sattelergonom suchen!

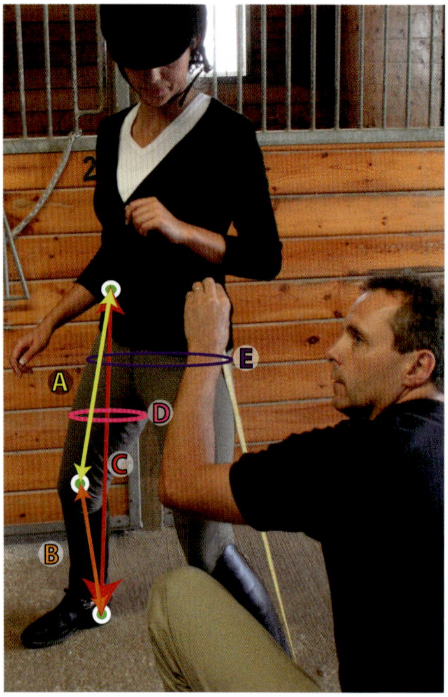

Ein Sattel muss nicht nur dem Pferd, sondern auch der Reiterin/dem Reiter passen. Bei einer Vermessung sollte ein besonderes Augenmerk auf die folgenden Punkte gelegt werden:

- Hüftbreite und Oberschenkelumfang
- Ober- und Unterschenkellänge
- Länge von der Beckenkante bis zur Ferse

telsitzes sind für das gute Gefühl des Reiters entscheidend und werden am schnellsten vom Reiter als komfortabel oder unkomfortabel wahrgenommen. Der Sattelsitz hat neben der Bequemlichkeit auch einen sehr entscheidenden Einfluss auf die Möglichkeit des Reiters, korrekt zu sitzen, leichte, wirksame Hilfen zu geben und eine harmonische Einheit mit dem Pferd zu bilden.

In den verschieden Fachkreisen gibt es unterschiedliche Vorstellungen und Interpretationen des Begriffs der Sitztiefe. Viele Reitsporthändler vertreten und verbreiten die Ansicht, die Sitztiefe bedeutet, wie eng der Reiter von Vorder- und Hinterzwiesel eingerahmt ist.

Viele Ausbilder und folglich auch Reiter verstehen unter einem tiefen Sitz, so nah wie möglich mit dem Pferd verbunden zu sein und vorn und hinten genügend Bewegungsfreiheit im Sattelsitz zu haben.

Entscheidend ist hier nicht die Definition, sondern eine genaue Verständigung, was jeder meint, denn der Reiter darf unter keinen Umständen vom Sattel eingeklemmt werden.

Wir Sattler verstehen unter der Sitztiefe den tiefsten Punkt des Sattels zwischen Vorder- und Hinterzwiesel, also wie tief der Schwerpunkt des Sattels zwischen dem vorderen und dem hinteren höchsten Punkt des Sattels eingebettet ist. Man misst dies, indem man ein langes Lineal oder einen anderen geraden Gegenstand auf den höchsten Punkt des Efters und den höchsten Punkt des Vorderzwiesels legt. Die Sitztiefe wird dort gemessen, wo der Abstand der Sitzfläche zur Bezugslinie (Lineal) am größten ist. Es gilt: Je höher der Efter, desto „tiefer" der Sitz.

Die Sitztiefe hat also überhaupt nichts damit zu tun, wie dicht der Reiter am Pferd sitzt, sondern besagt lediglich, wie hoch Vorder- und vor allem Hinterzwiesel ausgebildet sind. Die Nähe zum Pferd wird ausschließlich durch die Bauart des Sattelbaumes, die Sattelkissen, die Stärke der Polsterung und die verwendete Sattelunterlage bestimmt.

SITZMESSPUNKTE FÜR REITER UND SATTEL

Wesentliche Kriterien zum Anpassen eines Sattels an die Reiterin oder den Reiter

Im vorderen Bereich des Sattels (siehe Linie 1) darf der Sattel den Reiter nicht an den Schambeinen oder den Genitalien stören. Dies lässt sich wunderbar im Reitsportgeschäft oder auf dem Pferd ausprobieren. Steigen Sie mit einer Jeans in den Sattel und lehnen Sie sich mit gestrecktem Oberkörper auf Ihrem Becken vor und zurück. Hierbei darf die Hosennaht nur zu spüren sein, wenn Sie sich vor Ihrem Schwerpunkt, vor der Lotlinie, befinden. Ist die Naht permanent fühlbar, passt der Sattel nicht. Lassen Sie am besten eine Person von außen beurteilen, wann Sie tatsächlich an der Lotlinie sitzen.

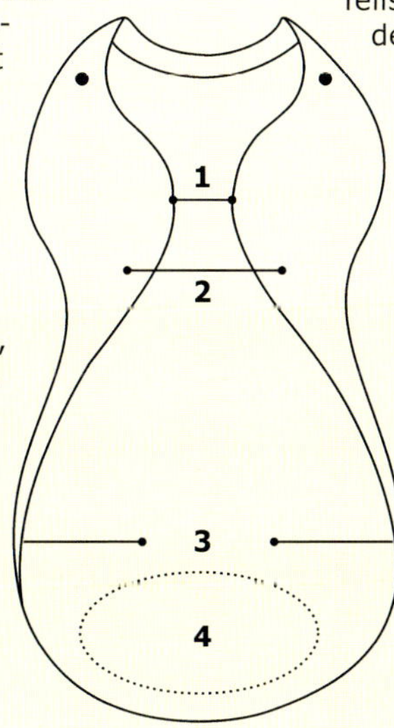

Im mittleren Bereich des Sattels (Linie 2) muss der Reiter das Gefühl haben, eine gleichmäßige Druckverteilung zwischen der Innenseite des oberen Teils des Oberschenkels und dem Schritt zu haben. Passt der Sattel in diesem Bereich nicht, drehen sich die Kniescheiben und Fußspitzen extrem nach außen. Der Oberschenkel wird nach außen gedrückt und es kann zu einem Krampf an der Hüfte kommen. Im anderen Extrem fühlt der Reiter sich, als würde er mit wenig Kontakt zwischen Oberschenkel und Sattel auf einem Spitzdach sitzen.

Der hintere Bereich des Sattels (Linie 3) soll den Reiter am Gesäß und unter den Sitzbeinhöckern unterstützen. Ist der Bereich zu schmal, hängen die Sitzbeinhöcker neben der Sitzfläche in der Luft. Reiter klagen oft über wunde Stellen zwischen den Pobacken oder zu viel Druck an der Steißdrüse, die am Ende des Steißbeines ist. Ist die Sitzfläche zu weit, drückt ihre hintere Kante gegen den hinteren Bereich des Oberschenkels, schiebt ihn nach vorn und der Reiter spürt die Baumkante, so als würde er auf einem breiten, flachen Dach im hinteren Teil des Sattels sitzen, was öfter bei Männern der Fall ist.
Den Vorder- und Hinterzwiesel (Vorder- und Hinterteil des Sattels) sollte der Reiter in keiner Gangart fühlen. Andernfalls wird ein unabhängiger Reitersitz in Balance und Losgelassenheit nahezu unmöglich.

Im Bereich hinter dem Gesäß (Linie 4), sollte genügend Matratzierung (Polsterung) vorhanden sein, um den Reiter zu unterstützen. Ist es zu viel, wird der Reiter (selbst wenn der Sattel in Balance ist) ins Hohlkreuz gedrückt; ist es zu wenig, kippt das Becken nach hinten ab, wenn der Reiter ermüdet oder das Pferd in einer korrekten Versammlung ist. Diese Problematik entsteht vor allem bei Frauen, da sie wegen ihres kürzeren Steißbeines und dem in der aufrechten Sitzposition nach vorn kippenden Becken auf eine stärkere Unterstützung angewiesen sind als die Männer.

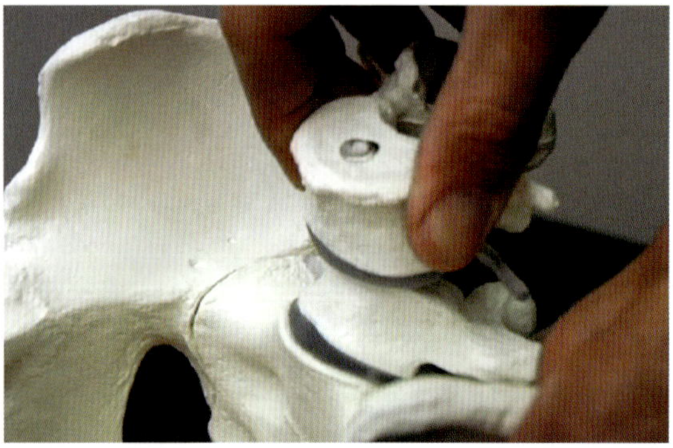

Ein Bandscheibenvorfall kann entstehen, wenn das Becken des Reiters zu stark nach hinten fällt und der Reiter versucht, trotzdem über dem Gleichgewichtspunkt des Pferdes zu sitzen.

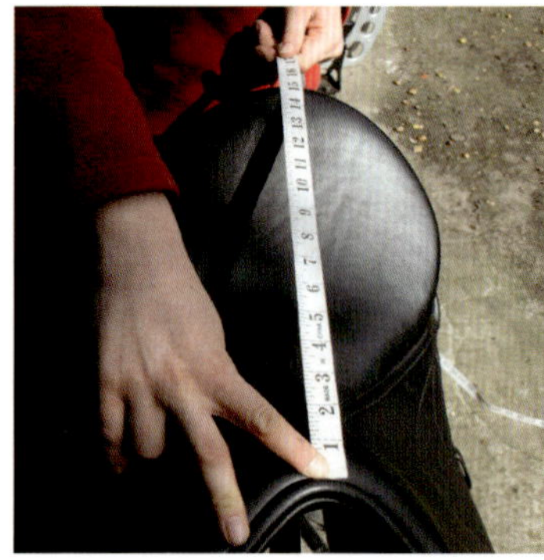

Hier wird die Sitzbaumgröße ermittelt. Die Sattelnagelposition hat zwei Zoll Spielraum, was bedeutet, das der Sattler bis zu vier unterschiedliche Sattelsitzlängen anbieten kann.

Ob eine Sitzfläche hart oder weicher sein sollte, hängt auch ein wenig von dem persönlichen Gefühl, der Form der Sitzbeinhöcker und der der Schambeinäste ab.

Eine Sitzfläche muss Stabilität und Form geben, ohne einzuengen. Der Reiter darf weder Schmerzen an den Sitzbeinhöckern bekommen, noch sollte er das Gefühl haben, dass der Sattel unter ihm schwimmt.

Sehen wir uns noch einmal kurz die Anatomie und die Funktionsweise der Wirbelsäule an.

Wir absorbieren die Auf- und Abbewegung der Wirbelsäule unter anderem in ihren vier Kurven und zwar in Steißbein, Lende, Schulter und Hals. Zusätzlich fungieren auch die Knöchel, Knie und Hüftgelenke des Reiters als Puffer. Ist das Knie durch einen unpassenden Sattel blockiert, die Ferse hochgezogen oder wird die Hüfte zu stark durch eine zu breite Sitzfläche auseinandergezogen, verkrampft sich der Reiter von Kopf bis Fuß und die ganze Belastung liegt auf den Sitzbeinhöckern. Dies macht selbst das weichste Sitzpolster steinhart, ganz abgesehen davon, welche Belastung Pferd und Reiter im Rücken spüren. Passende, geschlechtspezifische Sitzschalen werden benötigt, die das normale Schwingen der Wirbelsäule zulassen.

Ein weicher, sanfter, lockerer Sitz kann nur erreicht werden, wenn der Reiter/die Reiterin in der Mittelpositur mitschwingen kann. Rücken- und Bauchmuskeln sollten bei guter aufrechter Haltung leicht angespannt, aber nicht verkrampft sein. Dadurch können die zwischen den Wirbeln verlaufenden Bandscheiben als Stoßdämpfer für die menschliche Wirbelsäule fungieren. Die Wirbel sollen dabei gleichmäßig übereinander bleiben.

Wird der Reiter vom Sattel gut unterstützt, kann auch die Wirbelsäule ihre Wirkung entfalten und das Iliosakralgelenk des Reiters wird nicht blockiert.

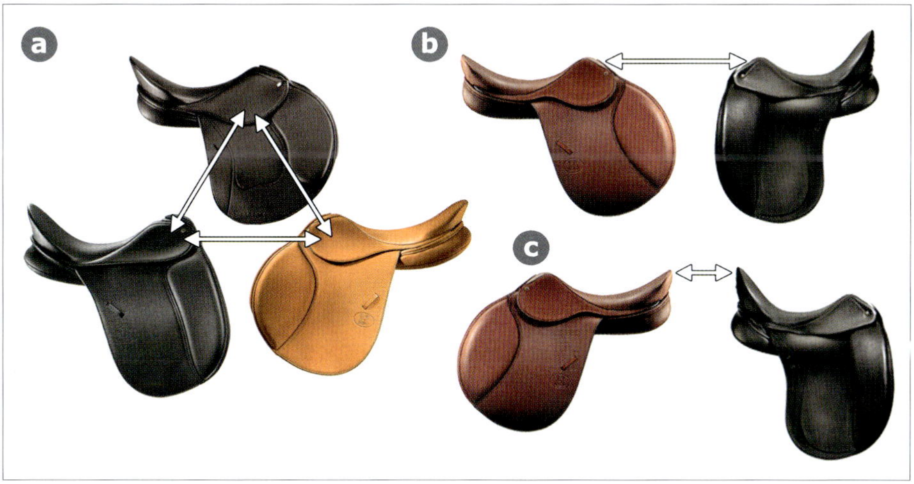

Je nach Sattelmodell und reiterlicher Disziplin können die Sturzfederposition (a) und die Sitznagelposition (b) variieren. Auch Vorder- und Hinterzwiesel (c) können verschieden hoch sein.

DIE STEIGBÜGELAUFHÄNGUNG

Ein ausbalancierter und aufrechter Sitz im Sattel ist dann gegeben, wenn sich Ohr, Schulter, Hüfte und Absatz in einer lotrechten Linie befinden. Diese Position ist nur erreichbar, wenn man ohne Steigbügel reitet oder wenn die Steigbügel an der richtigen Stelle positioniert sind. Die Lage der Steigbügelriemen mit dem daran befindlichen Steigbügel wird von der Position der sogenannten Sturzfeder bestimmt. Die Sturzfeder ist der Metallhaken, an dem die Steigbügelriemen eingehängt werden. Sie hat ihren Namen daher, weil der hintere Teil federnd gelagert ist, damit er im Falle eines Sturzes und eines Hängenbleiben des Reiterfußes im Steigbügel aufgeht, und der Steigbügelriemen herausrutschen kann. Passt die Lage des Steigbügels nicht zum Bein des Reiters, ist ein korrekter Sitz nicht mehr möglich, da sich der Reiter sofort verkrampft, wenn der Unterschenkel durch eine falsch platzierte Sturzfederaufhängung nach vorn oder nach hinten ge-

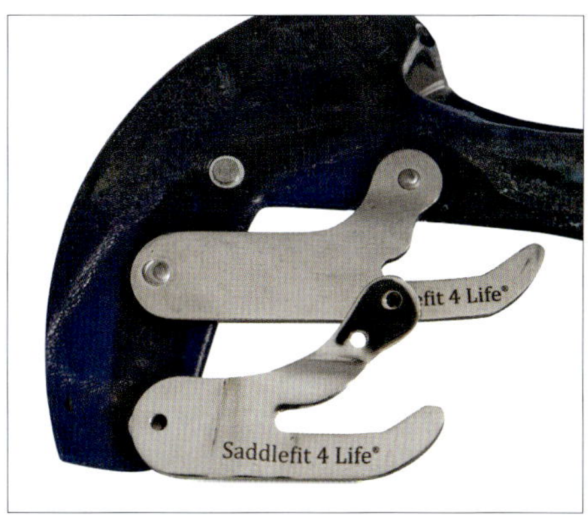

Die Sturzfeder A ist einen, die Sturzfeder B zwei Zoll nach hinten verlagert.
Die Sturzfederposition richtet sich nach dem Verhältnis der Länge der Ober- und Unterschenkel.

zwungen wird. Hier kommen wieder die anatomischen Unterschiede zwischen Frauen und Männern zum Tragen. Frauen haben normalerweise im Verhältnis zu ihrem Unterschenkel einen längeren Oberschenkel, während Männer in der Regel einen längeren Unterschenkel haben. Das hat enorme Konsequenzen für die Steigbügelaufhängung. Diese bestimmt ja, wo der Steigbügel unter dem Reiter hängt. Je nachdem, ob nun der Reiter einen längeren Ober- oder Unterschenkel hat, muss das Bein, damit es einen lotrechten Sitz ermöglicht, anders am Pferd liegen.

Dementsprechend wird die Steigbügelaufhängung so platziert sein, dass der Reiter sein Bein gerade unter sich haben kann, ohne in einen Stuhl- oder Spaltsitz gezwungen zu werden. Bei Männern sollte die Sturzfeder deshalb meistens eher weiter vorn, bei Frauen überwiegend weiter hinten angebracht werden.

DAS SATTELBLATT

Da das Bein des Reiters direkt auf dem Sattelblatt zu liegen kommt, sollte es auf jeden Fall so lang sein, dass der Stiefelrand nicht darunter hängen bleiben kann.

Dieses Sattelblatt ist leicht nach vorn gerichtet. Die aufgesetzte Oberschenkelpausche wurde für einen Reiter mit sehr langem Oberschenkel gefertigt.

Als Richtmaß lässt sich ungefähr eine Handbreit unterhalb der Kniekehle als Endpunkt feststellen.

Die Funktion des Sattelblattes ist es, den Pferdeschweiß vom Reiterbein fernzuhalten. Die Stärke des Sattelblattes kann variieren. Der Reiter soll das Pferd trotz des Sattelblatts fühlen können, sodass circa vier bis viereinhalb Millimeter Materialstärke für ein sogenanntes Monoblatt (ein Sattelblatt, das ohne zusätzliches Schweißblatt auskommt), angestrebt werden. Mit einem zusätzlichen Schweißblatt und einem Schnallenschutz, die das Pferd vor dem Druck der Bauchgurtschnalle und dem Sattelblatt schützen, wird der Abstand zwischen Reiterschenkel und Pferd noch etwas breiter.

Wichtig ist, dass die Gurtstrippen auch bei einem Monoblattsattel nicht ans Pferd kommen.

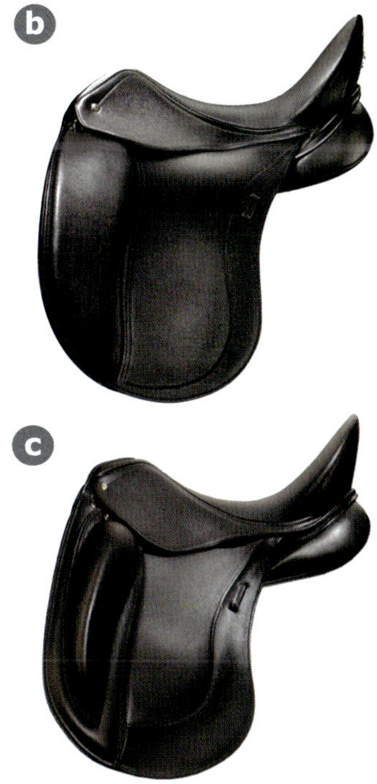

Hier sehen Sie Sättel mit austauschbaren Oberschenkelpauschen (a); kurzer Satteltasche, die oben für einen Reiter mit kurzen, kräftigen Beinen breiter geschnitten wurde (b), sowie ein Monoblatt mit austauschbarer Oberschenkelpausche (c).

Hat das Sattelblatt eine optimale Lage, kommt das Bein des Reiters in der Mitte des Sattelblattes zu liegen. Vor der Kniespitze sollten dann zwei bis drei Zentimeter vom Sattelblatt und am oberen Teil hinter dem Oberschenkel sollte mindestens ein Zentimeter vom Sattelblatt zu sehen sein.

DIE PAUSCHEN

Die Pauschen sind die Teile des Sattels, die erst hinzukamen, als der Pferdesport ein Freizeitsport wurde. In Western- und Armeesätteln gab es überhaupt keine Pauschen. Sie wurden hauptsächlich für Reitanfänger entwickelt, um ihnen etwas mehr Halt zu geben oder aber den Reiter in extrem hohen Sportanforderungen zu unterstützen. Über die Notwendigkeit und über die Ausführung von Pauschen wird seit ihrer Erfindung heftig diskutiert. Kein anderes Bauteil des Sattels ist so umstritten. Viele Ausbilder, Trainer und Reiter halten die Oberschenkelpausche für vollkommen überflüssig, andere finden kleine, leicht begrenzende Pauschen richtig und viele Reiterinnen schätzen die

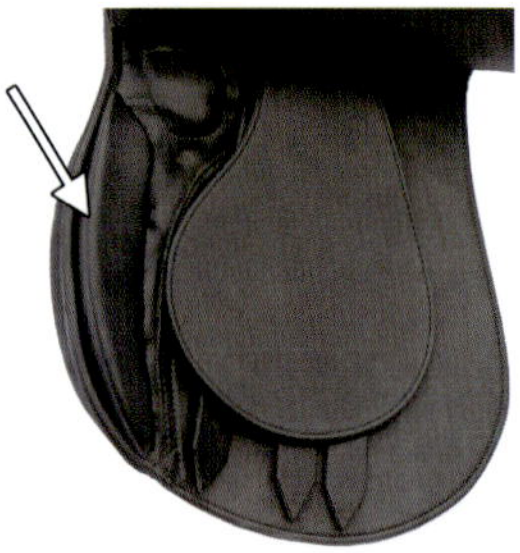

Vielseitigkeitssattel mit kleiner Knierolle

Dressursattel mit auswechselbarer Oberschenkelpausche

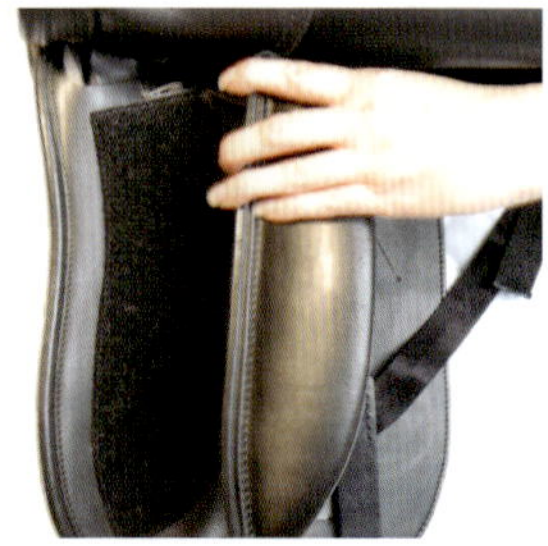

Die Oberschenkelpausche wird auf dem Velcro ausgetauscht.

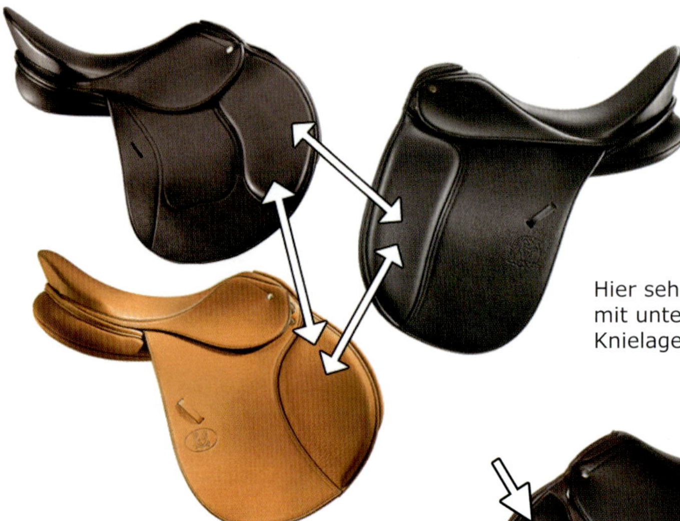

Hier sehen Sie Sättel mit unterschiedlichen Knielagen.

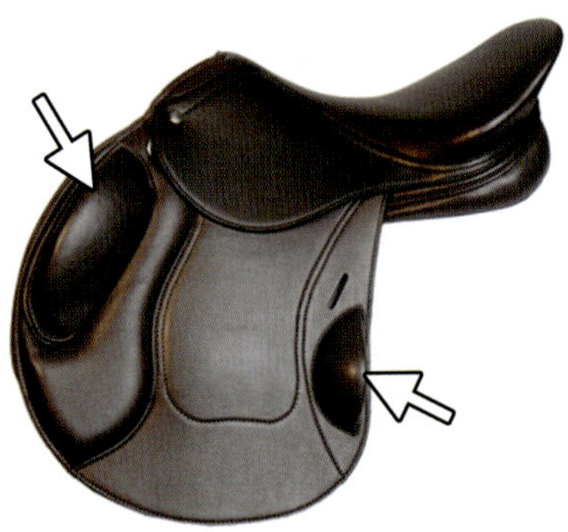

An diesem Vielseitigkeitssattel sind die Oberschenkel- und Wadenblöcke auf oder unter der Satteltasche austauschbar.

Es gibt viele verschiedene Formen von Knierollen, Oberschenkelpauschen und -blöcken.

Pausche sehr. Gut passende Pauschen können dem Reiter, besonders bei jungen oder ungestümen Pferden, eine höhere Sicherheit geben. Sind die Pauschen jedoch zu dick, blockieren sie schnell das Reiterbein. Kopfnicken, ein klemmender Sitz und Rückenschmerzen können die Folge sein. Außerdem werden die empfindlichen Reflexpunkte des Reiters am Knie getroffen, die das Bein, den Ober- und Unterschenkel sowie den Fuß extrem nach außen drücken. Da dann das Bein blockiert ist und sich verdreht, verlagert sich das Gesäß des Reiters hinter den Schwerpunkt. Daraus resultiert ein unruhiges, schweres und hartes Sitzen im letzten Viertel des Sattels. Extreme Unsicherheit kann so also auch mit dicken Pauschen entstehen.

Die Knierolle wird oft mit der Knielage verwechselt. Die Knielage ist der meist weich gepolsterte, abgenähte vordere Bereich auf dem Sattelblatt, während die Knierolle eine vorgewölbte, an den Sattel angebrachte Stütze ist. Reine Kniepauschen kennen wir nicht, sondern die Kniepausche ist heute immer eine verlängerte Oberschenkelpausche, die bis kurz über das Knie oder sogar bis auf Höhe der Kniescheibe reicht. Eine Oberschenkelpausche sollte im Notfall der Sicherheit dienen oder einem Anfänger etwas (!) Halt geben, jedoch darf sie den Reiter nicht einzwängen. Blockiere ich mein Knie im Sattel mit einer zu großen, schlecht platzierten Oberschenkelpausche, ist ein harmonisches, weiches Reiten unmöglich, da die Knie die Bewegung, die von der Hüfte kommt, nicht mehr nach unten durchlassen können. Springen wir zum Beispiel von einer Treppenstufe hinab und federn unter anderem in den Kniegelenken nicht, erfahren wir einen großen Stoß bis in die Halswirbelsäule hinein. Federe ich hingegen in meinen Kniegelenken mit, lande ich weicher. Ähnlich verhält es sich auch beim Reiten. Hat das Knie nicht die Möglichkeit, Schwung nach unten bis zu den Absätzen weiterzuleiten und damit abzufedern, bleibt die Bewegung im Knie stecken. Dadurch wird der Bereich vom Oberschenkel bis ins Hüftgelenk hinein gestaucht und das Mitschwingen in der Hüfte erschwert, was dann wiederum die Pufferfunktion der Lendenwirbelsäule beeinträchtigen kann.

Ebenso wichtig wie die Länge und Breite der Pausche sind ihre richtige Winkelung und Position. Der Oberschenkel soll zur Pausche hin genug Platz haben (mindestens zweieinhalb Zentimeter), so können Knie, Hüfte und Ferse mitschwingen.

Die Oberschenkelpausche darf nicht zur Kniekappe des Reiters führen, da sonst dort befindliche empfindliche Reflexpunkte getroffen werden.

Zu dicke Pauschen sprechen für einen missverstandenen Sicherheitsgedanken und beeinträchtigen in den meisten Fällen das Gleichgewicht und die Balance des Reiters negativ.

MIT ODER OHNE SATTELBAUM

Die Aufgabe des Sattelbaumes ist es, das Reitergewicht über die Sattelauflagefläche zu verteilen. Einem baumlosen Sattel fehlt das stabile Grundgerüst, das dazu in der Lage ist. Das Gewicht des Reiters wird daher unter den Sitzbeinhöckern nur punktuell auf den Pferderücken übertragen, während ein Sattelbaum den Druck des Reitergewichtes gleichmäßig auf den M. longissimus verteilt.

Da punktuelle Belastungen zu Durchblutungsstörungen und Muskelschwund führen können und ein falscher Druck auf Bänder oder Sehnen Entzündungen hervorrufen kann, ist ein Sattel mit Sattelbaum aus meiner Sicht immer empfehlenswert. Nicht nur, um das Pferd vor tatsächlichen Verletzungen zu schützen, sondern auch, damit die Anspannung falscher Muskeln verhindert wird, wenn es versucht, einem eventuellen Druck auszuweichen.

Fest steht, dass es für den Sattler aus handwerklicher Sicht in jedem Fall weit weniger Arbeit ist, einen baumlosen Sattel zu bauen.

Die ersten Sattelbäume wurden aus Stroh, Rohhaut (halbgegerbte Tierhaut – auch als „totgegerbt" bezeichnete Tierhaut) und Holz gebaut. Auch heute noch wird gern Holz (Birkenholz) als Basismaterial für Sattelbäume benutzt. Massivholzbäume kommen vor allem bei Bocksätteln wie beispielsweise den Westernsätteln zum Einsatz. Die Holzbäume englischer Sättel, bei denen es sich um sogenannte Pritschensättel handelt, werden als Laminatbäume bezeichnet. Bei einem Laminat werden mehrere Schich-

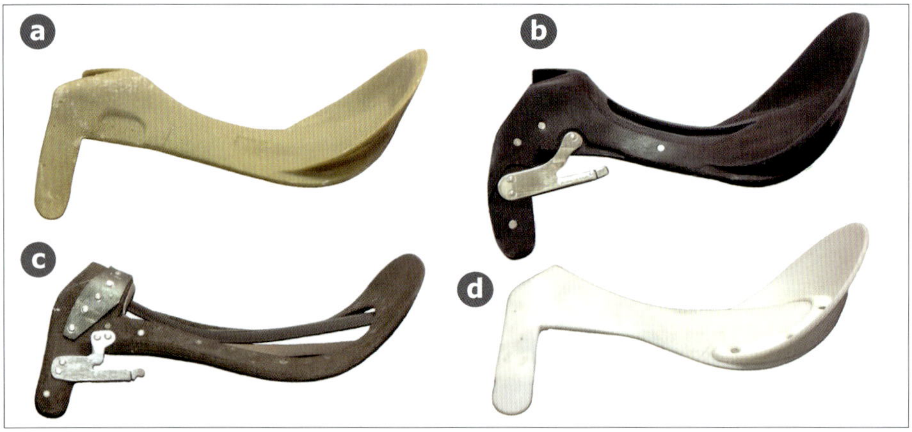

Verschiedene Sattelbaumarten und ihre Ortschuhspitzpositionen
a) Flexbaum mit geraden Ortschuhspitzen.
b) Adap Tree® (flexibler Kunststoffbaum) mit nach hinten gewinkelten Ortschuhspitzen
c) Holzbaum mit nach vorn gerichteten Ortschuhspitzen.
d) Plastikbaum mit geraden Ortschuhspitzen.

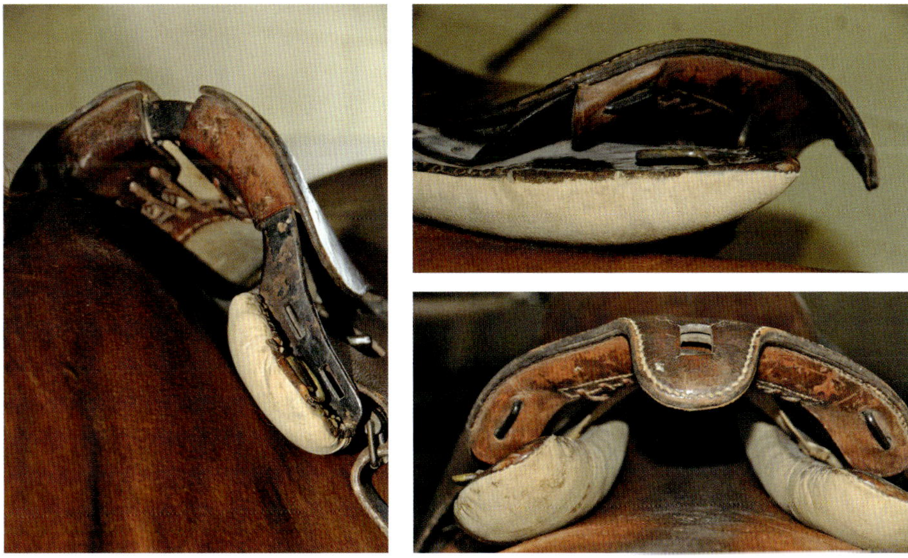

Dieser alte Militärsattel ist in vielerlei Hinsicht vorbildlich: Der Trapezmuskel bleibt frei, sodass hier kein Druck entstehen kann. Der hintere Kissenteil wurde nach oben gezogen, um Druck im Lendenbereich zu vermeiden. Der Kissenkanal ist nach hinten verbreitert, um Druck auf die Wirbelsäule auch in Wendungen oder Seitengängen zu verhindern.

ten des Materials, hier also Holz, miteinander fest verklebt. Derartige Laminate haben den Vorteil großer Haltbarkeit und größerer Flexibilität. Außerdem ist die Herstellung eines Laminatbaumes sehr viel kostengünstiger als die Herstellung eines massiven Holzbaumes. Laminatbäume werden mit Eisen unter und über dem Vorderzwiesel verstärkt. Sie sind daher weder in der Baumweite noch im Baumwinkel verstellbar.

Deshalb wurden und werden vermehrt Kunststoffbäume eingesetzt. Die Vorteile sind nicht zu unterschätzen, sind diese Bäume doch einerseits sehr leicht, verziehen sich nicht so schnell und können andererseits recht kostengünstig hergestellt werden. Für die Herstellung dieser Bäume werden unterschiedliche Kunststoffe eingesetzt. Einige sind nicht

Bei Bocksätteln wird die Wirbelsäule überbrückt, indem der Sattelbaum aus zwei links und rechts der Wirbelsäule liegenden Tragböcken gebildet wird, die durch bogenförmige Vorder- und Hinterzwiesel miteinander verbunden sind. Zwischen Vorder- und Hinterzwiesel wird die Sitzfläche eingebaut.

Beim Pritschensattel hingegen bildet der Sattelbaum eine durchgehende leicht gewölbte Fläche, die auch gleichzeitig Sitzfläche ist (Pritsche). Die Wirbelsäule wird durch das aus zwei Hälften bestehende Sattelkissen überbrückt. Der Pritschensattel erlaubt detaillierter konstruierte, leichte Sättel, die auch den Einsatz von feineren Gewichts- und Schenkelhilfen unterstützen.

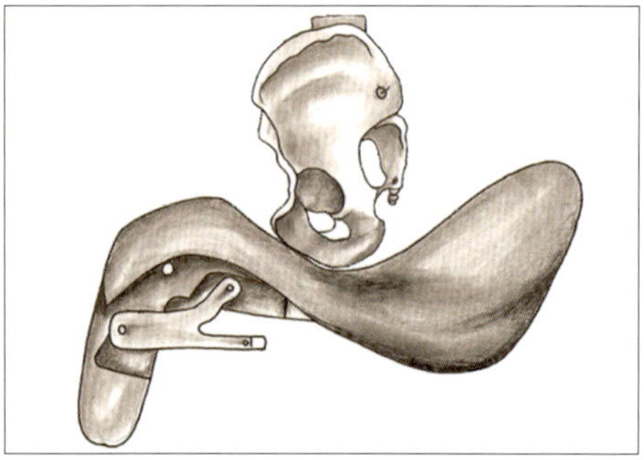

Hier ist deutlich erkennbar, dass dem Frauenbecken in einem herkömmlichen (Männer-)Sattel die Unterstützung unter den Sitzbeinhöckern fehlt, sie sitzt auf dem Schambein im vorderen Sattelbereich.

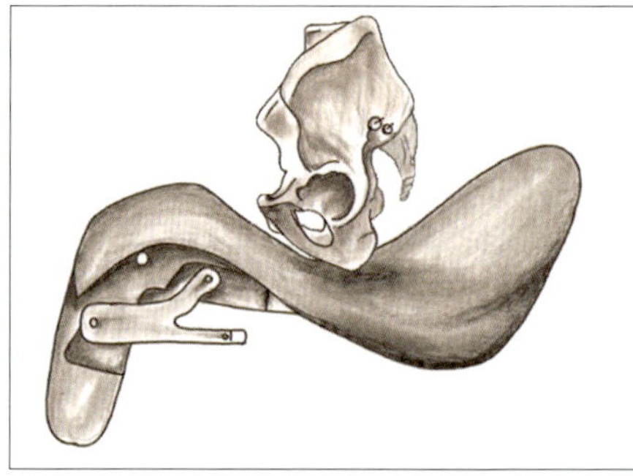

Das männliche Becken ist anders gebaut und findet so die korrekte Position mit Unterstützung der Sitzbeinhöcker im Sattel.

verformbar, was zur Folge hat, dass die Sättel nicht anzupassen sind, andere sind unter der Einwirkung von Wärme zu verändern und wieder andere sind so flexibel, dass sie immer wieder verändert werden können, ohne sie zu erhitzen oder ohne den Sattel öffnen zu müssen.

Heute verfügen viele Sättel über flexible Kunststoffbäume. Das heißt, dass der Kunststoff (meist Polyurethan) in seiner Stärke und Verarbeitung so gewählt ist, dass der Sattelbaum in sich beweglich bleibt und sich mit der diagonalen Bewegung des Pferdes mitbewegen kann. Die Steifigkeit des Sattelbaums lässt sich dabei durch den Einbau von sogenannten Federstählen beeinflussen. Je nach Metalllegierung, Stärke und Länge des Federstahls wird der Sattel mehr oder weniger steif. Die Steife des Sattels kann auch Einfluss auf den Sitzkomfort des Reiters haben. Je steifer und fester ein Sattel ist, desto härter fühlt sich der Sitz meist auch für den Reiter an. Die Matratzierung kann das nur begrenzt ausgleichen. Allerdings darf man einen Sattel mit einem flexiblen Kunststoffbaum auch nicht zu weich (flexibel) konstruieren, weil sich der Baum durch den Druck des Reitergewichts (vor allem bei schwereren Reitern) durch das Sattelkissen hindurch auf den Pferderücken drücken kann. Seit einiger Zeit sind auch Sattelbäume im Handel, bei denen man die Baumwinkel verstellen kann, entweder durch Austauschen oder durch Verformung des Kopfeisens. Jedoch lässt sich nur bei wenigen Sätteln auch die Baumbreite verstellen.

Ein baumloser Sattel hat den Vorteil, dass der Reiter viel von der Bewegung des Pferdes fühlt. Jedoch ist es vor allem für Frauen physiologisch sehr schwer, eigentlich sogar unmöglich, in einem baumlosen Sattel korrekt zu sitzen, da die Unterstützung des großen Gesäßmuskels und des Steißbeins fehlt und so ein richtiges Mitschwingen unmöglich wird. Zudem wird das Gewicht der Sitzbeinhöcker nur punktuell auf den Pferderücken verteilt.

Wir brauchen den Sattelbaum also als Gerüst, damit beide, Pferd und Reiter harmonisch miteinander agieren können. Ein großer Nachteil baumloser Sättel ist, dass sie das Reitergewicht nicht so gleichmäßig verteilen wie Sättel mit Sattelbaum. Sie haben aber den Vorteil, dass sie nicht aus steifen und festen Bauteilen bestehen, die das Pferd anatomisch einzwängen und die dem sich verändernden Körperbau des Pferdes immer wieder angepasst werden müssen. Dies gleicht den Nachteil der schlechten Druckverteilung des Reitergewichtes allerdings nicht aus, die neben der mangelnden Möglichkeit präziser Hilfengebung vor allem auch erhebliche Schäden an Muskeln, Nerven und Bändern des Pferderückens nach sich ziehen kann. Ein Pferd, das einen punktuellen Druck im Rücken verspürt, wird nicht in der Lage sein, seinen Rücken aufzuwölben, um das Reitergewicht gut tragen und sich frei damit bewegen zu können. Damit ist die gesamte Funktion des Bewegungs- und Tragemechanismus des Pferdes gestört, was zu irreparablen Schäden führen kann. Wir haben wissenschaftliche Methoden (beispielsweise die Thermographie), die diese Schäden anschaulich nachweisen können.

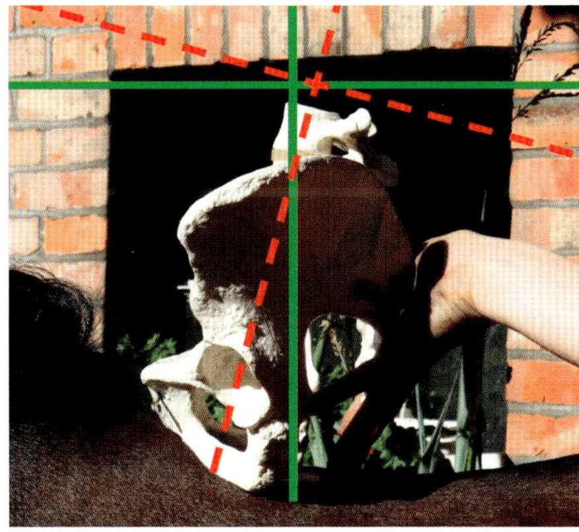

Bei einem baumlosen oder für Männer konstruierten Sattel fehlt der Frau hinten die notwendige Unterstützung, um eine lotrechte Position einnehmen zu können.

SATTEL ODER SITZPROTHESE

Die Frage, inwieweit ein Sattel den Reiter unterstützen sollte, um einen stabilen und ausbalancierten Sitz zu finden, beschäftigt die Pferdewelt seit vielen Jahren. Die einen sagen, dass der pure Sattel mit flacher Sitzfläche ohne Pauschen die einzig wahre Lösung sei, weil ohnehin nur ein gut trainierter und ausbalancierter Reiter in der Lage ist, ein Pferd gut zu reiten, und ein solcher Reiter ohne den „Hilfs-Schnick-Schnack" auskommt. Wieder andere sind der Meinung, dass Sättel mit verschiedenen sinnvollen konstruktiven Hilfen, wie Pauschen, hohen Vorder- und Hinterzwieseln und verschieden großen Sitzflächen für ein harmonisches Miteinander von Reiter und Pferd durchaus ihre Berechtigung haben und vor allem weniger erfahrenen und geübten oder auch älteren Reitern helfen, einen ausbalancierten und sicheren Sitz auf dem Pferd zu finden.

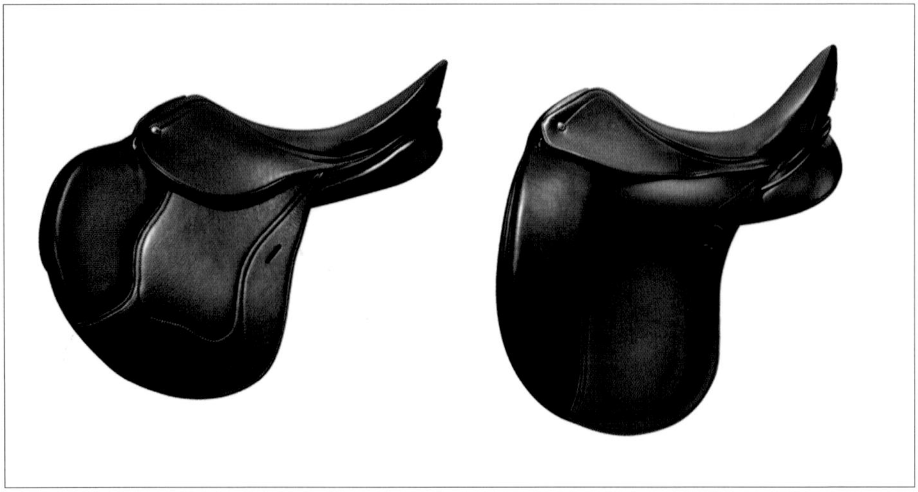

Beim Springsattel (links) ist die Sitztiefe meist flacher, um dem Reiter eine größere Bewegungsfreiheit zu ermöglichen. Dressursättel (rechts) werden mit unterschiedlichen Sitztiefen angeboten, um individuell für jeden Reiter die passende Position zu ermöglichen.

Das Thema „Sitzprothese“ hat schon viele große Streitgespräche geliefert.

Wenn ein Pferd ganz locker schwingt, hat es ein Anfänger oft schwer. Warum also keine Oberschenkelpausche, die das Bein begrenzt? Wenn dies nur vorübergehend der Unterstützung des Reiters dient, um dem Reiter ein sicheres Gefühl zu geben, ist dies in Ordnung. Der Reiter sollte jedoch Stück für Stück lernen, unabhängiger von der Pausche zu sitzen.

Ein ausbalancierter Reiter hat seine anfänglichen Unsicherheiten verloren und klemmt nun nicht mehr mit den Knien, er hat keinen Bedarf mehr nach dicken Oberschenkelpauschen, ja sie engen ihn in seiner Bewegungsfreiheit sogar ein.

Heutzutage fangen viele Menschen erst als Erwachsene an zu reiten – wir nennen sie Späteinsteiger. Sie haben nicht von Kind auf gelernt, mit Pferden umzugehen und benötigen häufig zunächst einmal diese Hilfsmittel, um Angst zu überwinden (wie bei kleinen Kindern die Stützräder am Fahrrad.) Es gibt auch extreme Fälle, bei denen sehr erfahrene Reiter Pferde reiten, die so eine große Bewegungsmechanik zeigen, dass die Oberschenkelpauschen nötig sein können, um die präzisen Hilfen im richtigen Moment geben zu können, die Pauschen müssen dann nur richtig platziert sein.

Es gilt also, dass jeder Reiter für sich, in seinem Stadium der Ausbildung, mit den Möglichkeiten seines Pferdes, das Richtige zunächst einmal herausfinden muss. Unzweifelhaft ist es so, dass eine ausreichende Bewegungsfreiheit sowie ein gutes, komfortables und sicheres

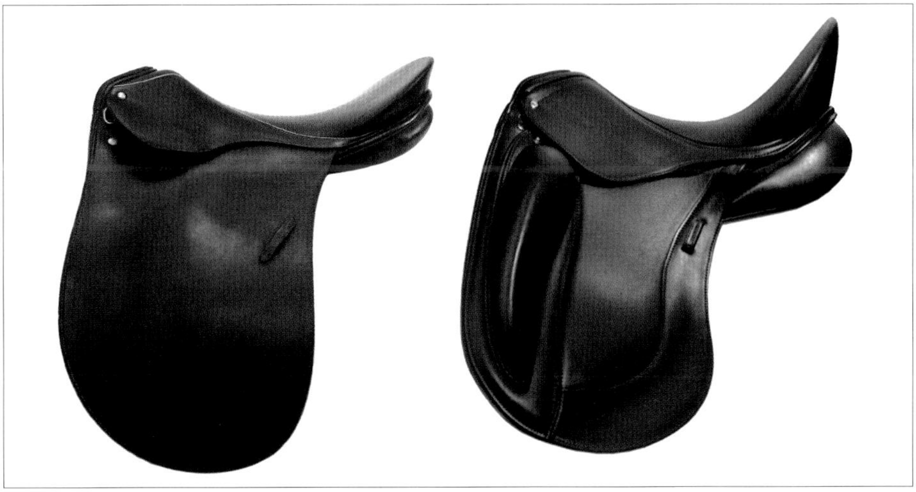

Hier ein Dressursattel mit offenem Sitz und geringer Beinunterstützung

Ein Dressursattel mit sehr tiefem Sitz und viel Beinunterstützung. Nicht ganz ernsthaft werden solche Sättel auch als „Sitzprothese" bezeichnet.

Sitzgefühl Voraussetzung für gutes Reiten sind. Je mehr ein Sattel einem Reiter einerseits helfen kann, einen sicheren Sitz zu finden, desto mehr kann er ihn aber auf der anderen Seite auch einschränken. Es gilt immer, eine individuelle Lösung durch Ausprobieren und auch durch Verändern herauszufinden. Das entbindet Reiter, Ausbilder, Reitsporteinzelhändler oder Sattler aber nicht von ihrer Verantwortung, erkennen zu lernen, wo es Grenzen gibt und woran ein falscher Sattel für den Reiter auszumachen ist.

14

GEGENSÄTZLICHE THEORIEN ZUR SATTELANPASSUNG

Es gibt viele Meinungen und Sichtweisen zur Sattelanpassung. Doch leider öffnen sich nicht alle Menschen den Erkenntnissen, die in den letzten Jahren mithilfe von MRI, Thermographie und Glasfaserkameras untermauert wurden. An dieser Stelle möchte ich auf die beiden wichtigsten Theorien zur Sattelanpassung eingehen, auch wenn es noch weitere Varianten gibt.

DIE ERSTE THEORIE ZUR SATTELANPASSUNG

Viele Sattelhersteller und ihre Sattelberater sind der Meinung, dass ein Sattel einen schmalen Kissenkanal haben sollte, sodass er auf den Dornfortsätzen und deren Bändern liegt. Der Baum ist lang und flach, liegt auf den Schultern, dem Lendenbereich und mit minimaler Auflagefläche auf der Muskulatur. Da der Sattel der Wirbelsäule aufliegt, bewegt er sich kaum, anstatt sich zum Beispiel zu verbiegen, wenn er durch die größere Schulter nach hinten gedrückt wird (siehe Kapitel über die Asymmetrie).

Knochen- und Bandstrukturen verändern sich im Gegensatz zu Muskeln im Verlauf des Trainings nicht. Die Muskeln

So soll es nicht sein: Der Sattel drückt auf die Schulter. Die Hinterhand bewegt sich nicht parallel zur Vorhand, das Pferd tritt nicht unter. Der Rücken ist weggedrückt, die Kruppenmuskulatur völlig verkrampft.

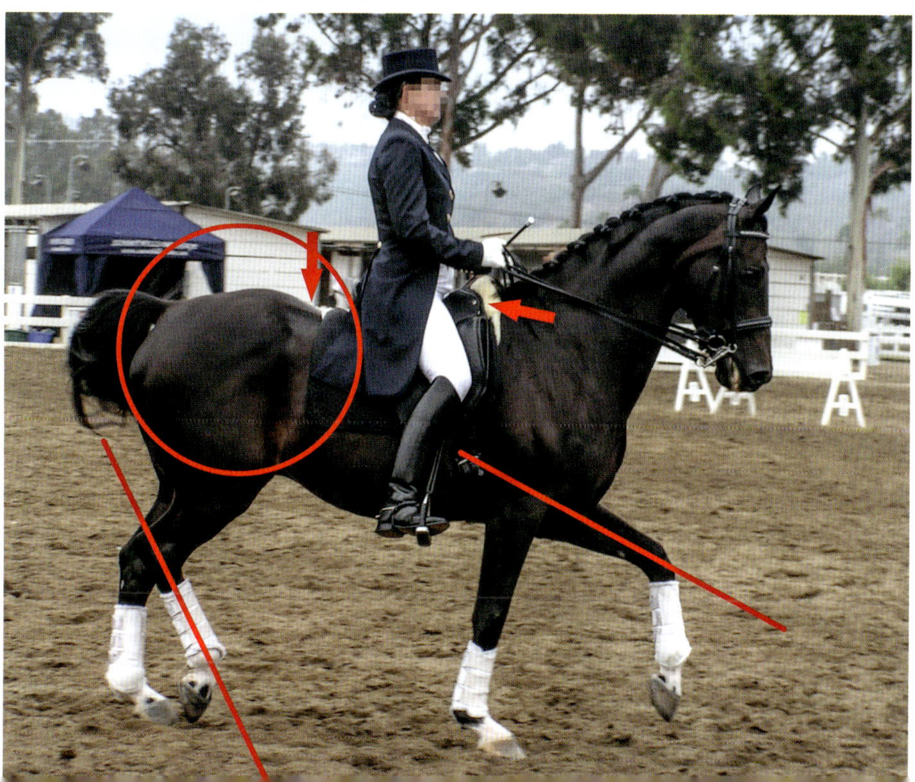

werden sich allerdings in diesem Fall auch nicht verändern, da das Pferd sie mit einem derart sitzenden Sattel nicht richtig einsetzen kann. So ist die Aussage „Mein Sattel passt immer." oder „Mein Sattel passt jedem Pferd." in diesem Fall zur Hälfte wahr, denn ein solcher Sattel muss niemals angepasst oder verändert werden, da sich das Pferd nicht verändert.

Doch der Nachteil ist immens: Die Wirbelsäule und ihre Bänder tolerieren den dauernden Druck des Sattels nicht, die Rückenbewegungen des Pferdes werden eingeschränkt. Um Schulter, Lendenbereich und Wirbelsäule zu schützen, wird sich das Pferd im Rücken immer mehr verspannen, was zur Verkrampfung des großen Glutealmuskels führt. Unwillkürliche Kontraktionen (beziehungsweise Krämpfe) behindern die korrekte Muskelarbeit, sodass nicht der volle Bewegungsradius zur Verfügung steht. Es entsteht eine sichtbare „Delle" vor dem Iliosakralgelenk (ISG). Zwischen ISG und Schweif wird sich der Glutealmuskel zurückbilden. Das Pferd entwickelt die falsche Muskulatur und Haltungsschäden werden immer deutlicher sichtbar. Der Halsansatz wird nach unten gedrückt, der Reiter kann sein Pferd nicht mit durchlässigem Genick so reiten, dass das Genick den höchsten Punkt bildet. Es entsteht ein falscher Knick über dem dritten Halswirbel (C3). Schließlich führen die Atrophie der Rückenmuskeln und der Druck auf die Wirbel zu bleibenden Schäden.

DIE ZWEITE THEORIE ZUR SATTELANPASSUNG

Völlig entgegengesetzt hierzu lautet die zweite Theorie, der wir zustimmen: Der Sattel darf nicht auf Wirbelsäule und Schultern liegen, die Auflagefläche soll möglichst groß sein. Getragen wird der Sattel von dem Gewicht aufnehmenden Musculus longissimus dorsi, dem langen Rückenmuskel.

Der Vorteil einer Sattelauflagefläche auf der Muskulatur besteht darin, dass keine Reflexpunkte berührt werden, die unerwünschtes Verhalten oder Probleme mit Gebäude und Gesundheit hervorrufen. Bleibt der Sattel der Wirbelsäule, Lendenregion und den Schultern fern, kann die Rückenmuskulatur locker und geschmeidig arbeiten. Das Pferd kann sich im ISG beugen und seine Hanken einsetzen, indem es die Gluteal- und Hinterbackenmuskeln dehnt. Die Muskeln können sich im vollen Bewegungsradius dehnen und kontrahieren. Die effizienteste Trainingsmethode ist es, sowohl Beugung als auch Streckung zu maximieren, und um das zu erreichen, ist eine völlige Bewe-

So soll es sein: Das Pferd geht über den Rücken, das Hinterbein greift im selben Maß nach vorne wie das gegenüberliegende Vorderbein.

gungsfreiheit notwendig. Hat das Pferd weniger Druck auf den Schultern, kann es seinen Halsansatz aufrichten und im Genick durchlässig werden. Indem wir dem Pferd erlauben, seine Muskeln gänzlich zu aktivieren und seinen Brustkorb zu heben, können wir es mehr „bergauf" reiten. Im Laufe des Pferdelebens wird dieser Sattel viele Male an die positiven Veränderungen des Pferdekörpers angepasst werden müssen.

Hatte Ihr Pferd bisher einen nach Theorie eins schlecht passenden Sattel, der Rückenschmerzen hervorgerufen hat, seien Sie nicht entmutigt, wenn es nach dem Wechsel zu einem gemäß der zweiten Theorie angepassten Sattel Symptome von Muskelkater zeigt, denn dies ist ein gutes Zeichen. Der größere Bewegungsradius führt zu vorübergehenden Muskelschmerzen durch vermehrte Milchsäurebildung, was ganz natürlich ist, wenn sich die Muskelfasern erholen – genau wie beim Menschen, wenn er neue Muskelgruppen trainiert. Das Ergebnis sind mehr Muskulatur und eine bessere Durchblutung.

Bei akutem Muskelkater erscheint es logisch, den Muskel keinem Druck auszusetzen, doch irgendwo muss der Sattel aufliegen. Sie können Ihrem Pferd ein wenig helfen, wenn Sie den hinteren Sattelbereich etwas lockern (zum Beispiel, indem Sie die hintere Gurtstrippe nicht so fest wie normalerweise schnallen). Dadurch bewegt sich der hintere Teil des Sattels zwar mehr (hoch und runter, aber nicht auf der Wirbelsäule) und Zuschauer können dies fälschlicherweise als schlecht passenden Sattel interpretieren. Dies ist jedoch Teil eines Prozesses, der Ihrem Pferd hilft, zu heilen, stärker zu werden und sich korrekt zu entwickeln.

VERHALTENSPROBLEME DURCH EINEN UNPASSENDEN SATTEL

Meiner Erfahrung nach benehmen sich Pferde nicht absichtlich „schlecht" (ein oft fälschlich genutzter Anthropomorphismus, wenn Pferde auf äußere Reize reagieren, die zu unerwünschtem Verhalten führen). So ließ sich die Situation im folgenden Beispiel recht einfach auf ein Ursache-Wirkungs-Prinzip zurückführen, das sehr schnell sehr offensichtlich zu erkennen war.

Pferde haben von Natur aus keine Untugenden, sie reagieren lediglich auf Missstände. Findet man die Ursache, lässt sich auch das vermeintlich schlechte Verhalten abstellen.

SCHWIERIGES PFERD ODER FALSCHER SATTEL?

Rummy Royal, ein schöner, elfjähriger holländischer Warmblut-Wallach, benahm sich immer unberechenbarer, sobald seine Besitzerin ihn reiten wollte. Rummy verbrachte den Tag mit den anderen Pferden auf der Weide (außer jene Tagen, an denen die Temperatur unter 10°C fiel). Während der Turniersaison änderte sich diese Routine. Rummy war den ganzen Tag im Stall, abgesehen von etwa zwei Stunden, in denen die Reiterin mit ihm trainieren wollte. Für fast sechs Monate, vom späten Frühling bis zur Herbstmitte, blieb es so und danach kehrte die Situation zum artgerechten Weidegang mit sieben anderen Pferden zurück.

Obwohl Rummy keine Stereotypien entwickelte, die als charakteristische Hinweise auf Stress durch das Aufstallen zu werten waren, zeigte er mehrere unerwünschte Verhaltensweisen im Zusammenhang mit dem Vorbereiten auf das Reiten. Sobald seine Besitzerin mit dem Sattel erschien, legte er die Ohren an. Beim Satteln versuchte er, die Reiterin zu beißen.

Manche Pferde hassen den Sattel so sehr, dass sie sogar ausschlagen, weil sie ihn mit Schmerzen oder harter Arbeit verbinden, die sie vermeiden wollen. Dieses aggressive Verhalten kann eine Abwehrreaktion sein, die aber für den Reiter gefährlich ist. Rummy zeigte starken Sattelzwang, er

Verursacht der Sattel Schmerzen, wird sich das Pferd mit der Zeit gegen das Satteln wehren – eine typische, aber verständliche Reaktion und keineswegs eine „Untugend"

blies den Brustkorb auf und ging beim Gurten beinahe „in die Knie". Empfindlichkeit in diesem Bereich hängt eher mit Schmerzen zusammen als mit Widersetzlichkeit!

Beim Aufsteigen wurde sein Verhalten wirklich gefährlich: Rummy bewegte sich seitlich von der Aufstiegshilfe weg und begann zu steigen, sobald die Reiterin einen Fuß in den Steigbügel setzte. Das war mehr als eine einfache Reaktion auf einen tatsächlichen oder erwarteten Schmerz; es war ein Indiz für ein schwerwiegendes Problem – und alles deutete gemäß meiner jahrelangen Erfahrung auf den Sattel hin.

Wir ließen die Besitzerin das Pferd beidseitig anbinden und den Sattel samt Gurt abnehmen. Tatsächlich war der Sattel der Inbegriff der traditionellen englischen Konstruktionsmethode, welche in keiner Weise den Körperbau des Pferdes berücksichtigt oder an ihn angepasst wird (siehe die erste Theorie zur Sattelanpassung). Anhand unserer einfachen Bewertungsmethode, welche die Reiterin als Laie in der Kunst der Sattelanpassung leicht nachvollziehen konnte, besprachen wir die neun Kriterien der Sattelpassform und wie Rummys Sattel die meisten von ihnen missachtete. Insbesondere die nach vorne gebogenen Ortenden des Baums und das zu enge Kopfeisen bereiteten dem Pferd Schmerzen, sobald es aufgefordert wurde, sich zu bewegen – so sehr, dass es alles in seiner Macht stehende tat, um die Reiterin daran zu hindern, auch noch ihr Gewicht auf den ohnehin schon drückenden Sattel zu bringen. Das Schulterblatt (und der empfindliche Schulterblattknorpel an dessen hinteren Ende) trafen das Ortende bei jedem Schritt (sobald das Schulterblatt nach oben und hinten rotierte). Das Kopfeisen drückte das Pferd nicht nur oben am Widerrist, sondern durch zu wenig Raum im ganzen Bereich des Vorderzwiesels, der den Schultermuskeln erlauben sollte, sich auszudehnen und unter dem Sattel hindurch zu gleiten (ähnlich einer Schiebetür). Zusätzlich passte die Winkelung des Kopfeisens an den Ortenden nicht zur Winkelung der Schulterblätter, was ebenfalls die Bewegungen blockierte. Der Kissenkanal war bei diesem Sattel extrem eng (kaum 3,8 Zentimeter zwischen den Kissen), wodurch die Dornfortsätze, das empfindliche Dornfortsatzband und die Spinalnerven gequetscht wurden, vor allem durch das zusätzliche Gewicht des Reiters. Außerdem war der Sattel zu lang für die Sattellage des Pferdes, die am 18. Brustwirbel endet (was jedoch bei der Sattelherstellung oft ignoriert wird).

Wir hatten keine Gelegenheit, die Besitzerin in diesem Sattel reiten zu sehen, da Rummy sie tatsächlich nicht mehr aufsitzen ließ. Jedoch bestätigte sie, dass der Sattel beim Reiten immer nach rechts rutschte – wiederum ein deutliches Zeichen, dass das Kopfeisen nicht an die stärkere

Bemuskelung der linken Schulter angepasst worden war. In solchen Fällen wird der Sattel durch die Bewegung der stärkeren Schulter nach hinten gedrückt und verdreht sich über dem Pferderücken – was sich negativ auf das ISG auswirkt und viele weitere Probleme verursacht, vor allem aber Schmerzen!

Wir konnten das Problem mit einer einfachen Lösung beheben: Rummy bekam einen Sattel mit komplett verstellbarem Sattelbaum, der seinem Körperbau angepasst wurde. Die Kissenkanalbreite betrug 8,9 Zentimeter (es ist leicht zu fühlen, wo die Dornfortsätze sind und wo die Muskeln beginnen, die das Kissen tragen, um so die nötige Kissenkanalbreite zu bestimmen). Das Kopfeisen wurde asymmetrisch gestaltet, um es der Schulterbemuskelung anzupassen. Außerdem wurde Rummy zum Satteln in einem anderen Teil des Stalls angebunden – in der Hoffnung, dass die Ablenkung durch die neue Umgebung seine Angst mindern würde. Die Absicht dahinter war, die kontextbezogenen Reaktionen von Rummy gegen den Sattel zu überwinden. Obwohl er wiederum die Ohren anlegte, als die Reiterin mit dem neuen Sattel erschien, konnte man beim Gurten sofort die Erleichterung in seinen Augen sehen, als die erwarteten Schmerzen ausblieben. Er erlaubte ihr ohne Ausweichbewegungen aufzusitzen und sie konnte die Veränderung in seinen Bewegungen fühlen, als sie auf beiden Händen in allen drei Gangarten auf dem Zirkel ritt, um den Sattel zu testen.

Wären doch nur alle „Verhaltensprobleme" so leicht zu lösen! Lernen Sie, Ihrem Pferd zuzuhören und seine Signale richtig zu deuten.

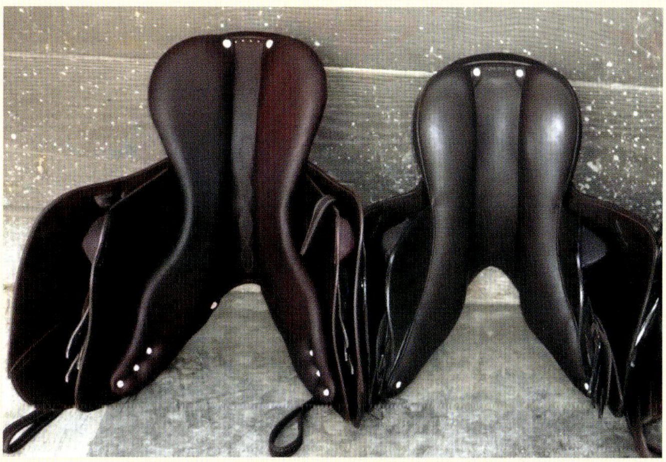

Links: Ein Sattel mit einer zu engen Kammerweite
Rechts: Dieser Sattel hat eine ideale Kammerweite über seine gesamte Länge.

AUSWIRKUNGEN

In den letzten Jahren häufen sich Artikel, die zum Beispiel erklären „Wie Sie eilige Pferde bremsen", „Wie Sie das Stolpern Ihres Pferdes wegreiten" oder , „Wie Sie Ihr Pferd besser vorwärts reiten". Alle diese unerwünschten „Verhaltensweisen" eines Pferdes haben aber möglicherweise ihre Ursache in einem schlecht sitzenden Sattel, der auf Reflexpunkte einwirkt und entsprechende Reaktionen hervorruft. Es handelt sich um kein bewusstes Verhalten des Pferdes, auch nicht um einen Reiterfehler. Die Lösung ist demnach auch nicht in einer Änderung des Reiterverhaltens zu suchen oder in der Konsultation eines Tierarztes. Natürlich stecken manchmal handfeste psychosomatische Gründe hinter Problemen, ebenso wie Erkrankungen, die ein solches Verhalten (oder gar Lahmheiten) auslösen. Doch ich möchte Sie anregen, zunächst in eine einfache diagnostische Bewertung Ihres Sattels durch einen qualifizierten Sattelberater zu investieren, der die Anatomie und Biomechanik Ihres Pferdes sowie die Auswirkungen eines schlecht sitzenden Sattels beurteilen kann.

Pferde benehmen sich nicht absichtlich schlecht. Sie reagieren auf äußere Reize – sowohl ein schlecht sitzender Sattel als auch ein schlechter Reiter können unerwünschtes Verhalten auslösen. Wo und wie das Reitergewicht einwirkt, macht einen großen Unterschied. Pferde können gefährlich werden, wenn Hilfen missverstanden oder missbraucht werden. Manchmal widersetzen oder entziehen sie sich, weil der Reiter nicht weiß, wie er sein Ziel erreichen soll. Manche Verhaltensstrategien der Pferde entwickeln sich dann zu dem, was Menschen als „Stereotypien" bezeichnen – doch sind dies keine „Untugenden", denn Untugend impliziert, dass das Pferd etwas falsch macht.

Drückt der Sattel auf die Reflexpunkte entlang der Wirbelsäule weil der Kissenkanal zu eng ist oder weil sich der Sattel durch die natürliche Asymmetrie des Pferdes in der Bewegung verdreht –, wird das Pferd reflexiv den Rücken wegdrücken, um dem Druck beziehungsweise dem Schmerz zu entgehen. Das Ziel eines beim Reiten aktiv über den Rücken arbeitenden Pferdes ist dadurch unerreichbar, Vorwärtsschub und Schwung gehen verloren. In der Konsequenz wird das Pferd Abwehrverhalten zeigen. Es ist also nachvollziehbar, dass ein auf die Reflexpunkte des Pferdes drückender Sattel frustrierend und schließlich auch schädlich für das Pferd ist. Beispielsweise geben Sie Ihrem Pferd das Signal vorwärts zu gehen. Ist jedoch der Kopfeisenwinkel zu weit oder der Baum zu schmal und der Sattelbaum drückt auf den elften Hirnnerv (wie in den vorherigen Kapiteln beschrieben), kann das Pferd der Aufforderung nicht nachkommen, denn der Sattel berührt einen Reflexpunkt, der das Pferd daran hindert, sich zu bewegen. Trotz bester Absichten wird sich

Wer hinschaut, kann es nicht übersehen. Dieses Pferd ist mit Sicherheit nicht glücklich.

das Pferd nicht vorwärts bewegen, es kann es schlichtweg nicht. Es durchlebt den inneren Kampf zwischen dem Wunsch, dem Reiter zu gehorchen („Lass uns vorwärts gehen!") und seinem Reflex („Halt still!"). Das Pferd kann nur verlieren – und muss möglicherweise physische und psychische Schmerzen ertragen, wenn der Reiter Sporen und Peitsche einsetzt, weil er meint, seine Reglosigkeit sei Bockigkeit. Pferde können zwar nicht sprechen, doch ihr Verhalten spricht Bände! Sie kennen Ihr Pferd besser als jeder andere – Sie bemerken es, wenn etwas nicht in Ordnung ist, auch wenn Sie vielleicht nicht gleich erkennen, wo das Problem liegt oder was die Ursache ist. Ein Pferd kann nicht vortäuschen, dass es sich gut fühlt, wenn das nicht der Fall ist.

ZUM WOHL DER PFERDE

Als Fluchttier ist das Pferd in der Lage, jeden Moment loszupreschen. Bitte ich aber einen Reiter, sein Pferd unter dem Sattel zu präsentieren, um die Passform beurteilen zu können, muss er es üblicherweise aufwärmen, manchmal 30 Minuten oder länger. Erst dann hat er das Gefühl, dass das Pferd bereit ist, Leistung zu bringen, erst jetzt kann er dem Sattelberater zeigen, wie es sich in allen Gangarten bewegt. Nachdem wir in den letzten 25 Jahren jährlich etwa 2000 Pferde begutachtet haben, sind wir zu der Überzeugung gelangt, dass dieses „Aufwärmen" eher dem „Abstumpfen" dient. Erst wenn die Pferde bis an den Punkt geritten wurden, an dem der Rücken nicht mehr schmerzt, kann man die Grundübungen abfragen.

Ziel sollte immer ein harmonisches Miteinander von Pferd und Reiter sein.

Ebenso wie in vielen anderen Bereichen scheint der gegenwärtige Trend "zurück zur Natur" zu sein. Reiter verfolgen interessiert Diskussionen darüber, ob Hufbeschlag sinnvoll ist oder nicht, ob man ohne Sattel reiten sollte oder nicht, baumlos oder mit einem „normalen" Sattel, ob man die Futterration „chemisch" ergänzen sollte oder nicht. Die statistisch dokumentierten Lebenserwartungen zeigen aber ein anderes Bild:

- Die Lebenserwartung eines Wildpferds (etwa eines Mustangs) liegt bei 5 bis 7 Jahren.
- Die Lebenserwartung eines Pferdes, das von einem unerfahrenen Reiter geritten und nie bis zur Höchstleistung des Herz-Kreislauf-Systems gearbeitet wird, liegt bei 7 bis 10 Jahren.
- Die Lebenserwartung eines Pferdes in professioneller Betreuung, das im Turniersport geritten oder aktiv trainiert wird, liegt bei 20 bis 25 Jahren.

Professionelle Beratung und die richtige Ausrüstung sind für die Gesundheit eines Pferdes immer von Vorteil. Wenn der Sattel stimmt, wenn die Reitweise stimmt, die Haltung artgerecht ist, wenn man mit der Natur statt gegen sie arbeitet, geht es den Pferden gut.

Berücksichtigen Sie, was Sie in diesem Buch erfahren haben. Entscheiden Sie, was für Ihr Pferd am besten ist. Die sich ergänzende Zusammenarbeit von Tierarzt, Hufschmied, Physiotherapeut und Sattler wird ihre positiven Einflüsse entfalten und Sie und Ihr Pferd in die Lage versetzen, die maximale Lebenserwartung, Gesundheit und Leistung zu erreichen.

DIE 15 PUNKTE-CHECKLISTE

Worauf achtet ein Sattelexperte und was berücksichtigt er bei seiner Beurteilung, wenn er zu einem Problem hinzugezogen wird?

Es gibt viele äußere Faktoren, die fortwährend auf das Pferd einwirken. 15 Punkte beeinflussen, ob ein Sattel passt oder nicht:

REITER	SATTEL	PFERD
• Fähigkeiten verbessern sich	• Beflockung verschiebt sich	• Training/Kondition
• Wechsel der Disziplin	• Zustand des Leders	• Alter
• Trainer mit anderen Erwartungen	• Gurtstrippen dehnen sich	• Ernährungsveränderung
• neues Pferd	• Baum verdreht sich (durch asymmetrische Bemuskelung von Pferd und/oder Reiter)	• Veränderung der Gesundheit
• Gewichtsverlust/ -zunahme	• Schaumstoffkissen setzt sich	• neuer Hufbeschlag

Beachten Sie immer das Grundprinzip, dass alles reibungslos zusammenarbeiten muss. Ganz egal, wie gut ein neuer Sattel in diesem Moment sitzt, wird ein einziger Sattel dem Pferd nicht sein ganzes Leben lang passen (es sei denn, er kann immer wieder neu angepasst werden). Jedes Pferd durchlebt mindestens sieben große Veränderungen seines Körperbaus, wenn es heranreift. Nicht jeder angebotene Sattel ist verstellbar oder kann leicht an die dreidimensionalen Veränderungen des Pferderückens angepasst werden. Doch das „Glück" Ihres Pferdes (sprich seine Gesundheit und sein Wohlbefinden und Komfort) hängen davon ab, dass Sie die richtigen Entscheidungen treffen und alles in Ihrer Macht stehende tun, damit es weiterhin willens ist, so gut es kann mit Ihnen zusammen zu arbeiten.

15

SCHLUSSWORT

Sattler, Reitsporteinzelhändler, Sattelergonome, Trainer, Tierärzte, Therapeuten, Hufschmiede – wir alle sind Spezialisten auf unserem Gebiet und jeder von uns verfügt in seinem Fachgebiet über einen großen Erfahrungsschatz.

Für den Fall, dass sich unsere Arbeitsgebiete überschneiden, sollten wir immer wieder über den Tellerrand hinausschauen, um von anderen Spezialisten aus den unterschiedlichsten Metiers zu lernen. Nur, wenn wir das große Ganze den „circle of influence" („den Kreislauf der Einflussgrößen") immer im Auge behalten, können wir Reiter und Pferd auf ihrem Weg wirklich unterstützen.

Hier ist oftmals der Wille zur eigenen Weiterbildung gefragt, denn unserem heutigen Lehrsystem mangelt es in allen Sparten an fächerübergreifendem Wissen. Ein Sattlermeister erfährt in seiner Ausbildung leider nichts über die Anatomie des Pferdes und des Reiters, über Reitlehre oder über die Zusammenhänge zwischen allen diesen Bereichen. Ebenso wenig lernen Tierärzte oder Therapeuten etwas über die Konstruktion von Sätteln und die Möglichkeiten, die sich uns hier erschließen, wenn ein Sattel korrekt angepasst wird. Trainern, also Bereitern und Ausbildern, die vor Ort den größten Einfluss auf Pferdebesitzer und Reiter haben, mangelt es in ihrer Ausbildung leider auch oftmals an dem gebietsübergreifenden Weitblick.

Viele von uns haben ihren Beruf aus Passion ergriffen, die einen, weil sie schon von Kindesbeinen an mit Pferden zu tun hatten, die anderen, weil das Geschäft schon seit Generationen in der Familie ist. Die Liebe zum Pferd und zum Pferdesport aber ist sicher für alle von uns das Hauptmotiv, diesen Beruf zu wählen. Meine Entscheidung, die Kunst des Sattelanfertigens von der Pike auf zu lernen, lag in dem Wunsch begründet, den Pferdesport nicht mehr nur als Hobby zu betreiben, sondern daraus einen wirklichen Beruf zu machen. Die Verantwortung, die mir hier in die Hände gelegt wurde, verstand ich jedoch erst nach vielen Jahren.

Ich bin seit fast 40 Jahren in diesem Geschäft unterwegs und mir sind viele, viele Menschen begegnet, die ihr Geld rund um das Pferd verdienen. Leider stelle ich fest, dass eine große Anzahl meiner Kollegen – da gibt es aus jeder Berufsgruppe welche – nicht immer zum Wohle des Pferdes arbeiten! Die Ursachen dafür sind schwer einzuschätzen, manchmal mag es falscher Ehrgeiz sein, Leistungsdruck, um (wirtschaftliche) Erfolge zu verzeichnen und dafür das gängige System zu bedienen, vielleicht auch gegen besseres Wissen, manchmal vielleicht auch eine Spur Egoismus, aber auch die mangelnde Zusammenarbeit innerhalb und zwischen den unterschiedlichen Berufsgruppen spielt meines Erachtens eine große Rolle. Und nicht zuletzt ist es vielleicht doch in den meisten Fällen der wirtschaftliche Druck, der uns davon abhält, das Beste für das Pferd zu tun!

Aber manchmal ist es auch erschreckend, wie wenig wirklich fundiertes Fachwissen Fachleute haben und wie sie Theorien, die zwar vor hundert Jahren noch galten, stur wiederholen, ohne nachzudenken und ohne die neuesten wissenschaftlichen Erkenntnisse zu berücksichtigen. Auch das verhindert genauso oft, für die Pferde das Richtige zu tun. Der Kunde, Pferdebesitzer und Reiter vertraut dem Rat der Profis. Er geht davon aus, dass Trainer, Tierärzte, Sattler, Human- und Tiertherapeuten wissen, was sie zu tun haben und ihm auch in Bezug auf den richtigen Sattel den richtigen Rat geben können.

Es ist unsere Pflicht, alles nur Denkbare zu tun, um den Pferden, diesen wundervollen Tieren, Leid zu ersparen. Dies wiederum wird uns nur gelingen, wenn wir sehr eng zusammenarbeiten, wenn wir aufhören, uns gegenseitig unsere Fachkompetenz abzusprechen: Wir müssen miteinander arbeiten und nicht gegeneinander. „Und – vergessen Sie mir die Pferde nicht!", wie Hans Heinrich Isenbart zu sagen pflegte – dem ist eigentlich nichts hinzuzufügen. Ich habe so viel von dem Wissen der Sattlerkollegen, der Tierärzte, der Osteopathen, Hufschmiede, Ausbilder, Human- und Pferdephysiotherapeuten profitiert, dass ich sicher bin: Nur eine Symbiose aus all diesen Fachgebieten kann zur perfekten Sattelanpassung führen.

Neugier, und mein Wunsch, meine Arbeit auf die beste Art und Weise zu machen und so Pferde und Reiter vor schlecht passenden Sätteln zu schützen, sind mein Ansporn und mein Lebensziel. Mir geht es dabei nicht darum, möglichst viele Sättel zu verkaufen, sondern vielmehr darum, die Philosophie und das Fachwissen von Saddlefit 4 Life® weltweit weiterzugeben. Ich wünsche mir, dass diese Neugier, der Ehrgeiz, die Arbeit gut zu machen und dadurch wirklich wieder eine Passion zu fühlen, viele der Profis aus allen Berufsgruppen dazu bewegt, dieses Wissen ebenfalls zu erwerben. So wird es möglich sein, dass alle Profis rund um das Pferd wieder beginnen, miteinander und nicht gegeneinander zu arbeiten.

Der Sattel als mögliche Ursache von Problemen bei Pferd und Reiter rückt immer mehr in den Fokus von Pferdebesitzern und Reitern. Es ist nur eine Frage der Zeit, wann unsere Kunden auf der Zusammenarbeit der Berufsgruppen bestehen und auf diese drängen.

Neben der eigenen ständigen Aus- und Weiterbildung, muss es uns zusätzlich gelingen, Reiter und Pferdebesitzer noch mehr dafür zu sensibilisieren, dass die regelmäßige Prüfung des Sattels genauso selbstverständlich sein sollte wie die regelmäßige Hufpflege. Heute ist es leider immer noch die Normalität, dass ein Sattel gekauft, nach drei bis sechs Monaten noch einmal geprüft und dann nur noch in sehr unregelmäßigen Abständen kontrolliert wird, ob die Polsterung noch in Ordnung ist. Dies reicht bei weitem nicht aus! Beim jungen Pferd zwischen drei und sechs Jahren muss der Sattel mindestens zwei- bis dreimal jährlich überprüft werden. Diese Pferde entwickeln sich körperlich, je nach Ausbildungsintensität und Einsatz, extrem. Beim sieben- bis 16-jährigen Pferd ist eine jährliche Kontrolle und Anpassung angemessen, immer vorausgesetzt, dass nicht Krankheiten, Futterumstellung oder Veränderungen im Trainingsplan körperliche (starke) Veränderungen nach sich ziehen. Beim älteren Pferd sollte die Kontrollintensität wieder gesteigert werden.

Nun höre ich oft von meinen Industriekollegen, dass niemand bereit sei, diese Leistung ausreichend zu honorieren. Dieses Argument kann ich nicht akzeptieren. Pferdebesitzer geben heute Unsummen für die verschiedensten Formen von medizinischen oder therapeutischen Behandlungen aus, genauso wie für Zusatzfutter oder Futterergänzungsmittel. Wenn Sattler und Einzelhändler eine ausreichende Qualifikation erreichen und sich in die Lage versetzen, Sättel nach anatomischen Gesichtspunkten an Pferde und ihre Reiter anzupassen und den Kunden bezüglich der Auswahl des richtigen Sattels zu beraten, bieten sie ein Fachwissen an, dass dem von Osteopathen, Hufschmieden oder Physiotherapeuten in keinster Weise nachsteht. Eine gute Bezahlung ist in diesem Fall also nicht nur verdient, sondern auch absolut gerechtfertigt. Hier müssen wir neben unserer ausgezeichneten Arbeitsleistung die Zeit für uns arbeiten lassen, denn ich bin überzeugt davon, dass ein Umdenken begonnen hat. Unsere Aufgabe ist es nun, dieses Umdenken durch spezifische Fachkenntnis zu untermauern und die richtigen Formen in der Arbeit, auch unter wirtschaftlichen Gesichtspunkten, zu finden. Kunden werden dann das Umdenken beginnen und bereit sein, die erbrachten Leistungen des Sattelergonoms zu bezahlen.

Das heißt aber, dass in meinen Augen eine reine Aufpolsterung keine ausreichende Dienstleistung ist. Eine vollständige Sattelüberprüfung erfordert immer wieder die gleichen Abfragen, sowohl in der statischen als auch in der dynamischen Prüfung, auf die bereits näher eingegangen wurde. Zusätzlich sollte der Sattelergonom alle Ergebnisse für sich und den Kunden dokumentieren.

Ich kann einen Sattel nicht an ein Pferd anpassen oder den Sattel gut polstern, wenn ich Pferd und Reiter nicht unter diesen beiden Aspekten in Augenschein genommen habe.

Ein gutes Arbeitsergebnis, das einen reellen Preis rechtfertigt, ist nur möglich, wenn ich den Sattel vor Ort passend umarbeiten kann. So muss der Kunde auch nicht lange auf seinen Sattel warten und vor allem kann ich die Passform während des Polsterns immer wieder auf dem Pferd sowie in der Bewegung unter dem Reiter prüfen.

Für diese gesamte Prüfung benötigt der Sattler pro Pferd circa ein bis zwei Stunden. Er dokumentiert das Ergebnis, bespricht es dann mit Reiter und/oder Pferdebesitzer und informiert ihn darüber, welche Arbeiten am Sattel notwendig sind und nennt auch seinen Preis dafür. Ich habe noch nie erlebt, dass sich ein Reiter gegen die notwendigen Arbeiten ausgesprochen hat. Fast alle Korrekturarbeiten, wie das Einstellen des Kopfeisens, die Um- oder Nachpolsterungen (sogar komplette Neupolsterungen), das Umnähen von Gurtstrippen wird dann vor Ort gemacht, sodass erstens das Ergebnis sofort überprüfbar ist, zweitens der Reiter die Arbeit beobachten und Fragen stellen kann und drittens, der Reiter nicht für mehrere Tage auf seinen Sattel verzichten muss. Selbstverständlich wird auch die reine Prüfung bezahlt. Schließlich ist es das Know-how, das hier zur Verfügung gestellt wird und die Prüfung ist eine wertvolle Dienstleistung des Sattelergonomen.

Das Saddlefit 4 Life® System ist in Amerika, Asien, Australien und Europa sehr gut etabliert. Dabei erwirtschaften die Sattelergonomen und -wiederverkäufer einen Großteil ihres Umsatzes allein durch Servicedienstleistungen.

Ich bin fest davon überzeugt, dass es weltweit möglich ist, Reiterinnen und Reiter von der Notwendigkeit einer regelmäßigen qualitätsvollen Sattelprüfung und einem regelmäßigen Sattelservice zu überzeugen. Sowohl die sich verbessernde Leistungsfähigkeit der Pferde als auch der verbesserte Komfort für den Reiter und die Vermeidung von dauerhaften gesundheitlichen Schäden für beide, wird mittelfristig dazu führen, dass der Wert dieses Angebots hoch eingeschätzt wird und hinreichende Preise für die Dienstleistung bezahlt werden.

Sattler und Reitsporthändler müssen dazu den Wert dieser Leistung erkennen und sich mit einer entsprechenden Ausbildung dafür qualifizieren. Solange der Service am Sattel in der Branche nur als ein wenig einträgliches, mehr oder weniger notwendiges Übel angesehen wird, kann sich daraus auch kein rentables Geschäft entwickeln. Ich erlebe aber, wie sehr die Menschen (und die Pferde auf ihre Weise) die Arbeit und Fachkenntnisse der Sattelergonomen schätzen und wie sehr sie fühlen, dass wir ihnen bei einem sehr wichtigen Teil der Ausrüstung – dem Sattel – helfen.

Es gibt neben meiner Firma Saddlefit 4 Life® eine Reihe anderer Organisationen, die sich ähnliche Ideen wie wir auf die Fahnen geschrieben haben und das Thema „Sattel" mehr und mehr in den Mittelpunkt stellen. Heute ist es dank der modernen Medien, allen voran das Internet, ungleich einfacher, an Fachinformationen zu kommen. Das macht es den Reiterinnen und Reitern leichter, sich zu informieren.

Uns als Profis rund ums Pferd zwingt es dazu, selbst besser informiert zu sein. Weiterbildung ist und bleibt hier das Schlüsselwort, das am Ende nur einem wichtigen Zweck dient: Dem Reiter-Pferd-Paar Freude und Spaß bei der Arbeit unter und auf dem Sattel zu ermöglichen und beide vor dauerhaften Schäden zu bewahren!

Liebe Leserin, lieber Leser,

dieses Buch habe ich mit meiner fast 40-jährigen Erfahrung in der Pferdesportindustrie, meiner eigenen laufenden Ausbildungsarbeit mit sehr vielen verschiedenen Menschen, die sich beruflich in den verschiedensten Feldern mit dem Pferd beschäftigen und der Beurteilung von ungefähr 150.000 Pferden weltweit in allen Ausbildungs-, Entwicklungs- und Lebensstadien geschrieben. Alle zum Ausdruck gebrachten Meinungen beruhen auf meiner persönlichen Ausbildung und Erfahrung und alle etwaigen Fehler oder Versäumnisse habe allein ich zu verantworten.

Sie haben dieses Buch nun vollständig gelesen oder vielleicht auch nur teilweise, die Kapitel, die Sie interessiert haben. Vielen Dank für Ihr Interesse und ich hoffe, ich konnte Ihre Erwartungen an dieses Buch erfüllen.

Sie werden in Zukunft sicher kritischer mit Ihrem Sattel umgehen und Ihre Situation am eigenen Pferd prüfen. Vielleicht wenden Sie sich auch an Ihren Sattler und bitten ihn um diese Prüfung. Sie sind nach der Lektüre dieses Buches auf einem Wissensstand, über den nicht alle Personen verfügen, die Sättel verkaufen, beurteilen oder anpassen oder die Ihnen eine Empfehlung für einen Sattel aussprechen. Sie werden auch erleben, dass man Ihnen sagt, dass das alles Humbug sei und dass man das mit der Sattelanpasserei auch übertreiben könne. Sie werden erleben, dass man versuchen wird, Sie davon zu überzeugen, dass der Sattel, den Sie kürzlich erst gekauft haben, der richtige ist, selbst wenn Sie nach Prüfung der einfachsten Kriterien bezüglich der Passform Ihres Sattels auf Ihrem Pferd fest davon überzeugt sind, dass der Sattel nicht gut angepasst ist.

Lassen Sie sich nicht verunsichern! Stellen Sie die Fragen an den Sattler, die Ihnen dieses Buch mit auf den Weg gibt. Lassen Sie sich nicht abwimmeln. Fordern Sie Ihren Sattler oder Sattelanpasser zu guten und nachvollziehbaren Antworten heraus! Lassen Sie sich nichts vormachen! Wenn Sie Zweifel an den Aussagen Ihres Sattlers haben, fragen Sie ihn, woher er sein Fachwissen hat.

Ich kann von mir behaupten, dass ich wahrscheinlich bei mehr Pferden Sättel angepasst und beurteilt habe, als die meisten Sattler und Sattelverkäufer, dass ich mir mehr Wissen zu diesem Thema angeeignet und weitergegeben habe, als die meisten Menschen, die sich auch als Sattelfachleute bezeichnen. Sie entscheiden, wem Sie vertrauen! Sie tragen die Verantwortung für sich und Ihr Pferd!

Ich wünsche Ihnen viel Erfolg und Freude mit Ihren Pferden, immer einen passenden Sattel unter dem Gesäß und einen guten Sattler in der Nähe.

Herzlichst

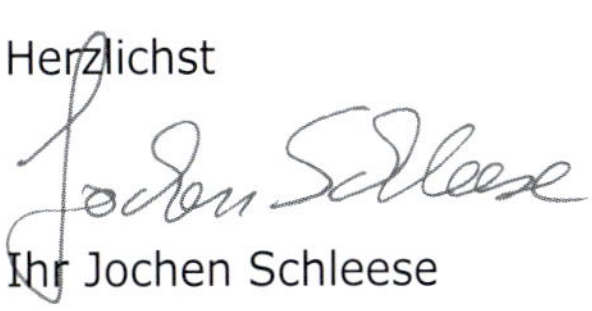

Ihr Jochen Schleese

16

SERVICE

NÜTZLICHE ADRESSEN

Schleese GmbH
Maarweg 255
D-50825 Köln
www.schleese-sattel.de

evipo-Ausbildungszentrum
Nicole Künzel
In der Wisch 8
D-30938 Burgwedel
www.evipo.de

Deutsche Reiterliche Vereinigung (FN)
Freiherr-von-Langen-Straße 13
D-48231 Warendorf
Tel. +49-(0)2581-6362-0
www.pferd-aktuell.de

Österreichischer Pferdesportverband (OEPS)
Am Wassersprung 2
A-2361 Laxenburg
Tel. +43-2236-710600
www.oeps.at

Swiss Equestrian
Papiermühlestrasse 40H
CH-3000 Bern 22
Tel. +41-(0)31 335 43 43
www.swiss-equestrian.ch

Vereinigung der Freizeitreiter und -fahrer in Deutschland (VFD)
Grenzstr. 23
D-27239 Twistringen
Tel. +49-(0)4243-942404
www.vfdnet.de

Pferde-News von KOSMOS gibt es auch auf Facebook
facebook.com/kosmos.pferde

NÜTZLICHE ADRESSEN

www.evipo.de	Nicole Künzel
www.christine-orterer.de	Christine Orterer
www.inspiritusequine.com	Dr. Joanna Robson
www.welter-boeller.de	Barbara Welter-Böller
www.gerdheuschmann.de	Dr. Gerd Heuschmann
steinfurt.city-map.de/de/andrea-koslik	Andrea Koslik
www.balimo.info	Eckart Meyners
www.janesavoie.com	Jane Savoie
www.walter-zettl-art.de	Walter Zettl
www.ergo-saddlefit.com	Valerie Ponocny
www.physicallyfit.de	Kathrin Boesen
www.ergonomicsaddlefitting.co.uk	Laura Whitteron
www.professionalfarriers.com	Barney Cummings
www.schleese-gmbh.de	
www.saddlefit4life.com	
www.tom-buettner.de	Tom Büttner
www.rieser-sattel.de	Christoph Rieser
www.horseshape.com	Barbara Jost
www.axelkock.de	Axel Kock Medienbüro für Gestaltung
stoneylakeequestrian.newmarketdirect.ca/	Jaimey and Tina Irwin
www.sonnenhofstables.ca	Ute Busse
www.youtube.com/user/Padmavideo	Kathryn Lauritzen

Wir bitten diejenigen um Entschuldigung, die wir versehentlich vergessen haben!

ZUM WEITERLESEN

Higgins, Gillian: **Anatomie verstehen – besser reiten**, Bewegungsabläufe und Biomechanik sichtbar gemacht; KOSMOS 2019
Welche Belastung tragen die Gelenke in der Trabverstärkung? Warum ist es für die Wirbelsäule so wichtig, dass das Pferd über den Rücken läuft? In diesem Buch werden die Bewegungsabläufe des Pferdes beim Reiten sichtbar. Die Muskeln und Knochen sind direkt auf das Pferd gemalt. Durch diese einzigartig anschauliche Darstellung werden die Bewegungen aus anatomischer Sicht verständlich und nachvollziehbar.

Jones, Janet: **Horse Brain, Human Brain**; Erkenntnisse aus der Neurowissenschaft - Wie Pferd und Mensch denken, fühlen, handeln. KOSMOS 2022
Das Gehirn steuert das Verhalten – beim Pferd ebenso wie beim Menschen. Die Neurowissenschaftlerin und erfolgreiche Trainerin Janet Jones erklärt leicht verständlich die Gemeinsamkeiten und Unterschiede zwischen den Gehirnen von Mensch und Pferd und zeigt, wie man dieses Wissen anwendet, um Ausbildung, Training und Umgang effizient und lösungsorientiert zu gestalten.

Katzenberger-Schmelcher, Dr. Ruth / Katzenberger, Yvonne: **Mehr Körpergefühl für mein Pferd**, Ergotherapie im Pferdetraining; KOSMOS 2020
Wenn Pferde ein aufffälliges Verhalten zeigen, wird als Grund meist Ungehorsam oder unpassende Ausrüstung angenommen. Dabei liegen die Ursachen oft bei den drei Basissinnen des Pferdes: Tast-/Berührungssinn, Gleichgewichtssinn oder die Tiefenwahrnehmung sind gestört. Hier setzt die Pferdeergotherapie mit Übungen und sinnvollem Training an. Sie bietet praktische Hilfestellungen und verbessert die Körperwahrnehmung – eine Wohltat für jedes Pferd.

Klimke, Ingrid: **Reiten im Gelände**, Sicheres Ausreiten, Konditionstraining, Kleine Geländehindernisse; KOSMOS 2023
Vielseitigkeitsreiterin Ingrid Klimke ist DIE Expertin für das Reiten im Gelände. In diesem Buch gibt sie ihr komplettes Wissen weiter: sei es der erste Ausritt, das Reiten durch Wasser oder am Berg, das Gymnastizieren im Gelände oder das erste Hindernis. Locker und positiv beschreibt sie, wie das Geländereiten sicher und abwechslungsreich gestaltet und für Pferd und Reiter zum Erfolgserlebnis wird.

Krüger, Konstanze, Marr, Isabell, **Forschung trifft Pferd, Neuste Erkenntnisse für ein besseres Verständnis**; KOSMOS 2022
Schluss mit Pferde-Mythen! Prof. Dr. Konstanze Krüger und Dr. Isabell Marr stellen die aktuellen Erkenntnisse der Verhaltensforschung vor und zeigen, wie sich dieses Wissen bei Ausbildung und Training sowie im täglichen Umgang nutzen lässt. Ein Standardwerk auf dem neuesten Stand der Wissenschaft.

Krüger, Konstanze, Marr, Isabell, Farmer, Kate**: Lateralität bei Pferden,** Was körperliche Schiefe, motorische Händigkeit und sensorische Lateralität bedeuten und wie Pferde in Balance kommen; KOSMOS 2024
Wie der Mensch verwenden Pferde ihre Körperseiten ungleichmäßig. Man spricht von Lateralität. Dieses Buch erklärt aktuelle Forschungsergebnisse und zeigt, wie der Vorzug des Pferdegehirns für eine Körperseite mit dem täglichen Umgang, der Haltung und der Gesundheit des Pferdes in Wechselwirkung steht. Es gibt Pferdehaltern wertvolle und leicht umsetzbare Tools, um die Lateralität des Pferdes zu erkennen, zu verstehen und im Training zu berücksichtigen.

Masterson, Jim / Hughes, Coralie: **Besser reiten mit der Masterson-Methode**; Lösende Massage-Techniken für freie Bewegungen; KOSMOS 2021
Die Masterson-Methode, eine leicht zu erlernende Massage-Technik für Pferde, wird immer beliebter. In diesem Buch konzentriert sich Jim Masterson auf die Herausforderungen der Dressurlektionen. Detailfotos und Schritt-für-Schritt-Anleitungen ermöglichen dem Reiter, die „Problemzonen“ an seinem Pferd selbst zu entdecken und mit geeigneten Massagetechniken zu bearbeiten. Das Lösen der körperlichen und seelischen Spannungen fördert die Pferdegesundheit und ermöglicht eine spürbare Leistungssteigerung.

Meyners, Eckhart / Eschenhorst, Kathrin / Schreiber-Jetzinger, Roswitha: **Verbessere dein Reiten**, Finde die Lösung für Pferd und Reiter mit dem 6-Punkte-Programm; KOSMOS 2024
Reiten lernt man sein Leben lang – je handlungsorientierter die Anleitungen sind, desto konkreter gelingt es, besser zu werden. Sportpädagoge Eckart Meyners und seine Kolleginnen Katrin Eschenhorst und Roswitha Schreiber-Jetzinger zeigen eine moderne Lernmethodik. Welche Zielsetzungen sind wichtig? Was hilft bei der Fehleranalyse? Welche Übungen sind in der konkreten Situation richtig?

Podhajsky, Alois: **Mein Lehrmeister die Pferde**, Erinnerungen an ein großes Reiterleben; KOSMOS 2023
In diesem Klassiker der Reitliteratur, der gleichzeitig ein historisches Zeitdokument ist, berichtet Alois Podhajsky (1898–1973) nicht nur von seinem eigenen Werdegang, sondern vor allem auch von den Pferden unterschiedlichster Veranlagung und Talente, die ihn begleitet und geprägt haben. Diese Neuausgabe erschließt endlich wieder den Erfahrungsschatz des großen Reitmeisters und macht das Wissen um die Wiener Hofreitschule und ihre Lipizzaner für eine breite Leserschaft zugänglich.

Schneider, Marius: **Trainingsbuch Bodenarbeit**; Gymnastizierende Ausbildung für jedes Pferd; KOSMOS 2021
Bodenarbeit gymnastiziert das Pferd, bereitet es optimal auf das Reiten vor und macht es fit für immer weiter fortschreitende Lektionen. Doch nicht nur Balance, Kraft und Beweglichkeit werden verbessert, sondern auch die entscheidende Grundlage für jede Zusammenarbeit zwischen Pferd und Mensch: die Kommunikation. Marius Schneider erklärt, wie man jedes Pferd, unabhängig von Rasse oder Alter, am Boden ausbildet, wie eine feine Hilfengebung erarbeitet wird und wie abwechslungsreich gute Bodenarbeit sein kann.

Schulte Wien, Beatrix; Keller, Irina: **Praxisbuch Physiogriffe für Pferde**, Wissen, Spüren, Behandeln; KOSMOS 2024
Wellness für das Pferd! Dieses Buch zeigt einfache und wirkungsvolle Handgriffe, mit denen man seinem Pferd Gutes tun kann. Entspannende Massagen und lockernde Fasziengriffe vor, nach oder statt dem Reiten sorgen für ein Wohlgefühl und lösen nebenbei auch so manches Rittigkeitsproblem. Fallbeispiele zeigen, welche Griffe z.B. bei Genick- oder Rückenproblemen die beste Wirkung haben.

Ritter, Tina Maria: **Stoffwechselerkrankungen bei Pferden**, Krank ohne erkennbare Ursache?, Umweltgifte erkennen und eindämmen; Kosmos 2023
Biologin Dr. Tina Maria Ritter schließt in diesem kompakten Ratgeber die Wissenslücken von Reitern und Pferdehaltern. Sie zeigt, welche Faktoren zu Krankheiten führen und wie Stoffwechselstörungen bei Pferden durch die richtigen Ergänzungsfuttermittel in den Griff zu bekommen sind.

REGISTER

Adapt Tree® 73, 77, 113
Aggression 200 ff.
Aufrichtung 85
Ausbildung zum Reitpferd 109 ff.
Auseinanderfallen 84

Balancepunkt 49, 51 ff., 109, 115, 163
Bandscheiben 72
Bandscheibenvorfall 53, 71, 184
Baumloser Sattel 192 f.
Baumbreite 83
Baumweite 164
Baumwinkel 83, 94, 140, 146, 151, 169 f., 192
Becken 51 ff., 64 ff., 93, 102 f., 134, 192
Beckenschiefstand 53 f., 104
Beizäumung 122
Brustmuskel 81, 124, 132 f., 159, 161, 173 f.
Bockreflexpunkt 137
Bocksattel 178, 191
Brückenbildung 162 f.
Brustwirbel, 18. 161

Cranial Nerv 11 134 ff.

Dornfortsätze 81, 84 f., 121, 134, 172
Dressursattel 88, 117 f., 165 f., 194 f.

Ellenbogengelenk 90, 173

Fahrzeugsattlerei 37
Fehlhaltung 54
Fehlstellung 46
Feintäschnerei 37
Frauensattel 59, 74 ff.

Gelpad 179
Geraderichtung 100
Gesundheitszustand 45
Gleichgewichtsachse (horizontale) 55, 65 f.
Gleichgewichtspunkt 29, 43, 49 f., 109, 115 ff., 163
Gurtlage 88 f., 159, 175 f.
Gurtstrippen 88 f., 159, 174, 186

Hängebrücke (Konstruktion des Pferderückens) 79, 110
Hauptreflexpunkt 134
Hinterzwiesel 182 ff., 191, 193
Hirnnerv 11. 134 ff.
Hufbeschlag 47
Hüftschmerzen 72

Iliosakralgelenk (Kreuz-Darmbein-Gelenk) 93 f., 104, 184
Impotenz 72

Kammerweite 41, 202 f.
Kedernaht 70, 74
Keilkissen 167
Kinder 76 f.
Kissen 162 ff.
Kissenkanalbreite 171 ff.
Kissenspitze 165
Kissen, vertikales 165
Kissing Spine 133 f.
Knielage 189
Kopfeisen 41, 93 f., 96, 103 ff., 113, 134, 147, 159, 168 f.
Kreuz-Darmbeingelenk 93 f., 104, 184
Kunststoffsattelbäume 75
Kurzgurt 89, 137, 174

Langer Rückenmuskel 83, 95
Langgurt 88, 137, 174
Langzeitschäden 138 f.
Lastenträger 84
Lendenwirbelsäule 71

Masssattel 111 ff.
Matratzierung 59, 74, 181 f.
Meridiane 133
Mittelpositur 49, 63, 184
Monoblattsattel 186
Musculus latissimus 81
Musculus longissimus dorsi 81, 83
Musculus serratus 81
Musculus trapezius 81, 84
Musculus triceps brachii 94 f., 137
Muskelatrophie 113, 140, 163
Muskelabbau 114
Muskelaufbau 114
Muskeldefinition 81, 141
Muskulatur, oberflächliche 86 ff.
Muskulatur, tiefliegende 95

Nackenband 121 f.
Natürliche Schiefe 97 ff., 154
Nerv, subscapulaerer 135 f.
Nerv, thoracodorsaler 135 f.

Oberlinie 46
Oberschenkelpausche 187, 194
Osteopathische Therapie 90

Pauschen 187, 193 f.
Pferderücken, Exterieur 82
Polsterung 59, 74, 103, 162 f., 182
Pritschensattel 178, 191

Reflex 133
Reflexpunkte 44, 127, 132 ff., 204 ff.
Reitersitz 50
Reitsportsattlerei 37
Remonte 111 ff.
Rippen 161
Rippenbogen 88
Rittigkeitsprobleme 132, 139, 149
Rotation des Schulterblatts 95
Rückenband 29, 80, 86, 122
Rückenmuskel, langer 83, 95
Rückenmuskulatur 15, 83, 87, 151, 163

Saddlefit 4 Life® 5, 22, 24, 142, 210
Sattelanpassung, Theorien 196 ff.
Sattelauflagefläche 79, 111, 115 f., 124 f., 132, 162 ff.
Sattelauflagefläche einzeichnen 155 ff.
Sattelbalance 114, 151
Sattelbaum 33 f., 59 f., 75 f., 162 f., 190 ff.
Sattel, baumloser 190 ff.
Sattelberater 38, 143 ff.
Sattelblatt 181, 186
Sattelcheck 181
Satteldecke 177 f.
Sattelergonom 38, 144 ff.
Sattelexperte 207
Sattelgurt 88 f., 173 ff.
Sattelkissen 147, 166 ff.
Sattellänge 125, 161
Sattelpassform 159
Sattelsitz 59, 69, 181
Sattelunterlage 177 f.
Sattelvarianten 115 ff.
Sattelverkäufer 23, 143 f.
Sattelzwang 202
Sattler 36 ff., 143 ff., 151
Schiefe (des Reiters) 97, 101
Schiefe, natürliche 97ff., 101
Schiefe, Übungen zur Veränderung 101 f.
Schiefer Sattel 152
Schlüsselbein 81, 90 f.
Schmerzen 127 ff., 200 ff.
Schulter 93
Schulterblatt 85, 90, 93 ff., 124
Schultergelenk 90
Schulterfreiheit 170
Schulterknorpel 95, 105
Schultermuskulatur 99
Schulterwinkel 154, 169 f.
Schweißblatt 164 f., 186
Schweißstellen 164
Sehnenscheidenentzündungen 190
Sehnenverletzung 87
Sitzbeinhöcker 51, 58, 66 f., 183 ff.
Sitzfehler 49
Sitzbaumgröße 184
Sitzfläche (des Sattels) 21, 57, 69, 181, 183, 193
Sitzmesspunkte 183
Sitztiefe 115 ff., 182
Sitztiefpunkt 119
Springsattel 115, 159
Staubabdruck 159
Stehsitz 51
Steigbügelaufhängung 185 f.
Stuhlsitz 29, 68 f., 76
Sturzfeder 70, 76, 185 f.
Subscapulaerer Nerv 135 f.

Thermographie 92, 107, 130, 193
Thoracodorsaler Nerv 135 f.

Valgusstellung 47
Varusstellung 47
Verhaltensprobleme 200 ff.
Vermessung 154
Vielseitigkeitssattel 115 ff.
Vorderzwiesel 182 ff., 191, 193
Vorhand 121 f.
Vorwärts-abwärts 114

Westernsattel 118 f., 166, 190
Widerrist 85 ff., 132 ff., 162, 167 ff.
Widerristfreiheit 167 f.
Wippen 163
Wirbelsäule 51 ff., 67 ff., 132, 159, 184
Wirbelsäule des Pferdes 81
Wirbelsäule des Reiters 52
Woilach 178
Wollpad 179

Ziehmuskeln 81, 95
Zungenfehler 132

LITERATURHINWEIS

Lesetipps in deutscher Sprache von Saddlefit 4 Life®

Am Langen Zügel von Saskia Gunzer und Nicole Künzel, WuWei Verlag, Schondorf 2011

Aufwärmprogramm für Reiter von Eckart Meyners, Franckh-Kosmos Verlag, Stuttgart 2008

Balance in der Bewegung von Susanne von Dietze, FN Verlag, Warendorf 2003

Balanceakt von Dr. Gerd Heuschmann, WuWei Verlag, Schondorf 2011

Bausteine Dressur Reiten von Corinna Lehmann, Müller-Rüschlikon Verlag, 2009 Stuttgart

Der Reiter formt das Pferd von Udo Bürger und Otto Zietzschmann, FN Verlag, Warendorf 2007

Die Psyche des Pferdes – sein Wesen, seine Sinne, sein Verhalten von Ulrike Thiel, Verlag Franckh-Kosmos 2007

Die Schiefen Therapie – Pferde geraderichten mit System von Gabriele Rachen-Schöneich und Klaus Schöneich, Müller Rüschlikon Verlag, Stuttgart 2010

Dressur in Harmonie - von der Basis bis zum Grand Prix von Walter Zettl, FN Verlag der Deutschen Reiterlichen Vereinigung, Warendorf. 2003

Finger in der Wunde von Dr. Gerd Heuschmann, WuWei Verlag Schondorf, 2006

Gutes für den Pferderücken von Christoph Rieser, Cadmos Verlag, Brunsbek 2008

Illusion Pferdeosteopathie. Von ausgerenkten Wirbeln und anderen Märchen von Tanja Richter, WuWei Verlag, Schondorf 2010

Reiten mit Verstand und Gefühl von Michael Putz, FN Verlag, Warendorf 2004

Soforthilfe bei Rückenschmerzen von Lilo Cross, Zabert & Sandmann Verlag, München 2007

Xenophon Reitkunst von Dr. Phil. Klaus Widdra, WuWei Verlag, Schondorf 2007

Lesetipps in englischer Sprache von Saddlefit 4 Life®

40 Fundamentals of English Riding by Hollie H. McNeil, Storey Publishing, MA 2011

ABC of the Horse – Anatomy, Biomechanics, Conditioning by Pauli Grönberg, Otava Book Books 2007

BioMechanical Riding & Dressage: A Rider's Atlas by Nancy Nicholson, PhD – Knight Equestrian Books 2005

Care and Rehabilitation of the Equine Foot by Pete Ramey, Hoof Rehabilitation Publishing, GA 2011

P.B.M. a Diary of Lameness – Proper Balance Movement; a Gift for your Horse by Tony Gonzales, REF Publishing Virginia 1986

Practical Saddle Fitting by Ken Lyndon-Dykes, J.A.Allen, London 2005 Printing 2002

Recognizing the Horse in Pain and What to do about it by Dr. Joanna Robson, DVM 2010

The Horse's Pain Free Back and Saddle-Fit Book by Joyce Harmann, DVM, Trafalgar Square 2004

The Rider Forms the Horse by Udo Bürger and Otto Zietzschmann, FN Verlag 2007

The Rider's Pain Free Back by James Warson, MD, Trafalgar Square Books 2007

Top Massage for Top Balance by Jean-Pierre Hourdebaigt, LMT, Massage Awareness Inc. 2008

Tug of War: Classical vs. „Modern" Dressage by Dr. Gerd Heuschmann, Trafalgar Square

BILDNACHWEIS

Fotos:
Siegbert Altenhofer: S. 199; Elisa Bandermann: S. 44; Andreas Bauer: S. 153 M. l.; Archiv: S. 12, 14, 16, 120, 125 r.; Tom Büttner: S. 153 u. r.; Dieter Busse: S. 96 r. alle, 97, 105, 106, 116 (mit Michelle J. Powell), 124 M., 138, 139, 140 Reihe o., 141 o. r., 141 u. l., 153 3. Reihe, 158 Bild 5, 162 r., 169, 172 o. r.; Keven Campbell: S. 206; CanStock: S. 205; Hugo M. Czerny: S. 20; Daniel Hagerman: S. 30; Kathrin Hester: S. 124 l.; Hilltop Farm: S. 82 o. l., 82 M. r.; Peter Horobin: S. 127; Iron Springs Farm: S. 82 M. l.; Ron Katz: S. 37 r., 174; Kathryn Lauritzen: S.11, 60, 81, 112 u., 158 Bild 4, 167, 172 o. l.; Karen Loshbaugh: S. 201; Steffi Neumann: S. 7 u. r., 8 u. l., 82 o. r., 87 l., 89 o. l., 147 l., 153 o. r., 153 u. l., 158 Bild 2, 158 Bild 3, 161 o. r., u. r., 162 l., 168, 170 r. u., 172 l. u., 184, 193 (mit Michelle J. Powell); Anke Panzner: S. 48, 52, 114; Michelle J. Powell: S. 59, 66 o., 166, 177 u., 185 o., 187, 188, 190, 194, 195, 197; Christoph Rieser: S. 32-35, 73 r., 153 M. r.; Dr. Joanna Robson: 45, 46, 98, 107, 131, 140 Reihe u., 177 o., 203; Jochen Schleese: S. 7 o. l., o. r., 23, 26, 36, 37 l., 38 l., 38 r., 41, 43, 55, 56, 57, 58, 78, 82 u. l., 82 u. r., 87 r., 89 u. l., 96 l., 112, 118, 119, 141 o. l., 141 u. r., 145, 146 r., 186, 191, 146 l., 147 r., 148 l., 149 M., 150, 151, 154, 155, 156, 157, 158 Bild 1, 158 Bild 6, 160, 161 l., 164, 170 l., 170 r. o., 172 u. r., 176, 179, 180, 182, 185 u., 208; Katja Schmiedeskamp: S. 18; Shutterstock: S. 196, 200; Horst Streitferdt/Kosmos: S. 214, 215, 221; Dr. James Warson: S. 64 u.; Laura Whitteron:S. 65 M., 142, 148 r., 149 r., 153 o. l., Wikipedia: 31, 122; Christina Wunderlich: 49

Illustrationen:
Archiv: S. 28, 62, 65 o., 123; Lilo Cross: S. 54; Equistar Publications: S. 80 u., 95; Peter C. Goody: S. 88, 157; Sue Harris: S. 85; Axel Kock: S. 53, 68, 71, 72 o.; Kaja Möbius: S. 28; Nancy Nicholson: S. 51, 109; Michelle J. Powell: S. 6, 9, 63, 64 o., M., 65 u., 66 u., 72 u., 80 o., 83, 86 (mit Peter C. Goody), 89 r., 94, 100, 105, 111, 117, 133, 175, 183; Danielle Schleese: S. 8 o. l., 51, 62, 69, 73 l., 192; Jochen Schleese: S. 75

IMPRESSUM

Umschlaggestaltung von Christine Orterer, www.christine-orterer.de, unter Verwendung von zwei Farbfotos von Jochen Schleese.

Alle Angaben und Methoden in diesem Buch sind sorgfältig recherchiert, erwogen und geprüft. Sie entbinden den Pferdefreund nicht von der Eigenverantwortung für sein Tier und sich selbst. Die Anwendung der beschriebenen Methoden liegt in eigener Verantwortung. Der Verlag und der Autor übernehmen keine Haftung für Personen-, Sach- oder Vermögensschäden, die aus der Anwendung der vorgestellten Materialien und Methoden entstehen.

Unser gesamtes Programm finden Sie unter **kosmos.de**.
Über Neuigkeiten informieren Sie regelmäßig unsere Newsletter, einfach anmelden unter **kosmos.de/newsletter**.

Gedruckt auf chlorfrei gebleichtem Papier

ISBN 978-3-440-14952-2
Text: Nicole Künzel
Übersetzung S. 197–207: Heike Listmann
Projektleitung: Birgit Bohnet
Redaktion: Christa-Maria Ossapofski
Gestaltung und Satz: Designatelier Christine Orterer, www.christine-orterer.de
Produktion: Nina Renz
Druck und Bindung: Finidr, s.r.o., Český Těšín
Printed in The Czech Republic / Imprimé en République Tchèque

FSC
www.fsc.org
MIX
Papier | Fördert gute Waldnutzung
FSC® C014138